青海大学教材基金项目支持

电子技术基础实验与实训

（电类专业适用）

主　编　李文秀

副主编　梁　斌

参　编　张海峰　司　杨　梁　斌

　　　　张爱军　沈媛萍　唐　岩

主　审　李钊年

国防工业出版社

·北京·

内 容 简 介

全书分为4篇,第1篇为电子技术基础实验和电子工艺实习基础,主要介绍了电子技术基础实验的量测技术,常用电子仪器的使用方法,常用电子器件的识别与正确选用,电子工艺基础知识及课程设计的基础知识;第2篇为模拟电子技术基础实验和综合实验;第3篇为数字电子技术基础实验和综合实验;第4篇为电子技术基础课程设计。

书中安排了较多的实验题目,且每个实验题目包括多个实验项目,其内容和难易程度基本上能满足不同层次的教学要求,任课教师可以根据需要进行选用。书中的每个实验都附有实验原理、参考电路图、框图和实验思考题,以适合不同类型实验的需要。

本书可作为本科学生模拟和数字电子技术的实验教材,也可作为电子工艺实习和电子技术基础课程设计的参考教材,同时也可为本科生参加一些竞赛、毕业设计和电子制作等提供有用的参考资料。

图书在版编目(CIP)数据

电子技术基础实验与实训/李文秀主编.
—北京:国防工业出版社,2015.9
ISBN 978-7-118-10393-9

Ⅰ. ①电…　Ⅱ. ①李…　Ⅲ. ①电子技术—
高等学校—教材　Ⅳ. ①TN

中国版本图书馆 CIP 数据核字(2015)第 215096 号

※

*国防工业出版社*出版发行
(北京市海淀区紫竹院南路 23 号　邮政编码 100048)
北京奥鑫印刷厂印刷
新华书店经售

*

开本 787×1092　1/16　印张 17　字数 406 千字
2015 年 9 月第 1 版第 1 次印刷　印数 1—3000 册　定价 38.00 元

(本书如有印装错误,我社负责调换)

国防书店:(010)88540777　　发行邮购:(010)88540776
发行传真:(010)88540755　　发行业务:(010)88540717

前　言

　　《电子技术基础实验与实训》是根据工科高等学校本科电子技术基础实验及实训的教学要求，针对电气类、电子类和自动控制类等工科专业的不同需求，在总结以往教学经验的基础上，汲取其他教材的优点，编写出适合工科院校电类专业独立设课的实验教程。

　　通过本书涉及的基础实验，可掌握基本的实验方法和实验技能，并具有观察能力和实验现象的分析能力，同时为综合设计、课程设计实验奠定基础；综合设计型实验是在基础实验的基础上进行综合训练，其重点为综合应用理论知识设计制作较为复杂的电路，本书安排的综合设计型实验是给出实验任务和实验要求，根据给出的参考元件和设计提示设计、搭接并进行调试电路、指标测试，撰写实验报告等；课程设计和基本的电子工艺基础也是有效的实践训练环节。实践证明，该环节能使学生综合运用所学的理论知识，拓宽知识面，系统地进行电子电路的工程实践训练，为后续的课程学习、各类电子设计竞赛、毕业设计以及将来的工作打下良好的基础。

　　本教程实验内容详细、完整，能够与大多数学校的实验设备配套；并引入计算机仿真技术，将传统的实际工程实验和仿真有机结合，为学生提供了先进的实验技术和发挥想象力、创造力的空间。

　　全书共有4篇，第1篇为电子技术基础实验和电子工艺实习基础，介绍常用电子测量仪器的使用方法、常用的电路元器件的识别及主要性能参数，并讲述了电子技术中的基本测量技术、电子工艺基础知识；第2篇安排了模拟电路的基本实验和综合实验；第3篇安排了数字电路的基本实验和综合设计型实验；第4篇安排了课程设计实验。本书在编写时注重实验的基础性、应用性、综合性和研究性相结合，每个实验都设有预习和实验后的思考题，使学生在完成实验后，具备了分析问题和解决问题的能力，提高了学生的实验技能。

　　根据电类工科专业对电子技术基础不同需求，本教材可作为刘春艳同志编写的《电子技术基础》的配套教材使用，实验及课程设计和电子工艺实习参考学时为(16～32)学时＋一周课程设计＋两周的电子工艺实习。

　　本教材由李文秀主编，并编写第1～3章和第4章部分内容；第4章中光伏器件由唐岩编写；第5章由沈媛萍编写；第6章中的实验6.1～6.8由张爱军编写，实验6.9由张海峰编写；第7章由梁斌编写；第8～10章由司杨、张海峰共同编写。

　　本书由李钊年主审，并提出了宝贵的修改意见，谨致以衷心的谢意。编写本书时，参考了众多的文献资料，得到很多启发，在此向参考文献的作者们表示感谢。

　　由于编者水平有限，书中不足之处在所难免，敬请读者提出宝贵意见，以便修改。

编　者

2015 年 9 月

目　录

第1篇　电子技术基础实验和电子工艺实习基础

第1章　绪论 ………………………………………………………… 1

1.1　电子技术实验在培养人才中的作用 ……………………………… 1

1.2　电子技术实验的过程和要求 ……………………………………… 1

1.3　实验测量误差 ……………………………………………………… 2

　1.3.1　测量误差产生的原因与分类 ………………………………… 2

　1.3.2　误差的消除方法 ……………………………………………… 3

1.4　实验数据的处理 …………………………………………………… 3

　1.4.1　实验数据的处理方法 ………………………………………… 3

　1.4.2　测量得出的数字处理 ………………………………………… 4

1.5　课程设计的基础知识 ……………………………………………… 5

　1.5.1　电子电路的设计方法及基本步骤 …………………………… 5

　1.5.2　电子电路的组装 ……………………………………………… 5

　1.5.3　电子电路调试 ………………………………………………… 6

　1.5.4　电子电路故障检查的一般方法 ……………………………… 6

　1.5.5　课程设计报告要求 …………………………………………… 7

　1.5.6　电子电路干扰的抑制 ………………………………………… 8

　1.5.7　接地 …………………………………………………………… 8

第2章　电子基本测量技术 ………………………………………… 10

2.1　电压的测量 ………………………………………………………… 10

2.2　阻抗的测量 ………………………………………………………… 10

2.3　电压增益和幅频特性测量 ………………………………………… 11

第3章　常用电子技术实验测量仪器 ……………………………… 13

3.1　常用示波器及其使用 ……………………………………………… 13

　3.1.1　示波器的组成 ………………………………………………… 13

　3.1.2　示波器的使用 ………………………………………………… 14

　3.1.3　DS-5000型示波器简介 ……………………………………… 16

　3.1.4　GOS-6021双踪示波器简介及使用方法 …………………… 20

3.2　YB1731A/C 5A 双路直流稳压电源 ……………………………… 22

　3.2.1　概述 …………………………………………………………… 22

　3.2.2　电源的性能指标 ……………………………………………… 23

　3.2.3　YB1731A/C 电源面板各部分的作用与使用方法 ………… 23

3.3 函数信号发生器 ……………………………………………………… 24

    3.3.1 GFG-8015G 函数信号发生器使用简介 ……………………… 24

    3.3.2 GFG-8015 函数信号发生器的使用说明 ……………………… 25

    3.3.3 GFG-8016H 函数信号发生器使用简介 ……………………… 26

3.4 交流毫伏表 ……………………………………………………………… 27

3.5 数字万用表 ……………………………………………………………… 28

3.6 计数器 …………………………………………………………………… 29

3.7 电子测量仪器的选择 …………………………………………………… 30

第4章 常用电路元件的识别与主要性能参数 ……………………………… 31

4.1 电阻的简单识别与型号命名方法 ……………………………………… 31

    4.1.1 电阻的分类 …………………………………………………… 31

    4.1.2 电阻的型号命名方法 ………………………………………… 31

    4.1.3 电阻器的主要性能指标 ……………………………………… 32

    4.1.4 电位器 ………………………………………………………… 33

    4.1.5 电位器和电阻的电路符号 …………………………………… 33

    4.1.6 选用电阻常识 ………………………………………………… 33

4.2 电容的简单识别与型号命名方法 ……………………………………… 34

    4.2.1 电容的分类 …………………………………………………… 34

    4.2.2 电容器型号的命名方法 ……………………………………… 34

    4.2.3 电容器的主要性能技术指标 ………………………………… 35

    4.2.4 电容器的标注方法 …………………………………………… 36

    4.2.5 电容器的电路符号 …………………………………………… 36

    4.2.6 选用电容器的注意事项 ……………………………………… 37

4.3 电感器的简单识别与型号命名方法 …………………………………… 37

    4.3.1 电感器的分类 ………………………………………………… 37

    4.3.2 电感器的主要性能指标 ……………………………………… 38

    4.3.3 电感器选用常识 ……………………………………………… 38

4.4 常用半导体器件的型号及命名方法 …………………………………… 38

    4.4.1 二极管的识别与测试 ………………………………………… 39

    4.4.2 三极管的识别与简单测试 …………………………………… 41

4.5 集成电路型号命名法 …………………………………………………… 42

    4.5.1 集成电路的型号命名法 ……………………………………… 42

    4.5.2 集成电路的分类 ……………………………………………… 43

    4.5.3 集成电路外引线的识别 ……………………………………… 44

4.6 几种常用模拟集成电路简介 …………………………………………… 44

4.7 常用数字集成电路简介 ………………………………………………… 50

    4.7.1 几类常用数字集成电路的典型参数 ………………………… 50

    4.7.2 555 定时器电路 ……………………………………………… 51

    4.7.3 常用 TTL 数字集成电路功能及引脚排列 ………………… 52

    4.7.4 常用 CMOS 数字集成电路引脚排列 ……………………… 58

4.8　A/D 与 D/A 变换电路 ……………………………………………… 61
　　4.8.1　A/D 变换器 ADC0804 ……………………………………… 61
　　4.8.2　D/A 转换器 DAC0832 ……………………………………… 62
4.9　常用显示器件 …………………………………………………… 63
　　4.9.1　发光二极管 …………………………………………………… 63
　　4.9.2　数码管 ………………………………………………………… 63
4.10　太阳能光伏器件 ……………………………………………… 64
　　4.10.1　太阳能电池的结构和分类 ………………………………… 64
　　4.10.2　太阳能电池的工作原理 …………………………………… 66
　　4.10.3　太阳能电池的参数 ………………………………………… 67
　　4.10.4　太阳能电池等效电路 ……………………………………… 70

第5章　电子工艺基础 ………………………………………………… 72
5.1　电子元器件的基础 ……………………………………………… 72
　　5.1.1　电子元器件的学习方法 …………………………………… 72
　　5.1.2　电子元器件的主要参数 …………………………………… 73
5.2　元器件种类 ……………………………………………………… 75
　　5.2.1　电子开关和插接件 …………………………………………… 75
　　5.2.2　照明行灯变压器 ……………………………………………… 77
　　5.2.3　控制变压器 …………………………………………………… 77
　　5.2.4　中周变压器 …………………………………………………… 77
　　5.2.5　各种电子技术应用变压器 …………………………………… 78
　　5.2.6　激光器 ………………………………………………………… 78
　　5.2.7　固态继电器 …………………………………………………… 79
　　5.2.8　耳机 …………………………………………………………… 81
　　5.2.9　压电蜂鸣器 …………………………………………………… 82
　　5.2.10　液晶显示器 …………………………………………………… 82
　　5.2.11　全桥整流组件 ………………………………………………… 83
　　5.2.12　单结晶体管 …………………………………………………… 83
　　5.2.13　扬声器 ………………………………………………………… 84
　　5.2.14　传声器 ………………………………………………………… 85
　　5.2.15　磁继电器 ……………………………………………………… 87
5.3　元器件特性 ……………………………………………………… 88
　　5.3.1　变压器的特性 ………………………………………………… 88
　　5.3.2　中周(·中频)变压器的特性 ………………………………… 88
　　5.3.3　液晶显示器的特性 …………………………………………… 89
　　5.3.4　光耦合器的特性 ……………………………………………… 89
　　5.3.5　光电池的特性 ………………………………………………… 90
　　5.3.6　彩色传感器的特性 …………………………………………… 91
　　5.3.7　开关的特性 …………………………………………………… 92
　　5.3.8　电位器的特性 ………………………………………………… 92

5.4　元器件选择 ··· 93
 5.4.1　选择电子元器件的方法 ······························· 93
 5.4.2　电阻器的选择 ··· 94
 5.4.3　热敏电阻器的选择 ····································· 94
 5.4.4　压敏电阻器的选择 ····································· 94
 5.4.5　湿敏电阻器的选择 ····································· 95
 5.4.6　光敏电阻器的选择 ····································· 95
 5.4.7　电容器的选择 ··· 95
 5.4.8　电感器的选择 ··· 96
 5.4.9　变压器的选择 ··· 97
 5.4.10　扬声器的选择 ·· 97
 5.4.11　传声器的选择 ·· 98
 5.4.12　耳机的选择 ·· 98
 5.4.13　晶体二极管的选择 ···································· 98
 5.4.14　晶体管的选择 ·· 99
 5.4.15　集成电路的选择 ······································ 99
 5.4.16　集成功率放大器的选择 ································ 100
 5.4.17　光耦合器的选择 ······································ 101
 5.4.18　熔断器的选择 ·· 102
 5.4.19　热继电器的选择 ······································ 102
 5.4.20　时间继电器的选择 ···································· 103
 5.4.21　稳压二极管的选择 ···································· 103
 5.4.22　固态继电器的选择 ···································· 103
 5.4.23　蜂鸣器的选择 ·· 104
 5.4.24　555 时基组件的选择 ·································· 104
 5.4.25　电位器的选择 ·· 104
 5.4.26　开关的选择 ·· 105
 5.4.27　电磁铁的选择 ·· 105
 5.4.28　转换开关的选择 ······································ 105
 5.4.29　元器件的选购 ·· 105
5.5　元器件测量 ··· 106
 5.5.1　光耦合器的测量 ······································· 106
 5.5.2　扬声器的测量 ··· 107
 5.5.3　开关和插接件的测量 ··································· 107
 5.5.4　压电陶瓷片的测量 ····································· 107
 5.5.5　全桥整流组件的测量 ··································· 109
 5.5.6　稳压二极管的测量 ····································· 109
 5.5.7　固态继电器的测量 ····································· 110
 5.5.8　耳机的测量 ··· 110
 5.5.9　传声器的测量 ··· 111

  5.5.10 驻极体传声器的测量 ·················· 112

 5.6 元器件检修 ································ 112

  5.6.1 对电气工程技术人员要求 ············· 112

  5.6.2 元器件修理方法 ···················· 113

  5.6.3 元器件修理寻迹电路 ················ 116

  5.6.4 元器件常见故障 ···················· 116

  5.6.5 发光二极管的检修 ·················· 117

  5.6.6 扬声器的检修 ····················· 117

  5.6.7 电容器的检修 ····················· 118

  5.6.8 电感器的检修 ····················· 118

  5.6.9 耳机的检修 ······················ 119

  5.6.10 可调电容器的检修 ················· 119

  5.6.11 熔断器的检修 ···················· 120

  5.6.12 电位器的检修 ···················· 121

  5.6.13 晶体二极管的检修 ················· 121

  5.6.14 晶体管的检修 ···················· 122

  5.6.15 集成电路的检修 ·················· 122

  5.6.16 蜂鸣器的检修 ···················· 123

 5.7 印制电路板的设计与制作 ················· 123

  5.7.1 印制电路板概述 ···················· 123

  5.7.2 印制电路板的设计原则 ·············· 124

  5.7.3 Protel 99SE CAD 软件的功能和应用 ········· 130

  5.7.4 印制电路板的制作 ·················· 158

第 2 篇 模拟电子技术基础实验和综合实验

第 7 章 模拟电子技术基础实验 ·················· 160

 实验 6.1 单管放大电路的研究 ················ 160

 实验 6.2 负反馈放大器 ··················· 166

 实验 6.3 集成运算放大器的基本应用(模拟运算电路) ······ 169

 实验 6.4 集成运算放大器的基本应用(有源滤波器) ······ 175

 实验 6.5 集成运算放大器的基本应用(电压比较器) ······ 180

 实验 6.6 集成运算放大器的基本应用(波形发生器) ······ 183

 实验 6.7 直流稳压电源(一) ················ 186

 实验 6.8 直流稳压电源(二) ················ 188

 实验 6.9 太阳能电池基本特性的测定 ············ 193

第 7 章 模拟电子技术综合实验 ·················· 198

 实验 7.1 变调音频放大器设计 ················ 198

 实验 7.2 简易卡拉 OK 音频放大器设计 ··········· 199

 实验 7.3 简易低频函数发生器的设计 ············ 200

 实验 7.4 电容测量电路的设计 ················ 202

实验 7.5　小功率扩音机的设计 ··· 203

实验 7.6　语音滤波器的设计 ··· 204

实验 7.7　三极管筛选电路设计 ··· 206

第 3 篇　数字电子技术基础实验和综合实验

第 8 章　数字电路基础实验 ··· 208

实验 8.1　组合逻辑电路 ··· 208

实验 8.2　触发器及其应用 ··· 210

实验 8.3　计数器及其应用 ··· 215

实验 8.4　555 定时器及其应用 ··· 218

实验 8.5　D/A、A/D 转换器 ··· 221

实验 8.6　TTL 门电路的逻辑变换（数字电路仿真实验） ··························· 225

实验 8.7　血型关系检测电路的设计（数字电路仿真实验） ··························· 226

实验 8.8　计数、译码和显示电路（数字电路仿真实验） ····························· 227

实验 8.9　脉冲边沿检测电路的分析与设计（数字电路仿真实验） ····················· 229

实验 8.10　交通控制器的设计（数字电路仿真实验） ······························· 231

第 9 章　数字电路电子技术综合实验 ··· 234

实验 9.1　方波、三角波发生器设计 ··· 234

实验 9.2　数码管动态显示电路设计 ··· 235

实验 9.3　秒表电路设计 ··· 237

实验 9.4　简易同步数字串行通信电路 ··· 238

实验 9.5　4 位流水灯电路 ··· 240

实验 9.6　加减法计算器的设计 ··· 242

第 4 篇　电子技术课程设计

第 10 章　课程设计实验 ··· 244

实验 10.1　伴唱电子琴设计 ··· 244

实验 10.2　位数字密码锁 ··· 245

实验 10.3　音乐门铃设计 ··· 247

实验 10.4　8 通道 3 位并行 AD 转换器设计 ······································ 248

实验 10.5　简易数字频率计设计 ··· 250

实验 10.6　过欠压保护电路设计 ··· 251

实验 10.7　三相电源频率测量电路的设计 ·· 253

实验 10.8　相位差测量电路 ··· 254

实验 10.9　数字电子钟逻辑电路设计 ··· 256

实验 10.10　数字定时开关的设计 ·· 258

参考文献 ··· 260

第1篇　电子技术基础实验和电子工艺实习基础

第1章　绪　论

1.1　电子技术实验在培养人才中的作用

电子技术基础是电类专业的一门重要的基础课,其任务是使学生获得电子技术方面的基本理论知识和使用技能,为以后从事电子技术方面的工作奠定基础,电子技术基础课程的实践性很强,并且具有工程性特点。所以,加强实践环节,进行工艺训练和技能培养是不能或缺的一个环节,这个环节要通过实验及实训来完成,故其作用非常重要。

目前许多高校在学习模拟电子技术基础和数字电子技术基础的同时,增加了课程设计和电子工艺实习,这对提高学生的综合动手能力和工程设计能力起到重要的作用。

实际的工程问题往往是很复杂的,涉及器件、电路、工艺、环境等许多因素,这使得一些实验现象和结果与书本上和课堂上的内容存在差异,分析实验现象和解决实验中的问题不但要具有扎实的理论知识,还需要在实践过程中积累丰富的实践经验和实验能力。因此,只有理论知识,缺乏实际经验和工程能力是不能很好地解决实际问题。分析并解决实际过程中出现的问题可以促使实验者独立思考、学习新知识,从而扩大知识面,增强理论联系实际的能力,培养创新意识,是科学工作者应具备的能力和素质。

近年来,电子系统的结构发生了很大的变化,其中软件和硬件的结合普遍应用,软件必须在硬件的平台上运行才能实现其功能,没有性能优异的硬件作为基础,再好的软件也不能实现预期的功能,所以,一个从事电子技术工作的科技人员必须具备一定的硬件知识和实际能力,这也是发挥创新能力的基础。电子技术实验和实训是获得硬件知识,培养学生实验能力的重要环节。

1.2　电子技术实验的过程和要求

电子技术基础实验一般分为实验前的准备(预习)、实验室做实验和实验后的报告撰写等3个过程,具体要求如下:

1. 实验前的准备

为了避免盲目,参加实验者应对实验内容进行预习,认真阅读实验指导书,了解实验目的和要求,掌握有关实验电路的基本原理(课程设计要完成设计任务),完成实验设计,制订实验方法、步骤,设计记录表格,了解注意事项,解答思考题等,初步估算实验结果,写出实验预习报告。

2. 实验室中做实验的要求

首次进入实验室要熟悉实验室的环境,了解实验室的规则,自觉遵守实验室的各项规章制度,保证实验室有良好的实验秩序、实验环境,一定要注意人身安全和仪器设备的安全。

根据设计的实验方案接线,检查无问题后通电进行实验,在实验过程中要认真观察实验现象,准确记录数据、波形和实验现象。若发现有误,要独立思考分析,耐心地排除故障(记录故障现象和排除故障的方法)。若发生安全事故,立即切断电源,报教教师,等待处理。

实验完成后,请实验教师审阅并同意后,再拆除线路,清理实验现场。在实验过程中出现一些预料不到的故障和问题是正常现象,并不是坏事,实验者通过思考和分析,排除故障,解决问题的过程就是积累经验、增长才干的过程,从中可以得到锻炼和提高。

3. 实验后的要求

实验后学生必须写出实验报告,撰写实验报告的过程是对实验进行总结和提高的过程,通过这个过程可以加深对实验现象和内容的理解,更好地将理论和实际结合起来,这个过程也是提高表达能力的环节,能提高一个工程技术人员撰写科技论文的素质和能力。

实验报告的内容包括以下几部分:

(1)实验环境、条件,如日期、同组人、所用仪器名称及编号、元器件及参数等。

(2)整理实验数据,描绘测试波形,列出表格并绘出测试曲线。

(3)对测试的结果进行分析,作出结论,并进行误差分析。

(4)对出现的故障或问题,总结排除故障、解决问题的方法。

(5)实验的收获和体会以及改进实验的意见和建议。

实验报告要层次分明,文理通顺,书写整洁,符合标准,简明扼要,图表、曲线要符合规范。

1.3　实验测量误差

在测量过程中,由于各种原因,使得待测量的真值(理论值或标准计量仪器测定值)与实际测量值之间存在一定的差别,这种差别就是测量误差。为了准确地测量某一参数,首先要选择合适的测量仪器,采用正确的测量方法,并对实验数据进行必要的误差分析和数据处理,得出正确的结论。分析误差产生的原因,减小误差的措施和方法,都应该掌握。

1.3.1　测量误差产生的原因与分类

1. 测量误差产生的原因

测量方法分为直接测量和间接测量。

直接测量是直接从实验测量数据中获得测量结果。其测量结果可以从一次实验数据中求得。直接测量产生误差的主要因素是测量仪器基本误差。

间接测量是被测值和其他几个物理量之间有着一定的函数关系,在实验中先测得这些物理量,再通过运算得到被测值。间接测量误差一般较大,分析产生误差的原因,采取措施消除或减小误差,使得实验结果更接近真值,是完成实验不可或缺的一个环节。

2. 实验测量误差的分类

实验误差分为系统误差和随机误差两类。

（1）系统误差。这种误差遵循一定的规律,在测量过程中保持不变,故称为系统误差。

（2）随机误差。在相同条件下,对同一物理量进行重复测量,由于各种偶然因素,会出现测量值时而偏大,时而偏小的误差现象,这种类型的误差称为随机误差。

3. 误差的来源

（1）仪器误差。这是因为仪器的原因产生的误差。

（2）使用误差。使用误差是在使用仪器过程中,因安装、调试、布置、使用不当等原因引起的误差。

（3）视觉误差。由于人的感觉器官和运动器官的限制所引起的误差。

（4）环境误差。由于环境影响引起的误差,如温度、湿度、磁场等因素引起的误差。

（5）实验方法误差。由于使用者的方法不同引起的误差。

1.3.2　误差的消除方法

在实际测量过程中,有很多原因导致误差的产生。为了减小误差,必须分析误差产生的原因,采取相应的措施,减小或消除误差。具体方法如下:

（1）选择正确测量仪表的准确度级,对测量仪表进行定期校验,并给出修正值,这样可以减小或消除仪表带来的系统误差。

（2）选择合理的测量方法,如测量电阻用电桥法比伏安法准确,使用屏蔽措施可消除电磁干扰等。

（3）对同一值进行多次测量,取其平均值,可以消除偶然误差。

（4）测量者严格执行操作规范规程,测量过程中要认真观察,仔细记录,按照仪器操作规程进行,仪表的调零、预热等不能忽视。

1.4　实验数据的处理

1.4.1　实验数据的处理方法

实验数据通常用数据列表、方程法及曲线绘制法等表示。

实验数据用列表的形式把一组数据按一定的规律对应地列出来,形成数据表格,从中寻找规律,这种方法是较为常用的。

方程法是由实验数据总结出各量之间的函数关系,并用方程(公式)表示这种关系。这种方程式常常是经验公式。全部测量数据点都基本满足该经验公式。

曲线绘制法是根据测量出的数据将一个物理量与另一个(或几个)物理量直接的关系绘制成曲线,如图 1.1 所示。用曲线表示较为直观、形象,可以显示出数据的大小值及拐点、周期等,并可以从中总结出经验公式。所以曲线绘制法是常

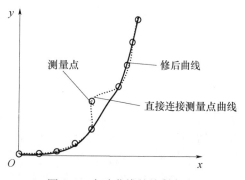

图 1.1　实验曲线的绘制方法

用的一种方法。

下面就曲线的绘制做一个说明。

由于各种误差的影响,测量数据会出现离散现象,如果将各数据点依次连接起来所构成的曲线将是折线状,而不是一条光滑的曲线,如图 1.1 中的虚线所示。由于误差的存在,由多条折线段构成的曲线不能真实反映各物理量之间的准确关系。所以需要从包含各种测量误差的数据中确定较为理想的光滑曲线,如图 1.1 中的实线所示。这个过程称为曲线修正,常用的工程方法是每组含 2 ~ 4 个数据点,然后分别取各组的几何中心,再将这些重心连接起来,这样在一定程度上减少了偶然误差的影响,所绘制的曲线基本符合实际情况。

1.4.2 测量得出的数字处理

1. 有效数字

测量是以确定量值为目的的一组操作。由测量所得的赋予被测量的值称为测量结果。由于存在误差,所以测量的数据总是近似值,通常由可靠数字和存疑数字两部分组成。例如,在测得某一电压为 8mV,也可以记为 8.00mV,从数值的角度看是没有区别的,但从测量的意义来看是有区别的,若用 8mV 的值时,就意味着 8 后面的数字没测出来,所以后面的数字是个不定的值,而 8.00mV 的值后面的第一个"0"是个可靠数字,而第二位"0"就是存疑数字。由此可见,对测量结果的数字记录有严格的要求。这就引出了有效数字的概念,即有效数字是指在分析和测量中所能得到的有实际意义的数字。测量结果是由有效数字组成的(前后定位用的"0"除外)。有效数字就是从第一位非零数字起到那位存疑数字的所有各位数字都是有效数字。

对于有效数字的正确表示有以下几点:

(1) 有效数字是指从左边第一个非零的数字开始,直到右边最后一个数字为止的所有数字。例如,测得的频率为 0.0147MHz,它是由 1、4、7 这 3 个有效数字组成的,而左边的两个零不是有效数字,所以它可以写成 1.47×10^{-2} MHz,也可以写成 14.7kHz,但不能写成 14700Hz。

(2) 如已知误差,则有效值的位数应与误差相一致。

2. 数据舍入规则

传统的方法是四舍五入的原则,等于 5 时取偶数。

3. 有效数字的运算规则

有效数字的取舍,原则上是参与运算的各数中精度最差的那一项,其遵循的规则如下:

(1) 当几个近似值之间进行加减运算时,以小数点后的位数最小的那个数为准,其余各数均舍入至该数多一位,而计算结果所保留的小数点后的位数,应与各数中小数点后位数最少者的位数相同。

(2) 当进行乘法运算时,先统一有效数字,以有效数值位数最小的那个数为准,其余各数进行舍入处理,其有效数字位数与最小的位数对齐后再进行运算,最后将积(或商)的有效位数与有效位数最小的对齐。有时为了避免计算造成的附加误差,各因子的有效数字的位数比有效数字位数最小的因子多一位,此时,与小数点位置无关。

(3) 进行数的平方或开方,结果可比原数多保留一位。

1.5　课程设计的基础知识

电子技术基础课程设计由选择课题、电子电路设计、电子电路仿真、组装、调试和编写报告等环节组成。

1.5.1　电子电路的设计方法及基本步骤

对系统的设计任务进行分析,充分了解系统的性能、指标、内容及要求,明确系统需要完成的任务。

1. 方案选择

选择方案的任务是根据掌握的知识和资料,针对设计提出的任务、要求和条件,设计合理、可靠、经济、可行的框架,并对其优、缺点进行分析,使得框架能正确反映设计应完成的任务和各个组成部分的功能,清楚表示设计的基本组成和相互之间的关系,做到心中有数。

2. 根据设计框架进行电路单元设计、参数计算和器件选择

电路整体是由单元电路组成,在进行设计时可以模仿成熟的电路进行改进和创新,只有设计好单元电路才能提高整体设计质量。故每个单元电路都要明确其功能及性能指标,前后级信号之间的相互关系,分析电路的组成形式。接着根据电路工作原理和分析方法,进行参数的估计与计算;器件选择时,元器件的工作电压、频率和功耗等参数应满足电路指标要求,元器件的极限参数必须留有足够的裕量,一般应大于额定值的 1.5 倍,电阻和电容的参数应选择在计算值附近的标称值。

3. 电路原理图的绘制

电路原理图可以手绘或通过软件绘制出完整的电路图,包括系统完整的电路图和各个单元电路的连接关系。电路图通常是在系统框图、单元电路设计、参数计算和器件选择的基础上绘制的。

电路原理图是电路组装、焊接、调试和检修的依据,绘制电路图时布局必须合理、排列均匀、清晰、便于看图、有利于读图;有时一个电路由几部分组成,绘图时应尽量把总电路图画在一张图纸上。若电路较为复杂,需画多张图时,将主电路图画在一张图纸上,其他单元图在画时应标注端口,并标出电路连线之间的关系。信号的流向一般从输入端或信号源画起,由左至右或由上至下按信号的流向依次画出,反馈通路的信号流向则与此相反;图形符号要标准,并适当加上标注;连线应为直线,并且交叉和折弯应最少,互相连通的交叉处用圆点表示,地线用接地符号表示。

1.5.2　电子电路的组装

电路组装通常采用印制电路板焊接或在实验箱上搭接方式,焊接组装可以提高学生的焊接技术,但器件的重复利用率低。在实验箱上搭接,元器件便于插拔且电路便于调试,器件可以重复利用。下面介绍在实验箱上插接时的注意事项。

(1)集成电路插接。辨别集成芯片的方向,认准管脚,不要倒插,所有芯片插入方向应保持一致,管脚不得弯曲,更不能折断。

(2)元器件的装插。根据电路图的各个功能确定器件在实验箱的插接板上的位置,并按信号流向将元器件依次连接,便于调试。

（3）导线的选用与连接。选择导线直径应与过孔（或插孔）直径一致；为检查电路方便，要根据不同用途，选择不同颜色的导线，一般习惯是正电源用红线，负电源用蓝线，地线用黑线，信号线用其他颜色的线。连接用的导线要求紧贴插接板上，使得接触良好。连接线不允许跨越芯片或其他器件，尽量做到横平竖直，便于查线和更换器件，高频电路部分的连线应尽量短。

（4）在电路的输入、输出端和单元连接端等部位应预留测试空间和测试点，以方便测量调试。电路之间要有公共接地端。

（5）布局合理和组装正确的电路，不仅电路整齐、美观，而且便于检查和排除故障，提高电路工作的可靠性。

1.5.3 电子电路调试

实验和调试常用的仪器有万用表、稳压电源、示波器、信号发生器等。调试的主要步骤如下：

（1）调试前不加电源的检查。对照电路图和实际线路检查连线是否正确；用万用表电阻挡检查接插是否良好；元器件引脚之间有无短路，连接处有无接触不良，二极管、三极管、集成电路和电解电容的极性是否正确；电源供电包括极性、信号源连线是否正确；电源端对地是否存在短路（用万用表测量电阻）。若电路经过上述检查，确认无误后，可转入静态检测与调试。

（2）静态检测与调试。断开信号源，把经过准确测量的电源接入电路，用万用表电压挡检测电源电压，观察有无异常现象，如冒烟、异常气味、手摸元器件发烫、电源短路等，如发现异常情况，应立即切断电源，排除故障。若无异常情况，分别测量各关键点直流电压，如静态工作点、数字电路各输入端和输出端的高低电平值及逻辑关系、放大电路输入输出端直流电压等是否在正常工作状态下，如不符则调整电路元器件参数、更换元器件等，使电路最终工作在合适的工作状态。对于放大电路还要用示波器观察是否有自激发生。

（3）动态检测与调试。动态调试是在静态调试的基础上进行的，调试的方法是在电路的输入端加上所需的信号源，并沿着信号流向逐级检测各有关点的波形、参数和性能指标是否满足设计要求，如必要还要对电路参数做进一步调整。发现问题要设法找出原因，排除故障。

（4）调试注意事项。

① 正确使用测量仪器的接地端，仪器的接地端与电路的接地端要可靠连接；在信号较弱的输入端，尽可能使用屏蔽线连线，屏蔽线的外屏蔽层要接到公共地线上。

② 在频率较高时要设法隔离连接线分布电容的影响，如用示波器测量时应该使用示波器探头连接以减少分布电容的影响。

③ 测量电压所用仪器的输入阻抗必须远大于被测处的等效阻抗。

④ 测量仪器的带宽必须大于被测量电路的带宽。

⑤ 正确选择测量点测量。

⑥ 认真观察记录实验过程，包括条件、现象、数据、波形、相位等。

⑦ 出现故障时要认真查找原因。

1.5.4 电子电路故障检查的一般方法

1. 电路常见的故障原因

对于新设计组装的电路来说，常见的故障原因有以下几个：

（1）实验电路与设计的原理图不符,元件使用不当或损坏。

（2）设计的电路本身就存在某些严重缺陷,不能满足技术要求,连线发生短路和开路。

（3）焊点虚焊,接插件接触不良,可变电阻器等接触不良。

（4）电源电压不符合要求,性能差。

（5）仪器使用不当。

（6）接地处理不当。

（7）相互干扰引起的故障等。

2. 电路故障检查的方法

检查故障的一般方法有直接观察法、静态检查法、信号寻迹法、对比法、部件替换法、旁路法、短路法、断路法、加速暴露法等,下面主要介绍几种常用方法。

（1）直接观察法和静态检查法。与前面介绍的调试前的直观检查和静态检查相似,只是更有目标及针对性。

（2）信号寻迹法。在输入端直接输入一定幅值、频率的信号,用示波器由前级到后级逐级观察波形及幅值,如哪一级异常则故障就在该级;对于各种复杂的电路,也可将各单元电路前后级断开,分别在各单元输入端加入适当信号,检查输出端的输出是否满足设计要求。

（3）对比法。将存在问题的电路参数与工作状态和相同的正常电路中的参数(或理论分析和仿真分析的电流、电压、波形等参数)进行比对,判断故障点,找出原因。

（4）部件替换法。用同型号的好部件替换可能存在故障的部件。

（5）加速暴露法。有时故障不明显,或时有时无,或要较长时间才能出现,可采用加速暴露法,如敲击元件或电路板检查接触不良、虚焊等以及用加热的方法检查热稳定性差等。

1.5.5　课程设计报告要求

设计性实验报告主要包括以下几点:

（1）课题名称。

（2）内容摘要。

（3）设计内容及要求。

（4）比较和选择的设计方案。

（5）单元电路设计、参数计算和器件选择。

（6）画出完整的电路图,并说明电路的工作原理。

（7）用仿真软件进行仿真并附有仿真结果。

（8）组装调试的内容有使用的主要仪器和仪表、调试电路的方法和技巧、测试的数据和波形并与计算结果进行比较分析、调试中出现的故障、原因及排除方法。

（9）总结设计电路的特点和方案的优、缺点,指出课题的核心及实用价值,提出改进意见。

（10）列出元器件清单。

（11）列出参考文献。

（12）收获、体会。

实际撰写时可根据具有情况做适当调整。

1.5.6　电子电路干扰的抑制

1. 干扰源

电子电路工作时,往往在有用信号之外还存在一些干扰源,有的产生于电子电路内部,有的产生于外部。外部的干扰主要有高频电器产生的高频干扰、电源产生的工频干扰、无线电波的干扰;内部的干扰主要有交流声、不同信号之间的互相感应、调制、寄生振荡、热噪声、因阻抗不匹配产生的波形畸变或振荡。

2. 降低内部干扰的措施

(1) 元器件布局。元件在印制电路板上排列的位置要充分考虑抗电磁干扰问题,原则之一是各部件之间的引线要尽量短。在布局上,要把模拟信号部分、高速数字电路部分、噪声源部分(如继电器、大电流开关等)合理地分开,使相互间的信号耦合为最小。

(2) 电源线设计。根据印制电路板电流的大小,尽量加粗电源线,减少环路电阻。同时使电源线、地线的走向和数据传递的方向一致,这样有助于增强抗噪声能力。

(3) 地线设计。在电子设备中,接地是控制干扰的重要方法。如能将接地和屏蔽正确结合起来使用,可解决大部分干扰问题。

此外,还应注意以下两点:

(1) 在印制电路板中有接触器、继电器、按钮等元件时,操作它们时均会产生较大火花放电,必须采用 RC 电路来吸收放电电流。一般 R 取 $1 \sim 2\text{k}\Omega$,C 取 $2.2 \sim 47\mu\text{F}$。

(2) CMOS 的输入阻抗很高,且易受感应,因此在使用时对不用的端子要接地或接正电源。

3. 降低外部干扰的措施

(1) 远离干扰源或进行屏蔽处理。

(2) 运用滤波器降低外界干扰。

1.5.7　接地

接地有安全接地和工作接地两种,这里所谈的是工作接地。设计接地点就是要尽可能减少各支路电流之间的相互耦合干扰,主要方法有单点接地、串联接地、平面接地。电子设备中地线结构大致有系统地、机壳地(屏蔽地)、数字地(逻辑地)和模拟地等。在地线设计中应注意以下几点:

1. 正确选择单点接地与多点接地

在低频电路中,信号的工作频率小于 1MHz,它的布线间电容和器件间的电感影响较小,而接地电路形成的环流对干扰影响较大,因而应采用一点接地。当信号工作频率大于10MHz 时,地线阻抗变得很大,此时应尽量降低地线阻抗,应采用就近多点接地。高频电路宜采用多点串联接地,地线应短而粗,高频元件周围尽量用栅格状大面积地箔。当工作频率在 $1 \sim 10$MHz 时,如果采用一点接地,其地线长度不应超过波长的 1/20;否则应采用多点接地法。

2. 将数字电路与模拟电路分开

电路板上既有高速逻辑电路又有线性电路,应使它们尽量分开,而两者的地线不要相混,分别与电源端地线相连。要尽量加大线性电路的接地面积。

3. 尽量加粗接地线

如果接地线很细,接地电位则随电流的变化而变化,致使电子设备的定时信号电平不稳,抗噪声性能变坏。因此,应将接地线尽量加粗。

4. 将接地线构成闭环路

设计只由数字电路组成的印制电路板的地线系统时,将接地线做成闭环路可以明显提高抗噪声能力。其原因在于:印制电路板上有很多集成电路元件,尤其遇有耗电多的元件时,因受接地线粗细的限制,会在地结上产生较大的电位差,引起抗噪声能力下降,若将接地结构形成环路,则会缩小电位差值,提高电子设备的抗噪声能力。

第2章 电子基本测量技术

2.1 电压的测量

在电子测量领域中,电压是最基本的参数之一,电路的工作状态和特性大多是以电压的形式来表示的,因此,电压的测量是许多电参数测量的基础。

为了准确测量电压,需要了解电子电路中电压测量的特点及应注意的问题。

1. 根据频率大小选择仪器仪表

电子电路中电压的频率范围很宽,可以从直流到几千 MHz。各种测量电压的仪器都有一定的频率限制,如果超过此限制,测量结果会产生很大的误差。因此选择测量仪器时,必须要了解该仪器的频率范围。例如,测量放大电路的直流工作点,可以用示波器、数字电压表。当对频率响应达到十几 MHz 的放大电路的输出电压进行测量时,通常会用示波器或毫伏表,而不能使用一般的数字电压表,因为一般的数字电压表的频率范围不够宽,通常不会超过 100kHz。

2. 根据电压大小选择仪器仪表

电子电路的电压范围很宽,幅值可以在几微伏到几千伏之间。根据所测电压的大小来选择仪表是非常重要的。例如,测量微伏到毫伏范围的电压,应该选择高灵敏度的仪表,如毫伏表、数字电压表等。如果测量毫伏级到几十伏的电压,可以选择示波器、数字电压表等。

3. 考虑电压表输入阻抗进行选择

当电压表并联在被测端,相当于将表的输入阻抗并联到被测对象的两端,所以必须选择输入阻抗远大于被测电阻的电压表;否则,由于输入阻抗的影响,将改变被测电路的工作状态,从而引起较大的测量误差。

4. 考虑电压的波形进行选择

电子电路中电压的波形种类多,常用的有正弦波、矩形波(方波)、三角波等。许多交流表是按正弦波设计的,故用这种表在测量非正弦电压时会产生大的误差。

此外,电子电路中是交流、直流并存的,在测量时,必须注意该问题,不能简单地用一般表进行测量。总之,在电压的测量中,要根据被测电压是交流还是直流、波形、大小、工作频率、被测电路阻抗等性质,来选择相应的测量仪表及测量方法。

2.2 阻抗的测量

电子电路中有源二端口网络是一类重要的网络。常用的二端口网络中一个为输入端口,接激励信号源,另一个为输出端口,接负载。放大器、滤波器和变换器等都是二端口网络。在低频时,有源二端口输入和输出电阻的测量方法如下:

1. 输入电阻的测量

在网络的输入端加一信号 U_i 时就会产生一定的信号电流 I_i,因而网络的输入端呈现出

阻抗特性,该等效阻抗就是网络的输入阻抗,用 Z_i 表示,即

$$Z_i = \frac{\dot{U}_i}{\dot{I}_i}$$

一般地,频率低时网络近似于纯阻性电路,此时可用输入电阻 R_i 代替阻抗 Z_i,即

$$R_i = \frac{\dot{U}_i}{\dot{I}_i}$$

常用的输入电阻的测量电路原理如图 2.1 所示。在被测电路输入回路串入一已知电阻 R,分别测出 U_s 和 U_i,则根据输入电阻的定义可得

$$R_i = \frac{\dot{U}_i}{\dot{U}_s - \dot{U}_i} R$$

注意:R 的阻值最好选择与输入电阻接近,这样测量误差较小。

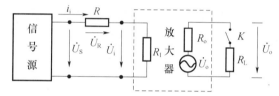

图 2.1　输入、输出电阻测量电路

2. 输出电阻的测量

线性二端口网络的输出端可以等效为一个电压源,如图 2.1 所示。等效电源的内阻抗(即从输出端往里看进去的等效阻抗)就是输出阻抗,用 Z_o 表示。同样,在频率较低的情况下,可用输出电阻代替输出阻抗 Z_o。

测量输出电阻的方法如图 2.1 所示。分别测出负载电阻的开路电压和负载电压,则输出电阻为

$$R_o = \left(\frac{\dot{U}_o}{\dot{U}_L} - 1 \right) R_L$$

U_o 是负载的开路电压,U_L 是负载为 R_L 的电压。同样,电阻 R_L 的阻值最好选择与输出值接近,以减小误差。

2.3　电压增益和幅频特性测量

1. 电压增益的测量

增益是网络传输特性的重要参数。一个有源二端口网络的电流、电压、功率增益用下式表示,即

$$\begin{cases} A_i = \dfrac{I_o}{I_i} \\[2mm] A_u = \dfrac{U_o}{U_i} \\[2mm] A_p = \dfrac{P_o}{P_i} = A_i A_u \end{cases}$$

11

在通信系统中,常用分贝值表示增益,所以上式可写为

$$\begin{cases} A_i(\mathrm{dB}) = 20\lg \dfrac{I_o}{I_i}(\mathrm{dB}) \\[2mm] A_u(\mathrm{dB}) = 20\lg \dfrac{U_o}{U_i}(\mathrm{dB}) \\[2mm] A_p(\mathrm{dB}) = 10\lg \dfrac{P_o}{P_i}(\mathrm{dB}) \end{cases}$$

2. 幅频特性的测量

二端口的幅频特性是一个电压增益与频率有关的量,所研究的是电压增益与频率的函数关系。一般幅频特性的测量方法有下面两种。

(1) 逐点描述法。

将信号加到被测电路的输入端,并保持输入信号不变,改变信号的频率,且输出波形不失真的情况下,用示波器或毫伏表测量电路的输出电压,将所测的各电压增益值所对应的频率点绘制成曲线,该曲线就是幅频特性曲线。在测试过程中,曲线变化较大的点多测几个点(尤其是在上限、下限截止频率附近),在平滑部分少测几个点,典型的幅频特性曲线如图 2.2 所示。通常规定电压增益随频率变化下降到中频增益的 $1/\sqrt{2}$,即 $0.707A_{um}$ 所对应的频率分别称为下限频率 f_L 和上限频率 f_H,则通频带为

$$f_{BW} = f_H - f_L$$

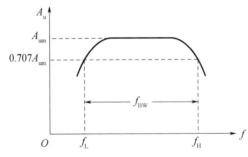

图 2.2　典型的幅频特性曲线

(2) 扫描法。

扫描法是用频率特性扫描仪测量网络幅频特性的方法。扫描仪是将一个与扫描电压同步的调频信号,加到被测网络的输入端。再将被测网络的输出信号取出,经过检波后送到示波器的垂直偏转板(Y 轴),光点在荧光屏垂直方向上的偏转距离代表被测输出电压的幅度。示波器的水平偏转(X 轴)施加扫描电压。其变化规律与输入的频率变化规律相同,因此光点在荧光屏上就是电压与频率之间的变化曲线,也就是幅频曲线。

第 3 章　常用电子技术实验测量仪器

3.1　常用示波器及其使用

示波器是一种综合性的电信号测量仪器,它能把眼睛看不到的交变电信号转换成能直接观察的图像,显示在荧光屏上。示波器是一种时域测量仪器,用于观察信号随时间的变化关系,同时可以测量电信号的频率、幅值、相位及形状等。根据需要可以同时观察两个或多个电信号的动态过程。它具有以下 5 个特点:

(1) 显示被测信号的波形,并可测量其瞬时值。

(2) 测量频带宽,波形失真小。

(3) 灵敏度高,且有较强的过载能力。

(4) 输入阻抗高,对被测电路的影响小。

(5) 具有 $X-Y$ 的工作方式,可以描绘出任何输入、输出量的函数关系。

为适应各种测试需要,示波器种类繁多。按其用途和结构特点可分为普通示波器、通用示波器、多线多踪示波器、记忆示波器及取样示波器等。随着微处理机的大量应用,示波器正在向自动化、智能化的方向发展,在测量领域中发挥更大的作用。

3.1.1　示波器的组成

示波器由荧光屏、示波管、电源系统、垂直系统、水平系统等组成。

1. 荧光屏

荧光屏是示波管的显示部分。屏上水平方向和垂直方向各有多条刻度线,指示出信号波形的电压和时间之间的关系。水平方向指示时间,垂直方向指示电压。水平方向分为 10 格,垂直方向分为 8 格,每格又分为 5 份。垂直方向标有 0%、10%、90%、100% 等标志,水平方向标有 10%、90% 标志,用以测量直流电平、交流信号幅度、延迟时间等参数。根据被测信号在屏幕上占的格数乘以适当的比例常数(V/DIV、TIME/DIV)能得出电压值与时间值。

2. 示波管和电源系统

1) 电源(Power)开关

示波器主电源开关。当此开关按下时,电源指示灯亮,表示电源接通。

2) 辉度(Inten)旋钮

旋转此旋钮能改变光点和扫描线的亮度。观察低频信号时可小些、高频信号时大些。一般不应太亮,以保护荧光屏。

3) 聚焦(Focus)旋钮

聚焦旋钮调节电子束截面大小,将扫描线聚焦成最清晰状态。

4) 标尺亮度(Illumince)旋钮

此旋钮调节荧光屏后面的照明灯亮度。正常室内光线下,照明灯应调节得暗一些比较好。室内光线不足的环境中,可适当调亮照明灯。

3. 垂直偏转因数和水平偏转因数

1）垂直偏转因数选择（VOLTS/DIV）和微调旋钮

在单位输入信号作用下，光点在屏幕上偏移的距离称为偏移灵敏度，该定义对 X 轴和 Y 轴都适用。灵敏度的倒数称为偏转因数。垂直灵敏度的单位为 cm/V、cm/mV 或者 DIV/mV、DIV/V，垂直偏转因数的单位是 V/cm、mV/cm 或者 V/DIV、mV/DIV。实际上因习惯用法和测量电压读数的方便，有时也把偏转因数当作灵敏度。

双踪示波器中每个通道各有一个垂直偏转因数选择波段开关。一般按 1 - 2 - 5 方式从 5mV/DIV ~ 5V/DIV 分为 10 挡。波段开关指示的值代表荧光屏上垂直方向一格的电压值。例如，波段开关置于 1V/DIV 挡时，如果屏幕上信号光点移动一格，则代表输入信号电压变化 1V。每个波段开关上往往还有一个小旋钮，微调每挡垂直偏转因数。将它沿顺时针方向旋到底，处于"校准"位置，此时垂直偏转因数值与波段开关所指示的值一致。逆时针旋转此旋钮，能够微调垂直偏转因数。垂直偏转因数微调后，会造成与波段开关的指示值不一致，这一点应引起注意。许多示波器具有垂直扩展功能，当微调旋钮被拉出时，垂直灵敏度扩大若干倍（偏转因数缩小若干倍）。例如，如果波段开关指示的偏转因数是 1V/DIV，采用 ×5 扩展状态时，垂直偏转因数是 0.2V/DIV。

2）时基选择（TIME/DIV）和微调旋钮

时基选择和微调的使用方法与垂直偏转因数选择和微调类似。时基选择也通过一个波段开关实现，按 1 - 2 - 5 方式把时基分为若干挡。波段开关的指示值代表光点在水平方向移动一个格的时间值。例如，在 1μs/DIV 挡，光点在屏上移动一格代表时间值 1μs。

"微调"旋钮用于时基校准和微调。沿顺时针方向旋到底处于校准位置时，屏幕上显示的时基值与波段开关所示的标称值一致。逆时针旋转旋钮，则对时基微调。旋钮拔出后处于扫描扩展状态。通常为 ×10 扩展，即水平灵敏度扩大 10 倍，时基缩小到 1/10。例如，在 2μs/DIV 挡，扫描扩展状态下荧光屏上水平一格代表的时间值等于 $2μs \times (1/10) = 0.2ms$。

示波器的标准信号源 CAL，专门用于校准示波器的时基和垂直偏转因数。例如，DS - 5000 型示波器标准信号源提供一个 $V_{p-p} = 3V, f = 1kHz$ 的方波信号。

示波器前面板上的位移（Position）旋钮调节信号波形在荧光屏上的位置。旋转水平位移旋钮（标有水平双向箭头）左右移动信号波形，旋转垂直位移旋钮（标有垂直双向箭头）上下移动信号波形。

3.1.2 示波器的使用

利用示波器可以进行电压、时间、相位差、频率的测量。在使用示波器进行测量时，示波器的有关调节旋钮必须处于校准状态。例如，测量电压时，Y 通道的衰减器调节旋钮必须处于校准位置。在测量时间时，扫描时间调节旋钮必须处于校准状态。只有这样测得的值才是准确的。

1. 电压测量

用示波器可以测量正弦波电压的峰峰值、有效值、最大值和瞬时值，也可以测量各种波形电压的峰峰值、瞬时值，还可以测量方波的上升沿和下降沿。

1）直流电压的测量

测量直流电压时，示波器的通道的耦合方式应选择直流耦合（Y 轴放大电路的下限截止频率为 0），进行测量时必须校准示波器的 Y 轴灵敏度，并将其微调旋钮旋至"校准"位置。

测量方法如下：

（1）先将垂直输入耦合选择开关置于接地状态，使屏幕上显示一条扫描基线，然后根据被测电压的极性调节垂直位移旋钮，使该基线调至合适的位置，作为零电压的基准位置。

（2）然后再将输入耦合选择开关置于"DC"位置。

（3）将被测信号经衰减探头（或直接）接入示波器输入端，调节 Y 轴灵敏度旋钮，使扫描线有合适的偏转量，如图 3.1 所示。如果直流电压的坐标刻度（纵轴）与零线之间的距离为 $H(\mathrm{DIV})$，Y 轴灵敏度旋钮的位置为 $S_y(\mathrm{V/DIC})$，探头的倍增系数为 k，则所测量的直流电压值 $U_x = S_y H k$。

2）交流电压的测量

（1）将 Y 轴输入耦合方式选择开关置于交流耦合（AC）位置。

（2）根据被测信号的幅度和频率，调整 Y 轴灵敏度选择旋钮和 X 轴的扫描时间选择旋钮于适当的挡位，将被测信号通过探头接入示波器的 Y 轴输入端，然后调节触发"电平"，使波形稳定，如图 3.2 所示。被测的电压峰峰值 $U_{xpp} = H S_y k$。有效值 $U_x = \dfrac{U_{xpp}}{2\sqrt{2}}$。参照上述方法可以测定电压的瞬时值。

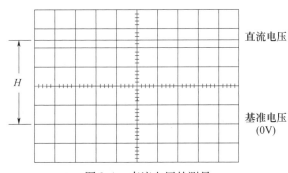

图 3.1　直流电压的测量

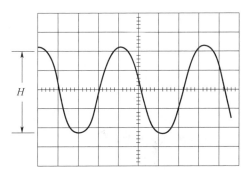

图 3.2　交流电压的测量

上述被测电压是不含直流成分的正弦信号，一般选用交流耦合方式；如果信号频率很低时应选直流耦合方式；当输入信号中含有直流成分的交流信号或脉冲信号，也通常选用直流耦合方式，以便全面观察信号。

2. 相位测量

测量相位通常是将两个同频率的信号之间相位差的测量。在电子技术中，主要测量 RC、LC 网络、放大器相频特性以及依靠相位传递信息的电子设备。

对于脉冲信号，用同相或反相，而不用相位来描述，通常用时间关系来说明。

测量相位的方法很多，采用双踪示波器测量两个频率相同的相位差是很直观且很方便的。测量时，要选中其中一个输入通道的信号作为触发源，调整触发电平，以显示出两个稳定的波形，如图 3.3 所示，在测量时调节 Y 轴灵敏度和 X 轴扫描速率，使波形的高度

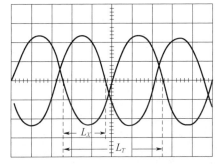

图 3.3　相位的测量方法

和宽度合适。则两波形的相位差为

$$\phi = \frac{L_x}{L_T} \times 360°$$

式中　　L_T——一周期时间间隔数；

　　　　L_x——两波形在 X 轴方向差的时间间隔数。

3. 时间测量

时间测量一般是测量信号的周期、脉冲宽度、上升时间、下降时间等。在测量时间时，若对应的时间间隔长度为 $L_x(\text{div})$，扫描速率为 W，单位为 ms/div，X 轴的扩展系数为 k，则所测时间间隔 $T_x = WL_x k$；在测量信号的周期时，可以测量信号的一个周期，也可以测量 n 个周期时间，再除周期个数，这种方法的误差要小一些。

测量脉冲信号的脉冲宽度、上升时间、下降时间等参数，只要按定义测量出相应的时间间隔即可。

4. 频率测量

频率就是周期的倒数，若有周期值，直接就可以换算成频率了。

此外，有些示波器带有频率、周期、直流电压、交流电压等的测试功能，利用该功能就可以直接显示出被测信号的各种参数。

3.1.3　DS-5000 型示波器简介

DS-5000 型示波器是具有数字存储式功能的 25 MHz 带宽数字双踪示波器。

DS-5000 数字示波器面板结构及使用说明如下。

前面板结构如图 3.4 所示。按功能可分为显示区、垂直控制区、水平控制区、触发控制区、常用功能区 5 个区。另有 5 个菜单按钮，3 个输入连接端口。下面分别介绍各部分的控制按钮以及屏幕上显示的信息。

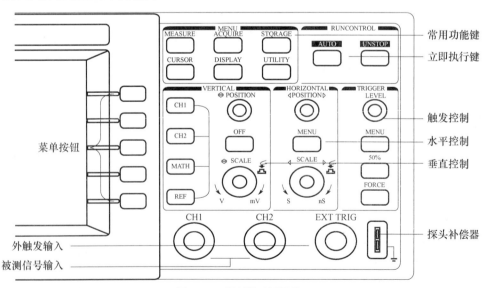

图 3.4　示波器面板结构

1. 荧光屏显示

荧光屏是示波管的显示部分，如图 3.5 所示。显示屏幕在显示图像同时，除了波形外，还显示出许多有关波形和仪器控制设定值的细节,如图3.5所示。

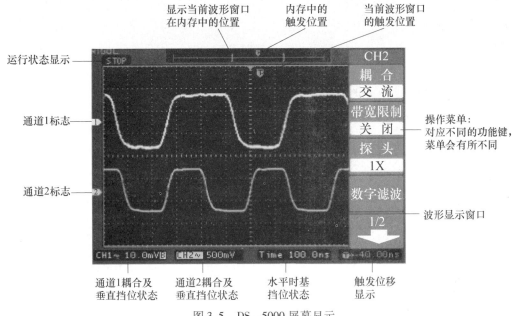

图 3.5　DS-5000 屏幕显示

2. 垂直控制区

垂直控制区(Position)如图3.6所示,有一个按钮、两个旋钮。

(1) 信号输入端子(CH1 或 CH2)。被测信号通过示波器探头由此端口输入。

(2) 使用垂直 POSITION 旋钮可以改变扫描线在屏幕垂直方向上的位置,顺时针旋转使扫描线上移,逆时针旋转使扫描线下移。

(3) 灵敏度调节旋钮(Scale)可以改变"VOLT/DIV 伏/格)"垂直挡位。粗调是以 1-2-5 方式步进确定垂直挡位灵敏度。粗、细调是通过按垂直(Scale)旋钮切换。

(4) "OFF"键用于关闭当前选择的通道。

(5) MATH(数学运算)功能的实现。数学运算功能是显示 CH1 和 CH2 通道波形相加、相减、相乘、相除及 FFT 运算的结果。运算结果可以通过栅格或游标进行测量。每个波形只允许一项数学运算操作。

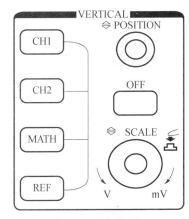

图 3.6　垂直控制区

(6) REF(参考波形)功能键的实现。实际测试过程中,可以把波形和参考波形样板进行比较,从而判断故障的原因。

3. 水平控制区(图3.7)

水平控制区(Horizontal)中有一个按钮、两个旋钮。

(1) 使用水平 Position 旋钮调整通道波形(包括数学运算)的水平位置。

(2) 扫描时间旋钮(Scale)可以改变"S/DIV(秒/格)"水平挡位。水平扫描从 1~50s,以 1-2-5 的形式步进,在延迟扫描状态可达到10ps/DIV。延迟扫描可按下 SCALE 旋钮切换到延迟扫描状态。

（3）MENU 按钮。显示 TIME 菜单,在此菜单下,可以开启/关闭延迟扫描或切换 $Y-T$、$X-T$、$X-Y$ 显示模式。

4. 触发控制区

触发控制区(Trigger)有一个旋钮(Lever)、3 个按钮(图3.8)。

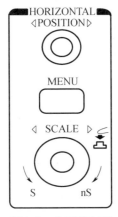

图 3.7　水平控制区

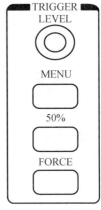

图 3.8　触发控制区

（1）使用 LEVEL 旋钮可以改变触发电平位置。转动 LEVEL 旋钮,可以看到屏幕上出现一条橘红色的触发线及触发标志,随旋钮转动而上下移动。停止转动旋钮,此触发线和触发标志会在 5s 后消失。在移动触发线的同时,可以观察到屏幕上触发电平的数值或百分比显示发生了变化。

（2）使用 MENU 调出触发操作菜单,可以改变触发的设置。触发类型有边沿触发、脉宽触发和视频触发 3 种。选取"边沿触发"时,在输入信号的上升或下降边沿触发。选取"视频触发"是对标准视频信号进行场或行视频触发。"脉宽触发"是根据脉冲的宽度来确定触发时刻。可以通过设定脉宽条件捕捉异常脉冲。

触发方式:触发方式选择分为正常、自动、单次触发 3 种。"正常"触发状态只执行有效触发。"自动"触发状态允许在缺少有效触发时获得功能自由运行,"自动"状态允许没有触发的扫描波形设定在 100ms/div 或更慢的时基上。"单次"触发状态只对一个事件进行单次获得。单次获得的顺序内容取决于获取状态。

（3）"50%"按钮。设定触发电平在触发信号幅值的垂直中点。

（4）"FORCE"按钮。强制产生一触发信号,主要应用于触发方式中的"普通"和"单次"模式。

5. 功能区

在功能区共有 6 个按钮,如图3.9 所示。一个执行按钮和一个启动/停止按钮。这些功能按钮的名称及其所显示的功能表的内容分别介绍如下。

（1）DISPLAY(显示)用于选择波形的显示方式及改变波形的显示外观。显示类型包括矢量和光点两种,设定矢量显示方式时显示出连续波形,设定光点显示方式时只显示取样点。

持续时间:指设定显示的取样点保留显示的一段时间。设定分为 1s、2s、5s、无限、关闭 5 种。当持续时间功能设为无限时,记录点一直积累,直到控制值被改变为止。

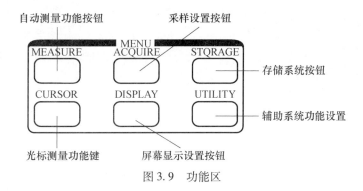

图 3.9　功能区

使用 DISPLAY 按钮弹出设置菜单,通过菜单控制按钮调整屏幕显示设置方式。

（2）STORAGE 为存储系统的功能按键。使用 STORAGE 按钮弹出存储设施菜单,通过菜单控制按钮设施存储或调出波形或设置。在选择波形存储时不但可以保存两个通道的波形,而且可以同时存储当前的状态设置。在存储器中可以永久保存 10 种设置,并可在任意时刻重新写入设置。

（3）UTILITY 是辅助系统功能按键,使用该按钮弹出辅助系统功能菜单。根据需要进行功能设置。另外,在该功能按键的菜单中的自校正程序可迅速地使示波器达到最佳状态,以取得最精确的测量值。在进行自校正时,应将所有探头或导线与输入连接器断开,然后执行自校正程序。

语言设定:可选择操作系统的显示语言。

（4）MEASURE 是自动测量功能按钮,按此按钮可以显示自动测量操作菜单,该菜单中可以测量 10 种电压参数和 10 种时间参数。

（5）CURSOR 是光标测量功能键。通过该键可以移动光标测量一对电压光标或时间光标的坐标值及二者间的增量。光标测量方式分 3 种,即手动方式、追踪方式和自动测量方式。

① 手动方式。光标电压或时间方式成对出现,并可手动调整光标的间距。显示的读数即为测量的电压或时间值。当使用光标时,首先将信号源设定成所要测量的波形。

注意:只有光标功能菜单显示时才能移动光标。

② 追踪方式。水平与垂直光标交叉构成十字光标,十字光标自动定位在波形上,通过旋转对应的垂直控制区或水平控制区的 POSITION 旋钮,可以调整十字光标在波形上的水平位置,同时显示光标的坐标。

注意:只有光标追踪菜单显示时才能水平移动光标。

③ 自动测量方式。通过此设定,在自动测量模式下,系统会显示对应的电压或时间光标,以揭示测量的物理意义。系统根据信号的变化,自动调整光标的位置,并计算相应的参数值。此方法在未选择任何自动测量参数时无效。

（6）ACQUIRE（获取）是采样设置按钮,通过菜单控制按钮调整采样方式。在观察单次信号时,选用实时采样方式;在观察高频信号时,选用等效采样方式;在观察信号的包络时为避免混淆,选用峰值检测方式;若期望减少所显示信号中的随机噪声,选用平均采样方式,平均值的次数可以选择;在观察低频信号时,选择滚动模式方式;若希望显示波形接近模拟示波器效果,则选择模拟获取方式。

另外,还有执行按钮(AUTO),可自动设定仪器各项控制值,以产生适宜观察的波形显示。按该钮能快速设置和测量信号。

启动/停止按钮(RUN/STOP):启动和停止波形获取。当启动获取功能时,波形显示为活动状态;停止获取,则冻结波形显示。在停止的状态下,对于波形垂直挡位和水平时基可以在一定的范围内调整,相当于对信号进行水平或垂直方向上的扩展。在水平挡位为50ms或更小时,水平时基可向上或向下扩展5个挡位。

3.1.4　GOS－6021 双踪示波器简介及使用方法

GOS－6021 双踪示波器的面板如图 3.10 所示,大体上分屏幕显示控制、Y 轴偏转控制系统、X 轴水平控制系统和触发控制系统 4 部分。

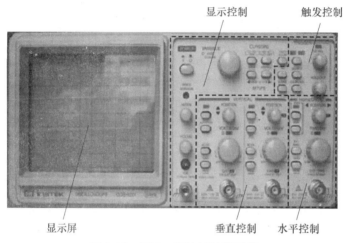

图 3.10　GOS－6021 示波器面板

1. 屏幕显示控制

屏幕显示控制部分如图 3.10 所示。各开关与旋钮的名称、作用如下:

(1)电源开关(POWER)。此开关为自锁开关,按下此开关,接通仪器的总电源,再次按动,按钮弹起总电源关闭。

(2)扫描线旋转调节(TRACE ROTATION)。该旋钮用旋具调节,可使水平轨迹与刻度线平行。

(3)亮度调节旋钮(INTER)。此旋钮为一功能旋钮。旋转此旋钮可调节屏幕上扫描线的亮度。

(4)聚焦旋钮(FOCUS)。用此旋钮调节示波管的聚焦状态,提高显示波形、文字和游标的清晰度。

(5)校准信号(CAL)。此接线座输出幅度为 0.5V(峰峰值)、频率 1kHz 的标准方波信号,用以校验 Y 轴灵敏度和 X 轴扫描速率。

(6)接地端子(GROUND SOCKER)。该接地端子接到示波器的外壳上。香蕉接头接到安全的地线,该接头可作为直流的参考电位和低频信号的测量。

(7)光标测量(CURSORS MEASUREMENT FUNCTION)。两个按钮和 VARIABLE 键组合使用;▽ V—▽ T—1/▽ T—OFF 按钮:当按钮按下时,3 个量测功能将以下列次序选择。▽ V:出现两个水平光标,根据 VOLTS/DIV 的设置,可计算两光标之间的电压,▽ V 显示在

CRT 上部；▽ T：出现两个垂直光标，根据 TIME/DIV 设置，可计算出两条垂直光标之间的时间，▽ T 显示在 CRT 上部；1/▽ T：出现两个垂直光标，根据 TIME/DIV 设置，可计算出两条垂直光标之间时间的倒数，1/▽ T 显示在 CRT 上部。C1 – C2 – TRK 按钮：光标 1、光标 2，轨迹可由此按钮选择，按此键将以下面次序选择光标。C1：使光标 1 在 CRT 上移动（以▼或▲符号显示）；C2：使光标 2 在 CRT 上移动（以▼或◢符号被显示）；TRK：同时移动光标 1 和光标 2，保持两个光标的间隔不变（两个符号都被显示）。

（8）光标位置设定（VIRABLE）。通过旋转或按该钮，可以设定光标位置、TEXT/ILLUM 功能。在光标模式中，按 VARIABLE 控制钮可以在 FINE（细调）和 COARSE（粗调）之间选择光标位置，如果旋转 VARIABLE，选择 FINE 调节，光标移动得慢，选择 COARSE 光标移动得快。在 TEXT/ILLUM 模式下，这个控制钮用于选择 TEXT 亮度和刻度亮度。

（9）◣ MEMO – 0 – 9 ◢ – SAVE/RECALL。此仪器包含 10 组稳定的记忆器，可用于储存和呼叫所有电子式的选择钮的设定状态。按◣或◢选择记忆位置，此时"M"字母后 0 ~ 9 之间数字，显示储存位置。每按一下◣钮，储存位置的号码会依次增加，直到数字 9。按◢钮则一直减小到 0 为止。按住 SAVE 约 3s 将状态储存到记忆器，并显示"SAVE"信息。屏幕上有 ← 显示。

呼叫前面板设定状态：按住 RECALL 钮 3s，即可呼叫先前设定状态，并显示"RECALL"的信息。屏幕上有 ⟶ 显示。

（10）读值亮度、刻度亮度（TEXT ILLUM）。按下此按钮可以打开或关闭该功能，顺时针旋转增加亮度，逆时针旋转则减小亮度。

2. Y 轴偏转控制系统

（1）信号输入端 CH1 或 CH2。被测信号由此端口输入。

（2）灵敏度调节旋钮（VOLTS/DIV VARIABLE）。该旋钮是一个双功能的旋钮，旋转此旋钮，可进行 Y 轴灵敏度的粗调，按 1 – 2 – 5 的挡次步进，灵敏度的值在屏幕上显示出来。按下此旋钮，在屏幕上通道标号后显示出"＞"符号，表明该通道的 Y 轴电路处于微调状态，再调节该旋钮，就可以连续改变 Y 轴放大电路的增益，此时 Y 轴的灵敏度刻度已经不准确，不能做定量测量。

（3）Y 轴位移旋钮 POSITION。此旋钮可改变扫描线在屏幕垂直方向上的位置，顺时针旋转使扫描线上移，逆时针旋转使扫描线下移。

（4）耦合方式选择 DC/AC。用于选择交流耦合或直流耦合方式。当选择直流耦合方式时，屏幕上的通道灵敏度指示显示直流符号；当选择交流耦合方式时，屏幕上的通道灵敏度指示显示交流符号。

（5）通道接地按钮 GND。将此按钮按下，即将相应通道的衰减器的输入端接地，观察该通道的水平扫描基线，可确定零电平的位置。输入端接地时屏幕上电压符号 V 的后面出现接地符号"⊓"。再按一次该按钮，此符号消失。GND：按一下此按钮，使垂直放大器的输入端接地，接地符号显示在 CRT 上。P×10：按住此按钮一段时间，取 1∶1 和 10∶1 之间的读出装置的通道偏向系数，10∶1 的电压探棒以符号表示在通道前（如 P10、CH1），在进行光标电压测量时，会自动包括探棒的电压因素，如果 10∶1 衰减探棒不使用，符号不起作用。

（6）显示信号相加按钮 ADD。按一下后显示 $Y_1 + Y_2$ 波形，屏幕下方通道 2 数前有"＋"号显示，输入信号相加或相减的显示由相位关系和 INV 的设定决定，两个信号将成为一个信号显示。为使测量正确，两个通道的偏转系数必须相等，再按则恢复。INV：按住此钮一段时间,设定 CH2 反向功能的开关,反向状态将在 CRT 上显示"↓"号,反向功能会使 CH2 信号反向 180°显示。

（7）外触发输入口 EXTTRIG。外触发信号由此输入。

3. 水平控制系统

（1）水平移动旋钮 POSITION。调节此旋钮可改变扫描线的左右位置。

（2）扫描时间选择旋钮 TIME/DIV VARIABLE。该旋钮为一双功能旋钮。用该旋钮粗调扫描时间,按 1－2－5 的分挡步进,屏幕上每格所代表的扫描时间显示于屏幕下方。按一下再旋转可作微调,屏幕显示"＞"符号;想解除再按一下便可。

（3）扫描扩展按钮 MAGX1。当此按钮被按下时,在示波器的右下角出现 MAG 钮,此时光标在屏幕水平方向的扫描速率增大一定的倍率,此按钮有 3 个档次的放大倍率,即 X5、X10、X20MAG,按 MAG 钮可以分别选择。ALT MAG:按下此钮,可以同时显示原始波形和放大波形。

4. 触发控制系统

（1）触发源选择按钮 SOURCE。选择触发信号的来源。根据所观察信号的情况分别选择 1 通道、2 通道、50Hz 交流电网(LINE)或外触发(EXT)作为触发信号的来源。触发源符号显示在屏幕上。

（2）触发模式选择按钮 ATO/NML 及 LED 显示。此按钮选择自动或常态触发模式,LED 会显示实际的设定。适合 50Hz 以上信号,不管是否同步均有扫描线。NML(NORMAL)为正常扫描。适合 50Hz 以下信号,没有同步时无扫描线。

（3）选择视频同步信号按钮 TV。选择视频同步信号,从同步波形中分离出视频同步信号,直接连到触发电路,由 TV 按钮选择水平或混合信号。

（4）触发斜率选择按钮 SLOPE。此钮选择信号的触发斜率以产生时基,每按一次,斜率方向会从下降沿移动到上升沿。

（5）耦合方式选择按钮 COUPLING。选择触发耦合方式,触发以下列次序改变,即 AC→HFR→LFR→AC。AC:将触发信号衰减到 20Hz 以下,阻断信号中的直流部分,交流耦合对有大的直流偏移的交流波形的触发很有帮助。HFR(High Frequency Reject):将 50kHz 以上的高频部分衰减。LFR(Low Frequency Reject):将 30kHz 以下的低频部分衰减。

（6）触发电平旋钮 TRIGGER LEVEL。调节它可以稳定波形。如果触发信号符合条件,TGE LED 亮。

（7）释抑旋钮 HOLD OFF。当信号波形复杂,不能获得稳定的波形时,旋转此钮可以调节 HOLD OFF 时间来获得稳定波形。

（8）外部触发信号输入端 BNC 插头 TRIG EXT。一直按 TRIG SOURCE 按钮,直到在读出装置出现"EXT,SLOPE,COUOKUING"字样时,外部连接端被连接到仪器地端。

3.2 YB1731A/C 5A 双路直流稳压电源

3.2.1 概述

YB1731A/C 双路稳压电源有稳压、稳流两种工作模式,这两种工作模式可随负载的变化而自动转换。两路电源可分别调整,也可跟踪调整,因此可以构成单极性或双极性电源。

该电源具有较强的过流与输出短路保护功能,当外接负载过重或短路时电源自动地进入稳流工作状态。电源输出电压(电流)值由面板上的数字表直接显示,直观、准确。

3.2.2　电源的性能指标

（1）输出电压。0～30V。

（2）输出电流。0～5A。

（3）负载效应。稳压 $5 \times 10^{-4} + 2$mV;稳流 20mA。

（4）源效应。稳压 $1 \times 10^{-4} + 0.5$mV;稳流 $1 \times 10^{-3} + 0.5$mA。

（5）纹波及噪声。稳压 1mVrms;稳流 1mArms。

（6）输出调节分辨率。稳压 20mV;稳流 30mA。

（7）显示精度。数字电压表: ±1% ＋2 个字;数字电流表: ±2% ＋2 个字;机械表头: 2.5 级。

（8）跟踪误差。 ±1%。

（9）工作温度。0～40℃。

（10）可靠性 MTBF。2000h。

3.2.3　YB1731A/C 电源面板各部分的作用与使用方法

1. YB1731A/C 双路直流电源的面板作用

YB1731A/C 双路直流电源的面板如图 3.11 所示。图中各部分的名称及作用如下:

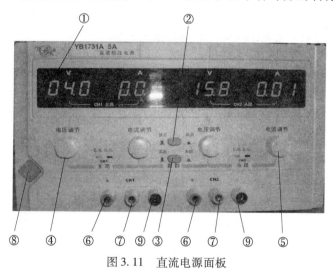

图 3.11　直流电源面板

① 显示窗。显示左、右两路电源输出电压或电流的值。

② 电源独立、组合控制开关。此开关弹出,两路电源可独立使用;开关按下,电源进入跟踪状态。

③ 电源串联、并联选择开关。此钮按入,开关②弹出,为串联跟踪,此时调节主电源电压调节旋钮,从路输出电压严格跟踪主路输出电压,使输出电压最高可达两路电压的额定之和。当②、③同时按入,为并联跟踪,此时调节主电源电压调节旋钮,从路输出电压严格跟踪主路输出电压;调节主电源电流调节旋钮,从路输出电流跟踪主电路输出电流,使输出电

23

最高可达两路电流之和。

④ 输出电压调节旋钮。调节左、右两路电源输出电压的大小。

⑤ 输出电流调节旋钮。调节电源进入稳流状态时的输出电流值,该值便为稳压工作状态模式的最大输出电流(输出电流达到该值,电源自动进入稳流状态),所以在电压处于稳压状态时,输出电流不可调得过小;否则电源进入稳流状态时,不能提供足够的电流值。

⑥ 左、右两路电源输出的正极接线柱。

⑦ 左、右两路电源接地接线柱。

⑧ 电源开关。交流输入电源开关。

⑨ 左、右两路电源输出的负极接线柱。

2. 使用直流电源时应注意的问题

(1)输出电压的调节最好在负载开路时进行,输出电流的调节最好在负载短路时进行。

(2)如上所述,使用输出电流调节旋钮设置电源进入稳流状态的输出电流值,该值便是稳压工作模式的最大输出电流,也是稳压、稳流两种工作状态自动转换的电流阈值。因此,当电源作为稳压电源工作时,如果上述电流阈值不够大时,则随着负载的减小,使输出电流增加到阈值后,就不再增加,这时电源失去稳压作用,会出现输出电压下降的现象,此时应调节电流设置旋钮,加大输出电流的阈值,以使电源带动较重的负载。同样,在作为稳流电源工作时,其电压阈值也应适当调得大一些。

3.3 函数信号发生器

3.3.1 GFG-8015G 函数信号发生器使用简介

1. 概述

GFG-8015G 函数信号发生器是一台便携式台式函数发生器,能产生正弦波、三角波、方波、斜波、脉冲波 5 种波形。

2. 主要技术性能

1)输出频率(表 3.1)

输出频率为 0.1Hz~2MHz(正弦波),按十进制共分 7 挡,如表 3.1 所列。

表 3.1 GFG-8015 输出频率范围

按键	频率范围	按键	频率范围
×1	0.2~2Hz	×10k	2kHz~20kHz
×10	2~20Hz	×100k	20kHz~200kHz
×100	20~200Hz	×1M	200kHz~2MHz
×1k	200Hz~2kHz		

2)输出阻抗

函数输出为 50Ω,TTL 输出为 600Ω。

3)输出信号波形

函数输出(对称或非对称输出)为正弦波、三角波、方波、正向或负向脉冲波、正向或负向锯齿波。TTL 为矩形波。

4）输出信号幅度

（1）函数输出。

① 不衰减,电压峰峰值在(1 ~ 10V) ±10% 范围内连续可调。

② 按下衰减 20dB 按钮时,电压峰峰值在(0.1 ~ 1V) ±10% 范围内连续可调。

③ 按下衰减 40dB 按钮时,电压峰峰值在(0.01 ~ 0.1V) ±10% 范围内连续可调。

④ 同时按下 20dB 按钮、40dB 按钮时,输出信号被衰减 60dB,电压峰峰值在(0.01 ~ 0.001V) ±10% 内连续可调。

（2）TTL 输出。"0"电平不大于 0.8V,"1"电平不小于 1.8V(负载电阻不小于 600Ω)。

5）函数输出信号直流电平偏移(OFFSET)调节范围

（1）关断或调节范围为(-5 ~ +5V) ±10%(50Ω 负载)。

（2）关断位置时输出信号的直流电平小于(0 ±0.1)V;负载电阻不小于 1MΩ 时,调节范围为(-10 ~ +10V) × 10%。

6）函数输出信号衰减

0dB、20dB 和 40dB。

7）输出信号类别

输出信号类别包括单频信号、扫频信号和调频信号(受外控)。

8）函数信号输出非对称性(占空比)调节范围

关断或调节范围为 20% ~ 80%。"关断"位置时输出波形为对称波形,误差不大于 2%。

9）扫描方式

内扫描方式为线性或对数;外扫描方式由 VCF 输入信号决定。

10）内扫描特性

扫描时间为(10ms ~ 5s) ±10%,扫描宽度大于一个频程。

11）外扫描特性

输入阻抗约为 100kΩ,输入信号幅度为 0 ~ 2V,输入信号周期为 10ns ~ 5s。

12）输出信号特性

（1）正弦波失真度。小于 1%;

（2）三角波线性度。大于 99%(输出幅度的 10% ~ 90% 区域)。

（3）脉冲波上升沿、下降沿时间(输出幅度的 10% ~ 90%)。≤30ns。

（4）脉冲波上升沿、下降沿过冲。≤5% V_o(50Ω 负载)。

（5）测试条件。输出幅度为 5V(峰峰值),频率为 10kHz,直流电平调节为"关断"位置,对称性调节为"关"位置,整机预热 10min。

13）输出信号频率稳定度

输出信号频率稳定度为 ±0.1/min,测试条件同上。

3.3.2　GFG – 8015 函数信号发生器的使用说明

GFG – 8015 函数信号发生器的面板如图 3.12 所示,现介绍如下:

① 电源开关 POWER。按下开关,电源接通。

② 电源灯指示。电源指示灯发亮表示接通电源。

③ 频率选择开关 RANGE – Hz。频率选择开关与频率微调组合使用来选择工作频率。

④ 波形选择开关 FUNCTION。按下相应波形选择按键即可选择所需输出波形。

⑤ 频率微调。先由频率选择开关③选定输出函数信号的频段,再由此旋钮调整输出信号频率,直到所需频率之值。

所需频率 = "频率微调旋钮"调置的数值 × 频率倍乘开关所选的数值

⑥ 占空比旋钮 DUTY。输出波形形状由占空比控制。当旋钮处于校正(CAL)位置时,输出波形 1∶1,占空系数约 50%;当置于非校正位置时,脉冲的占空比将发生连续变化。

⑦ 输出信号幅度衰减开关 ATT(−20dB)。当按下按键时输出信号幅值衰减 −20dB。

⑧ 直流偏置调节旋钮(OFFSET ADJ)。当该旋钮被拉出(PULL)时,可有一个直流偏置电压被加到输出信号上。

⑨ 输出幅值调节旋钮(AMPL/−20dB)。调整输出幅度大小,顺时针方向旋转幅值调节旋钮输出幅值增大。当调节旋钮拉出(PULL)时,可产生衰减 −20dB。

⑩ 输出端(OUTPUT/50Ω)。输出信号由该端子输出,输出阻抗 50Ω。

⑪ 压控振荡输入(INPUT VCF)。VCF 输入用于外加直流电压 0 ~ +15V 变化时,将使频率降低 1000∶1。

⑫ 逻辑电平输出端口(OUTPUT PULSE)。

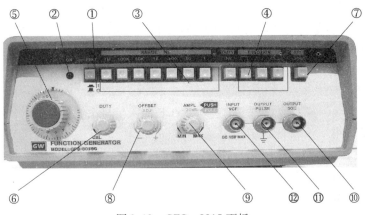

图 3.12　GFG − 8015 面板

3.3.3　GFG − 8016H 函数信号发生器使用简介

GFG − 8016H 函数信号发生器与上述的 8015 属于同一类型的发生器,其基本功能和使用方法类似,不再赘述。这里只对不同之处进行简单说明。

GFG − 8016H 是带有频率显示窗口,用来显示输出信号的频率或外测频信号的频率,如图 3.13 所示。

① 电源得电时该灯就开始闪烁,在内部计数时的 GATE TIME 时间为 0.01s。

② 在外部计数时,假如输入信号频率大于计数范围,该灯便会亮。

③ INT/EXT 按健。选择内部计数或外部计数模式(待测信号由 BNC 接头输入)。

④ 外部计数信号由该端子输入。

⑤ INVERT 按钮。按下此键可将所设波形的有效周期反相。

⑥ 用于连接所需的电压控制频率操作的输入电压或外部调变的输入端。

⑦ TTL 信号输出端子。输出标准的 TTL 幅度不小于 $3V_{p-p}$ 的脉冲信号。

⑧ 50Ω 主函数信号输出端子。

⑨ 显示输出频率的单位,其单位分别为 MHz、kHz、mHz。

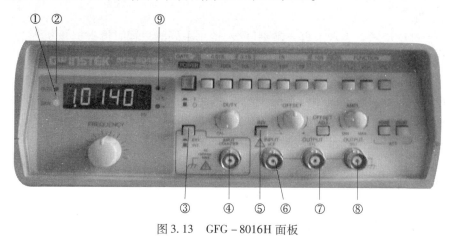

图 3.13　GFG – 8016H 面板

3.4　交流毫伏表

交流毫伏表是测量正弦电压有效值的电子仪表,可以对一般放大器和电子设备的电压进行测量。这里介绍 YB2172 晶体管毫伏表(图 3.14)的主要特性及其使用方法。

YB2172 晶体管毫伏表具有较高的灵敏度和稳定度,该表频带宽,从 5Hz ~ 2MHz,采用二级分压,故测量电压范围广,为 100μV ~ 300V。电表指示为正弦波有效值。

1. 主要技术指标

(1) 测量电压范围。100μV ~ 300V;共 12 个挡位。

(2) 测量电平范围。 – 60 ~ + 50dB(600Ω)。

(3) 被测电压频率范围。5Hz ~ 2MHz

(4) 输入阻抗。在 1kHz 时输入阻抗 10MΩ;输入电容在 1mV ~ 0.3V 各挡约 50pF。

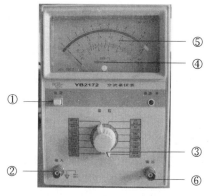

图 3.14　交流毫伏表面板

(5) 电压误差。1kHz 为基准,满刻度在 ±3% 内。

(6) 使用电源。220V ±10% ,50Hz ±4% ,消耗功率 3W。

2. 仪器的面板及使用方法

(1) 面板说明。在图 3.14 中:

① 电源开关。

② 信号输入端子。

③ 量程选择开关。

④ 机械调零旋钮。

⑤ 仪表刻度盘。

⑥ 信号输出端子(该信号输出是②端子的电压信号)。

（2）使用方法及注意事项。

① 量程开关分别为 1mV、3mV、10mV、30mV、100mV、300mV、1V、3V、10V、30V、100V、300V 等 12 挡。

② 仪表刻度指示。表盘上有 3 条刻度线,选用不同的量程时可根据该量程的刻度线和倍率读出被测值。

③ 开机前如指针不在零点处,可用旋具将其调到机械零点处。

④ 开机前尽量将量程旋钮调到最大量程处,当输入信号送到输入端后,调节量程旋钮,使表头指针尽量在满刻度的 2/3 区域内。

⑤ 为确保测量结果的准确度,测量时仪表与被测电路共地。

3.5 数字万用表

数字万用表是一种数字显示的仪表。它可以测量直流电阻、交流电压、交流电流、直流电压、直流电流、电容等,测量的数据直接用数字显示出来。数字万用表的显示一般用三位半、四位半等表示,其中半位表示其首位只能显示"0"或"1"数码,其余各位都显示 0 ~ 9 的十进制数码。

1. 使用方法

（1）测量前,功能开关置于被测量所对应的位置,并选择好所需的量程,若不清楚时,先从最大量程测起,根据所测的数据再选合适的量程。

（2）黑表笔始终置于"COM"端,红色表笔根据被测参量的不同,插到相应的孔中。当红表笔插在"V·Ω"孔中时,可以测量电压或电阻;这时就看旋转开关选择的挡位了,当选择开关在电压挡位时,用测试表笔就可以测量待测电路的电压值,其值显示在显示器上,在测直流时,显示器会同时显示红表笔所连接的电压极性。注意:当量程在直流 200mV 或 2V 时,即使没有输入或连接测试笔,仪表也会有电压值显示,在此状况下,短接两个表笔,使仪表归零。在测量电阻时,测得的值和额定值不同,是因为仪表所输出的测试电流通过表笔通道所致。在测量低电阻时,为提高精度,先短接表笔读出短接时的电阻值,然后在测量被测电阻后减去短接时的电阻值。当显示器显示"1"时,表示测量值超出量程了,这时增加量程便可。

（3）测量电流。当开路电压对地的电压值超过 250V 时,不能在电路上进行电流测量。在测量时,应使用正确的输入插座、功能挡位和量程。在测量时一定要将表串联在被测试的支路中,切勿把测试表笔并联在任何电路上。

（4）测量电容时将选择开关转到测量电容的挡位后进行测量。在测量大电容时,稳定读数需要一定的时间;当低于 20nF 时,应考虑仪表和导线的分布电容。

（5）测量三极管的 β 值时将三极管"测量座"插入后,将旋转开关转至"h_{FE}"挡位并判断晶体管是 NPN 还是 PNP 型,然后将 3 个管脚分别接入相应的孔中读出近似的 β 值。

2. 注意事项

（1）在使用时若显示"⊞ + ⊟ -"标记时,表示电池电压不足,需要更换电池后才能使用。

（2）欧姆挡位不能在电路带电的情况下测量电阻。检查线路通断时,当线路电阻小于 300Ω 时,蜂鸣器发出响声。

3.6　计数器

1. YB3371 多功能计数器简介

该计数器是一台测频范围为 $1\text{Hz} \sim 1.5\text{GHz}$ 的多功能计数器。其主要功能是 A、B 通道测频以及 A 通道测周期及 A 通道计数等。

2. 主要技术指标

1）输入特性

① A 通道为 $1\text{Hz} \sim 1.5\text{GHz}$。

② 测频范围：$1\text{Hz} \sim 1.5\text{GHz}$、$1\text{Hz} \sim 3\text{GHz}$。

③ 输入阻抗：A 通道 $1\text{M}\Omega//40\text{pF}$　B 通道 50Ω。

④ 最大输入：A 通道：$50\text{V}_{\text{p-p}}$；B 通道：1V（均方根值）。

⑤ 测周范围：$10\text{ns} \sim 1\text{s}$。

⑥ 计数容量为 $0 \sim 99999999$。

⑦ 适应波形：正弦波、三角波、脉冲波。

⑧ 闸门时间为 10ms、100ms、1s、10s。

2）电源

$220\text{V} \pm 10\%$；50Hz。

3. 功能说明

计数器前面板如图 3.15 所示。分别介绍如下：

① 电源开关。

② A 通道 BNC 输入端。

③ B 通道 BNC 输入端。

④ A 通道频率功能键。

⑤ A 通道周期功能键。

⑥ A 通道计数功能键。

⑦ B 通道频率功能键。

⑧ A 通道衰减按钮。

⑨ 低通开关。

⑩ LED 显示屏。

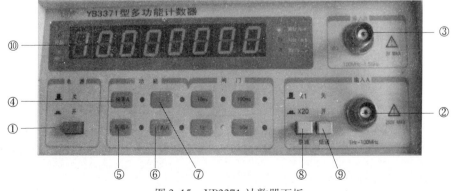

图 3.15　YB3371 计数器面板

3.7 电子测量仪器的选择

近年来,数字式仪器、仪表技术飞速发展,由于其易于集成化、便于和计算机配合、易于数据的分析和处理,因此它已大量应用于各个测量领域。

由于测量仪器在不同的频段,即使功能相同的仪器,其工作原理与结构常有很大的不同。对于不同的应用场合,也常使用不同精确度级的仪器。通常选择仪器时应注意考虑的问题包括:

(1)量程。即被测量的最大值和最小值各为多少? 选择何种仪器更合适?

(2)准确度。被测量允许的最大误差是多少? 仪器的误差及分辨率是否满足要求?

(3)频率特性。被测量的频率范围是多少? 在此范围内仪器频响是否平直?

(4)仪器的输入阻抗在所有量程内是否满足要求? 如果输入阻抗不是常数,其数值变化是否在允许范围内?

(5)稳定性。两次校准之间允许的最大时间范围是多少? 能否在长期无人管理下工作?

(6)环境。仪器使用环境是否满足要求? 供电电源是否合适?

第4章　常用电路元件的识别与主要性能参数

电路是由电阻、电容、电感元件和各种半导体器件组成的。本章介绍它们的结构与主要性能参数。

4.1　电阻的简单识别与型号命名方法

4.1.1　电阻的分类

电阻能稳定和调节电路中的电压和电流,又可以做分压器和消耗电能的负载。

电阻可以分为固定电阻和可变电阻两大类。

根据制作材料和工艺的不同,电阻可分为膜式电阻、实芯电阻、金属线绕电阻和特殊电阻等类型。

膜式电阻包括碳膜电阻、金属膜电阻、合成膜电阻和氧化膜电阻等。

实芯电阻包括有机实芯电阻和无机实芯电阻。

特殊电阻包括光敏电阻、热敏电阻和压敏电阻。

可变电阻分为滑线变阻器和电位器。其中电位器应用最广泛,它有 3 个接头,其值是在标注的范围内连续调节。

电位器又可分为以下几种:

(1)电位器按材料可分为薄膜和线绕两种。薄膜又分小型碳膜电位器(WTX)、合成碳膜电位器(WTH)、有机实芯电位器、精密合成膜电位器和多圈合成膜电位器等。其误差一般不大于 $\pm2\%$ 。线绕电位器的代号是 WX 型,其误差一般不大于 $\pm10\%$,其阻值、误差和型号均标在电位器上。

(2)电位器按调节机构可分为单联、多联、带开关、不带开关等。开关形式又分为旋转式、推拉式、按键式等。

(3)电位器按用途可分为普通式、精密式、功率式和专用式等。

(4)电位器按阻值随转角变化关系,又可分为线性和非线性。

它们的特点分别如下:

(1)X 式(直线式)。用于示波器的聚焦和万用表的调零。

(2)D 式(对数式)。用于电视机对比度调节。其阻值与转角变化规律成对数关系,即先粗调后细调。

(3)Z 式(指数式)。其阻值与转角变化规律成指数数关系,即先细调后粗调。

以上这些都印在电位器上,使用时应注意选择。

4.1.2　电阻的型号命名方法

电阻的型号命名如表4.1所列。

表 4.1　电阻的型号命名方法

第1部分		第2部分		第3部分		第4部分
用字母表示主称		用字母表示材料		用数字或字母表示特征		用数字表示序号
符号	意义	符号	意义	符号	意义	
R	电阻器	T	碳膜	1,2	普通	
W	电位器	P	硼碳膜	3	超高频	
		U	硅碳膜	4	高阻	
		C	沉积膜	5	高温	
		H	合成膜	7	精密	
		I	玻璃釉膜	8	电阻器 – 高压	
		J	金属膜		电位器 – 特殊函数	额定功率阻值 允许误差精度等级
		Y	氧化膜	9	特殊	
		S	有机实芯	G	高功率	
		N	无机实芯	T	可调	
		X	线绕	X	小型	
		R	热敏	L	测量用	
		G	光敏	W	微调	
		M	压敏	D	多圈	

4.1.3　电阻器的主要性能指标

1. 额定功率

电阻器的额定功率是在规定的环境温度下,假定周围空气不流通,在长期连续负载而不损坏或基本不改变性能的情况下,电阻器上允许消耗的最大功率。当超过额定功率时,电阻器的阻值将发生变化,甚至发热烧毁。一般在选择时,要高出额定功率的 1~2 倍。

额定功率分 11 个等级,分别为 $\frac{1}{20}$W、$\frac{1}{8}$W、$\frac{1}{4}$W、$\frac{1}{2}$W、1W、2W、4W、5W、7W、8W、10W 等。

2. 标称阻值

标称阻值是标称在电阻上的电阻值,单位有 Ω、kΩ、MΩ。

标称值是根据国家制定的标准系列标注的,不是生产者任意标定的。

因电阻生产出的实测值与标称值必然有一定的偏差,所以不是所有阻值的电阻都存在,而是规定了一定的系列值:

E24(误差 ±5%):1.0、1.1、1.2、1.3、1.5、1.6、1.8、2.0、2.2、2.4、2.7、3.0、3.3、3.6、3.9、4.3、4.7、5.1、5.6、6.2、6.8、7.5、8.2、9.1。

E12(误差 ±10%):1.0、1.2、1.5、1.8、2.2、3.0、3.9、4.7、5.6、6.8、8.2。

E6(误差 ±20%):1.0、1.5、2.2、3.3、4.7、6.8。

任何固定电阻的阻值数值乘以 $10^n\Omega$,其中 n 为整数。

对于更高精度的电阻,其系列代号可进一步扩展为 E48 和 E96,相应的允许误差更小。

3. 允许误差

允许误差是指电阻和电位器实际阻值对于标称阻值的最大允许偏差范围。它表示产品的精度。

　　电阻的阻值和误差一般都用数字标在电阻上,但一些体积小的合成电阻器,常用色环来表示。离电阻较近的一端画有 4 道或 5 道(精密电阻)色环。从左开始,第 1 道色环、第 2 道色环以及精密电阻的第 3 道色环都表示其相应位数的数字。其后一道色环表示前面数字再乘以 10^n 次方,最后的一道色环表示阻值的允许误差。不同的颜色的色环代表不同的数值,其表示数值为棕 1、红 2、橙 3、黄 4、绿 5、蓝 6、紫 7、灰 8、白 9、黑 0、金 $\pm 5\%$、银 $\pm 10\%$。

　　例如,4 色环电阻棕、灰、红、金。$R = (1 \times 10 + 8) \times 10^2\,\Omega = 1800\,\Omega$,其标称电阻值为 $1800\,\Omega$,允许误差为 $\pm 5\%$。

　　5 色环电阻的色环分别为棕、紫、绿、银、棕。其标称电阻值为 $1.75\,\Omega$,允许误差为 $\pm 10\%$。

　　4. 最高工作电压

　　最高工作电压是由电阻最大电流密度、电阻体击穿及其结构等因素所规定的工作电压限度。

4.1.4　电位器

　　电位器是有 3 个接头的可变电阻。常用的电位器有 WTX 型小型碳膜电位器、WTH 型合成电位器、WX 型有机实芯电位器等。根据用途不同,薄膜电位器按轴旋转角度与实际阻值间的变化关系,可分为直线式、指数式和对数式 3 种。电位器有带开关的和不带开关的。

4.1.5　电位器和电阻的电路符号

　　电位器和电阻的电路符号如图 4.1 所示。

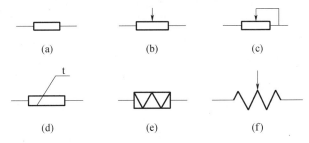

图 4.1　电位器和电阻的电路符号

(a) 一般指示;(b) 电位器;(c) 可变电位器;(d) 热敏电阻;(e) 线绕电阻;(f) 线绕电位器。

4.1.6　选用电阻常识

　　(1) 根据需要选择和标称值最接近的电阻器,误差等级根据要求选择。

　　(2) 所选的电阻器的额定功率应大于 2 倍以上的实际承受的功率,以保证长期工作的可靠性。

　　(3) 在使用时将电阻标称值的标志向上,并保持标志顺序一致,以便观察。

　　(4) 选用电阻值时要考虑电路中的信号频率,高频电路的分布参数越小越好,一般选金属膜电阻和金属氧化膜电阻。低频电路线绕电阻、碳膜电阻都可以使用。

4.2 电容的简单识别与型号命名方法

4.2.1 电容的分类

电容是一种储能元器件。在电路中用于调谐、滤波、耦合、旁路、能量转换和延时等。

电容的种类按结构可分为固定电容、可变电容和微调电容。

按电容介质材料分为以下几种。

(1) 电解电容器。以铝、钽、铌、钛等金属膜作介质的电容。应用最广泛的是铝电解电容。它容量大、体积小、耐压高,一般在 500V 以下,常用于交流旁路和滤波。其缺点是容量的误差大,且随频率而变动,绝缘电阻低。电解电容有正、负极之分,外壳为负端,另一头为正端。一般在外壳上有标记。若无标记则引线长的一端为正端,短的为负端。在使用时不能接反,如果接反,电解作用会反向进行,使得氧化膜变薄,漏电流急剧增加,如果所加的直流电压过大,电容器会很快发热,甚至引起爆炸。

由于铝电容有不少缺点,在要求较高的地方常用钽、铌或钛电容,它们比铝电解电容的漏电流小、体积小,但成本高。

(2) 云母电容器。以云母片作为介质的电容器。它的高频性能稳定,损耗小,漏电流小,耐压高(能达几千伏),但容量小(从几十皮法到几万皮法)。

(3) 瓷介电容器。以高介电常数、低损耗的陶瓷材料为介质,故体积小,损耗小,温度系数小,可工作在超高频范围;但耐压低,容量小。

(4) 玻璃釉电容。以玻璃釉为介质,它具有瓷介电容的优点,且体积小、耐温性能好。

(5) 纸介电容器。以铝箔或锡箔做成,绝缘介质用浸蜡的纸,相叠后卷成圆柱体,外包防潮物质,有时外壳采用密封的铁壳以提高防潮性。大容量的电容器常在铁壳里灌满电容器油或变压器油,以提高耐压值,故称为油浸纸介电容器。纸介电容器的优点是在一定体积内可以得到较大的电容量,结构简单,价格低廉。其缺点是介质损耗大,稳定性不高。主要用于低频电路的旁路和隔直。其容量一般在 $100pF \sim 10\mu F$。

(6) 有机薄膜电容器。用聚苯乙烯、聚四氟乙烯或涤纶等有机薄膜代替纸介质做成的各种电容器。与纸介电容器相比,它体积小、耐压高、损耗小、绝缘电阻大、稳定性好,但温度系数大。

4.2.2 电容器型号的命名方法

国产电容器型号的命名由 4 部分组成,各部分的含义如表 4.2 所列。

表 4.2 电容器型号命名法

第 1 部分		第 2 部分		第 3 部分		第 4 部分
用字母表示主称		用字母表示材料		用字母表示特征		用字母或数字表示序号
符号	意义	符号	意义	符号	意义	
		C	瓷介	T	铁电	包括品种、尺寸代号、温度特性、直流工作电压、标称值、允许误差、标准代号
C	电容器	I	玻璃釉	W	微调	
		O	玻璃膜	J	金属化	

（续）

第 1 部分		第 2 部分		第 3 部分		第 4 部分
用字母表示主称		用字母表示材料		用字母表示特征		用字母或数字表示序号
符号	意义	符号	意义	符号	意义	
C	电容器	Y	云母	X	小型	包括品种、尺寸代号、温度特性、直流工作电压、标称值、允许误差、标准代号
		V	云母纸	S	独石	
		Z	纸介	D	低压	
		J	金属化纸	M	密封	
		B	聚苯乙烯	Y	高压	
		F	聚四氟乙烯	C	穿心式	
		L	涤纶（聚酯）			
		S	聚碳酸酯			
		Q	漆膜			
		H	纸膜复合			
		D	铝电解			
		A	钽电解			
		G	金属电解			
		N	铌电解			
		T	钛电解			
		M	压敏			
		E	其他材料电解			

示例：CZX - 25 - 0.33 - ±10% 电容器的含义。

C 表示电容器；Z 表示材料为纸介；X 表示特征为小型；25 是电容器的额定电压，单位为 V；0.33 表示电容量；±10% 表示允许误差。

4.2.3　电容器的主要性能技术指标

1. 电容量

电容量是指在电容器上加电压后，储存电荷的能力。常用的单位是：法（F）、微法（μF）、皮法（pF）。三者的关系为

$$1\text{F} = 10^6\,\mu\text{F} = 10^{12}\,\text{pF}$$

通常在电容上都直接标注其容量，也有用数字来标注容量的。例如，有的标注的数字为"103"3 位数值，左起数字给出电容量的第一位、第二位数字，第 3 位数字表示附加上零的个数，以 pF 为单位。故"103"表示该电容的电容量为 $10 \times 10^3\,\text{pF}$。

2. 标称电容量

标称电容量是标注在电容器上的"名义"电容量。我国固定式电容器标称电容量的系列为 E24、E12、E6，如表 4.3 所列。电解电容的标称容量参考系列为 1、1.5、2.2、3.3、4.7、6.8（以 μF 为单位）。

表4.3　标称电容量

系列代号	E24	E12	E6
允许误差	±5%（Ⅰ）或（J）	±10%（Ⅱ）或（K）	±20%（Ⅲ）或（M）
标称容量对应值	10；11；12；13；15；16；18；20；22；24；27；30；33；36；39；43；47；51；56；62；68；75；82；90	10；12；15；22；27；22；27；33；39；47；56；68；82	10；15；22；23；47；68
注　标称电容量为表中数值或表中数值再乘以10^n，其中n为正整数或负整数，单位为pF			

3. 电容器的耐压

电容器的耐压是指在规定的工作温度范围内长期、可靠地工作所能承受的最高电压。常用固定式电容的直流工作电压系列为 6.3V、10V、16V、25V、40V、63V、100V、160V、250V、400V。

4. 电容器允许误差等级

电容器允许误差是实际电容量对于标称电容量的最大允许偏差范围。固定电容器的允许误差分 8 个等级，如表 4.4 所列。

表4.4　允许误差等级

允许误差/%	±1	±2	±5	±10	±20	20~30	50~20	100~10
级别	01	02	Ⅰ	Ⅱ	Ⅲ	Ⅳ	Ⅴ	Ⅵ

5. 绝缘电阻

绝缘电阻是指加在电容上的直流电压与通过它的漏电流的比值。一般在 5000MΩ 以上。

4.2.4　电容器的标注方法

1. 直标法

容量单位：F（法拉）、μF（微法）、nF（纳法）、pF（皮法或微微法）。例如，4n7 表示 4.7nF 或 4700pF，0.22 表示 0.22μF，51 表示 51pF。有时用大于 1 的两位以上的数字表示单位为 pF 的电容，如 101 表示 100pF；有时用小于 1 的数字表示单位为 μF 的电容，如 0.1 表示 0.1μF。

2. 数码表示法

一般用 3 位数字来表示容量的大小，单位为 pF。前两位为有效数字，后一位表示位率。即乘以 10^i，i 为第三位数字，若第三位数字为 9，则乘 10^{-1}。如 223J 代表 $22×0^3$pF = 22000pF = 0.22μF，允许误差为 5%；又如 479K 代表 $47×10^{-1}$pF，允许误差为 5% 的电容。这种表示方法最为常见。

3. 码表示法

这种表示法与电阻器的色环表示法类似，颜色涂于电容器的一端或从顶端向引线排列。用色码表示时，一般只有 3 种颜色，前两环为有效数字，第三环为位率，单位为 pF。有时色环较宽，如红红橙，两个红色环涂成一个宽的，表示 22000pF。

4.2.5　电容器的电路符号

电容器的电路符号如图 4.2 所示。

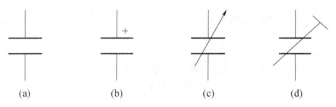

图 4.2　电容器的电路符号

(a) 固定电容器;(b) 电解电容器;(c) 可变电容器;(d) 半可变电容器。

4.2.6　选用电容器的注意事项

(1) 在使用电容器前先进行测量,确定该电容在正常状况下接入电路,并注意电容器的标志易于看到,且顺序要一致。并联时耐压取决于小的电容;在容量不同的电容器进行串联时,容量小的电容器所承受的电压要高于容量大的电容器所承受的电压。

(2) 加在电容器上的电压不能超过其耐压值。如果是带极性的电容,注意其极性不能接反。

(3) 在使用过程中若容量不合适时,可以采用串、并联的方式去解决。当两个工作电压不同的电容并联时,耐压值取决于低的电容器;当容量不同的电容串联时,容量小的电容器所承受的电压高于容量大的电容器所承受的电压。

(4) 选用电容器时,要注意适合信号频率需要。

4.3　电感器的简单识别与型号命名方法

4.3.1　电感器的分类

电感器一般用线圈做成。为了增加电感量 L、提高品质因数 Q 和减小体积,通常在线圈中加软磁性材料的磁芯。

电感器可分为固定式、可变式和微调式 3 种。

可变式电感器的电感量可利用磁芯在线圈内移动而在较大的范围内调节。它与固定电容器配合应用于谐振电路中,起调谐作用。电感器的符号如图 4.3 所示。

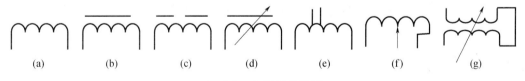

图 4.3　电感器的符号

(a) 电感器线圈;(b) 带磁芯、铁芯的电感器;(c) 磁芯有间隙的电感器;(d) 带磁芯连续可调电感器;
(e) 有抽头电感器;(f) 步进移动触点的可变电感器;(g) 可变电感器。

微调式电感器可以满足整机调试的需要和补偿电感器生产中的分散性,一次调好后,一般不再变动。

此外,还有一些小型电感器,如色码电感器、平面电感器和集成电感器,可满足电子设备小型化的需要。

4.3.2　电感器的主要性能指标

1. 电感量 L

电感量是指电感器通过变化的电流时产生感应电动势的能力,其大小与磁导率 μ、线圈单位长度中匝数 n 及体积 V 有关。当线圈的长度远大于直径时,电感量的计算公式为

$$L = \mu n^2 V$$

单位是 H(亨)、mH(毫亨)、μH(微亨)。它们之间的关系为

$$1H = 1 \times 10^3 mH = 1 \times 10^6 \mu H$$

2. 品质因数 Q

品质因数是指电感器在某一频率的交流电压下工作时,所呈现的感抗与其等效损耗电阻之比。电感器的 Q 值越高,其损耗越小,效率越高。一般要求 Q 值为 $50 \sim 300$,即

$$Q = \frac{\omega L}{R}$$

式中　ω——工作角频率;

　　　L——线圈电感量;

　　　R——线圈的等效损耗电阻。

3. 额定电流

额定电流是指能保证电路正常工作的工作电流。有一些电感线圈在电路工作时,工作电流较大,如高频扼流圈、大功率谐振线圈以及电源滤波电路中的低频扼流圈等。对于它们的额定电流,在选用时应作为考虑的重要因素。当工作电流大于电感线圈的额定电流时,电感线圈就会发热而改变其原有参数,严重时甚至会损坏线圈。

4.3.3　电感器选用常识

(1)在选择电感器时一定注意使用的频率范围。铁芯线圈只能用于低频电路;一般铁氧体线圈、空心线圈可用于高频电路。除了知道其电感量外,不能忽略它的直流电阻值。

(2)线圈是磁感应元器件,它会对周围的电感性元器件产生影响。在使用时应注意其相互之间的位置,并尽量消除其影响。

4.4　常用半导体器件的型号及命名方法

半导体二极管和三极管是组成分立元器件电子电路的核心器件。二极管可用于整流、检波、稳压、混频电路中。三极管用于放大电路和开关电路中。它们的管壳上都印有规格和型号。其型号命名方法如表 4.5 所列。

表 4.5　半导体器件型号命名法

第 1 部分		第 2 部分		第 3 部分		第 4 部分	第 5 部分
用数字表示器件的电极数目		用字母表示器件的材料和极性		用字母表示器件的类别		用数字表示器件的序号	用字母表示规格号
符号	意义	符号	意义	符号	意义	序号表明极限参数、直流参数和交流参数等的差别	表明管子承受反向击穿电压的程度
2	二极管	A B C D	N 型锗材料 P 型锗材料 N 型硅材料 P 型硅材料	P V W C	普通管 微波管 稳压管 参量管		

（续）

第1部分		第2部分		第3部分		第4部分	第5部分
用数字表示器件的电极数目		用字母表示器件的材料和极性		用字母表示器件的类别		用数字表示器件的序号	用字母表示规格号
符号	意义	符号	意义	符号	意义		
3	三极管	A B C D E	PNP 型锗材料 NPN 型锗材料 PNP 型硅材料 NPN 型硅材料 化合物材料	Z L S N U K X G D A T Y B J CS BT FH PIN JG	整流管 整流堆 隧道管 阻尼管 光电器件 开关管 低频小功率管（$F_a<3\text{MHz},P_C<1\text{W}$） 高频小功率管（$F_a\geqslant3\text{MHz},P_C<1\text{W}$） 低频大功率管（$F_a<3\text{MHz},P_C\geqslant1\text{W}$） 高频大功率管（$F_a\geqslant3\text{MHz},P_C\geqslant1\text{W}$） 半导体闸流管（可控整流器） 体效应器件 雪崩管 阶跃恢复管 场效应器件 半导体特殊器件 复合管 PIN 型管 激光器件	序号表明极限参数、直流参数和交流参数等的差别	表明管子承受反向击穿电压的程度

示例：3AG11C（3 表示三极管、A 为 NPN 型、锗材料、G 为高频小功率、11 为序号、C 为规格号

4.4.1　二极管的识别与测试

1. 普通二极管的识别与简单测试

普通二极管一般分为玻璃封装和塑料封装两种，它们外壳上都印有型号和标记。标记箭头所指向为 N 极。有的二极管只有色点，有色点的一端为 P 极。

晶体二极管由一个 PN 结组成，具有单向导电性，其正向电阻小（一般为几百欧）而反向电阻大（一般为几十千欧至几百千欧），利用此特性进行判别。

（1）管脚极性判别。将指针式万用表的欧姆挡拨到 $R\times100\Omega$（或 $R\times1\text{k}\Omega$）上，把二极

管的两只管脚分别接到万用表的两根测试笔上,如果测出的电阻较小(约几百欧),则与万用表黑表笔相接的一端是正极,另一端就是负极。相反,如果测出的电阻较大(约几百千欧),那么,与万用表黑表笔相连接的一端是负极,另一端就是正极。

(2)判别二极管质量的好坏。一个二极管的正、反向电阻差别越大,其性能就越好。如果双向电阻值都较小,说明二极管质量差,不能使用;如果双向阻值都为无穷大,则说明该二极管已经断路。如双向阻值均为零,说明二极管已被击穿。

利用数字万用表的二极管测试挡也可判别正、负极性,此时,红表笔(插在"V·Ω"插孔)带正电,黑表笔(插在"COM"插孔)带负电。用两支表笔分别接触二极管两个电极,若显示值在1V以下,说明管子处于正向导通状态,红表笔接的是正极,黑表笔接的是负极。若显示溢出符号"1",表明管子处于反向截止状态,黑表笔接的是正极,红表笔接的是负极。用数字式万用表去测二极管时,红表笔接二极管的正极,黑表笔接二极管的负极,此时测得的阻值才是二极管的正向导通阻值,这与指针式万用表的表笔接法刚好相反。

2. **特殊二极管的识别与简单测试**

1)发光二极管(LED)

发光二极管通常是用砷化镓、磷化镓等制成的半导体器件。它在电路或仪器中作为指示灯,或构成文字或数字显示。它具有工作电压低、耗电少、响应速度快、抗冲击、耐振动、性能好及轻而小的特点。

发光二极管在正向导通时才能发光。其颜色有多种,如红、绿、黄等,形状有圆形和长方形等。其极性由管脚的长短区分,管脚长的为P极,相对短的为N极。发光二极管正向导通时的工作电压一般在1.5~3V,允许通过的电流一般为2~20mA,亮度由流过的电流大小决定。发光二极管的反向击穿电压约5V。它的正向伏安特性曲线很陡,使用时必须串联限流电阻以限制通过管子的电流。限流电阻 R 可用下式计算,即

$$R = \frac{E - U_F}{I_F}$$

式中 E——电源电压;

   U_F——LED 的正向压降;

   I_F——LED 的一般工作电流。

若与TTL组件相连使用时,一般需要串接一个470Ω的电阻,以防器件损坏。

2)稳压管

稳压管有玻璃封装、塑料封装和金属外壳封装3种。玻璃封装、塑料封装的与普通二极管相似;金属外壳封装的与三极管相似,其内部为两个稳压二极管组成,它具有温度补偿作用。稳压二极管在电路中常用"ZD"加数字表示,如 ZD5 表示编号为5的稳压管。

稳压管也是一种晶体二极管,它是利用PN结的击穿区具有稳定电压的特性来工作的。稳压管在稳压设备和一些电子电路中获得广泛的应用。把这种类型的二极管称为稳压管,以区别用在整流、检波和其他单向导电场合的二极管。稳压二极管的特点就是击穿后,其两端的电压基本保持不变。这样,当把稳压管接入电路以后,若由于电源电压发生波动,或其他原因造成电路中各点电压变动时,负载两端的电压将基本保持不变。稳压管反向击穿后,电流虽然在很大范围内变化,但稳压管两端的电压变化很小。利用这一特

性,稳压管在电路中能起稳压作用。因为这种特性,稳压管主要作为稳压器或电压基准元器件使用。

3) 光电二极管

光电二极管是将光信号转换为电信号的半导体器件,其符号如图 4.4 所示。在光电二极管的管壳上备有一个玻璃口,以便接受光。它可以用于光的测量。光电二极管是在反向电压作用下工作的,没有光照时,反向电流极小,称为暗电流;当有光照时,反向电流迅速增大到几十微安,称为光电流。光的强度越大,反向电流也越大。光的变化引起光电二极管电流变化,这就可以把光信号转换成电信号。若制成大面积的光电二极管时,便可作为一种能源,称为光电池。

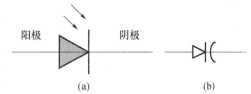

图 4.4　光电二极管和变容二极管符号
(a) 光电二极管;(b) 变容二极管。

4) 变容二极管

变容二极管在电路中能起到可变电容的作用,其结电容随反向电压的增加而减小。光电二极管和变容二极管的符号如图 4.4 所示。变容二极管主要用于高频及通信电路中,如变容二极管调频电路。

变容二极管有玻璃外壳封装(玻封)、塑料封装(塑封)、金属外壳封装(金封)和无引线表面封装等多种封装形式。通常,中小功率的变容二极管采用玻封、塑封或表面封装,而功率较大的变容二极管多采用金属封装。

4.4.2　三极管的识别与简单测试

三极管按其结构分为两种类型,即 NPN 型和 PNP 型。一般根据命名方法从三极管管壳上的符号可以识别型号和类型。三极管的电流放大系数 β 可以通过色标判断其范围值:黄色表示 β 值的范围为 30~60;绿色的范围为 50~110;蓝色的范围为 90~160;白色的范围为 140~200。也有的厂家不按此规定,在使用时要注意。

对于小功率三极管,有金属外壳封装和塑料封装两种。在辨别三极管管脚时,金属外壳封装的小功率三极管,如果管壳上带有定位销,将三极管的管底朝上,从定位销开始按顺时针方向,3 个管脚依次为 e、b、c。如果无定位销,根据图 4.5 所示判定。

当三极管没有任何标记时,可以用指针式万用表初步判定其好坏及其管型,并辨别出管脚。

(1) 质量判别。可以把晶体三极管的结构看作是两个背靠背的 PN 结,对 NPN 型来说,基极是两个 PN 结的公共阳极;对 PNP 型管来说,基极是两个 PN 结的公共阴极,分别如图 4.6 所示。

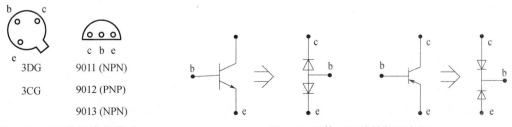

图 4.5　三极管的管脚辨别　　　　图 4.6　晶体三极管结构示意图

（2）管型与基极的判别。指针式万用表置于电阻挡，量程选 1kΩ 挡（或 $R \times 100\Omega$），将万用表任一表笔先接触某一个电极，并假定该极为基极，另一表笔分别接触其他两个电极，当两次测得的电阻均很小（或均很大），假定的电极就是基极，如两次测得的阻值一大一小，并相差很多，则前者假定的基极有错，应更换其他电极重测。

根据上述方法，可以找出基极 b，若公共极是阳极，该管属 NPN 型管；反之则是 PNP 型管。

（3）发射极与集电极的判别。为使三极管具有电流放大作用，发射结需加正偏置，集电结加反偏置，如图 4.7 所示。

当三极管基极 b 确定后，便可判别集电极 c 和发射极 e，同时还可以大致了解穿透电流 I_{CEO} 和电流放大系数 β 的大小。

以 PNP 型的三极管为例，若用红表笔（对应表内电池的负极）连接集电极 c，黑表笔接 e 极（相当 c、e 极间电源正确接法），如图 4.8 所示，这时指针式万用表指针摆动很小，它所指示的电阻值反映管子穿透电流 I_{CEO} 的大小（电阻值大，表示 I_{CEO} 小）。如果在 c、b 间跨接一只 $R_B = 100k\Omega$ 电阻，此时指针式万用表指针将有较大摆动，它指示的电阻值较小，反映了集电极电流 $I_C = I_{CEO} + \beta I_B$ 的大小，且电阻值减小越多表示 β 越大。如果 c、e 极接反（相当于 c、e 间电源极性反接），则三极管处于倒置工作状态，此时电流放大系数很小（一般小于 1），于是万用表指针摆动很小。因此，比较 c、e 极两种不同电源极性接法，便可判断 c 极和 e 极了。同时还可大致了解穿透电流 I_{CEO} 和电流放大系数 β 的大小，如万用表上有 h_{FE} 插孔，可利用 h_{FE} 来测量电流放大系数 β。

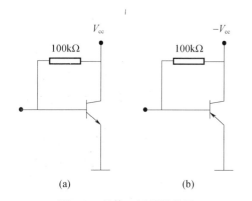

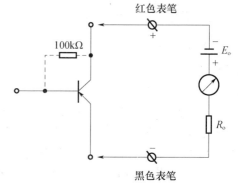

图 4.7　晶体三极管的偏置　　　　　图 4.8　晶体三极管集电极 c、发射极 e 的判断

（a）NPN 型三极管；（b）PNP 型三极管。

若需要进一步精确测试，可以用晶体管测试仪，测出三极管的输入特性、电流放大系数 β 及其他参数。

4.5　集成电路型号命名法

4.5.1　集成电路的型号命名法

1. 现行国际规定的集成电路命名方法

集成器件的型号由五部分组成，各部分符号及意义如表 4.6 所列。

表 4.6　集成电路器件的组成及各部分符号的意义

第 0 部分	第 1 部分	第 2 部分	第 3 部分	第 4 部分
用字母表示器件符合国家标准	用字母表示器件的类型	用阿拉伯数字表示器件的系列和品种代号	用字母表示器件的工作温度范围	用字母表示器件的封装
符号及意义	符号及意义	符号及意义	符号及意义	符号及意义
C 中国制造	T　TTL H　HTL E　ECL C　CMOS M　存储器 μ　微型继电器 F　线性放大器 D　音响、视频电路 W　稳压器 J　接口电路 B　非线性电路 AD　A/D 转换器 DA　D/A 转换器 SC　通信专用电路 SS　敏感电路 SW　钟表电路 SJ　机电仪表电路 SF　复印件电路	TTL 分为： 54/74××× 54/74H××× 54/74L××× 54/74S××× 54/74LS×× 54/74AS××× 54/74ALS××× 54/74F××× CMOS 为 4000 系列 54/74HC××× 54/74HCT×××	C　0～70℃ G　−25～70℃ L　−25～85℃ E　−40～85℃ R　−55～85℃ M　−55～125℃	W 陶瓷扁平 B 塑料扁平 F 全密封扁平 D 陶瓷直插 P 塑料直插 J 黑陶瓷直插 K 金属菱形 T 金属圆形

注　① 74:国际通用系列(民用);54:国际通用系列(军用);② H:高速;③ L:低速;④ LS:低功率

2. 示例:肖特基 TTL 双 4 输入与非门

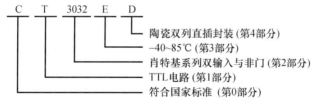

2. 示例:肖特基 TTL 双 4 输入与非门
```
C   T   3032   E   D
```
陶瓷双列直插封装(第4部分)
−40~85℃ (第3部分)
肖特基系列双输入与非门(第2部分)
TTL电路(第1部分)
符合国家标准 (第0部分)

4.5.2　集成电路的分类

1. 按功能结构分类

集成电路按其功能结构的不同,可以分为模拟集成电路和数字集成电路两大类。

模拟集成电路用来产生、放大和处理各种模拟信号,而数字集成电路用来产生、放大和处理各种数字信号。

2. 按制作工艺分类

集成电路按制作工艺可分为半导体集成电路和膜集成电路。

膜集成电路又分为厚膜集成电路和薄膜集成电路。

3. 按集成度高低分类

集成电路根据集成度高低的不同,可分为小规模集成电路、中规模集成电路、大规模集成电路和超大规模集成电路。

4. 按导电类型不同分类

集成电路根据导电类型可分为双极型集成电路和单极型集成电路。

双极型集成电路的制作工艺复杂,功耗较大,代表集成电路有 TTL、ECL、HTL、LST – TL、STTL 等类型。单极型集成电路的制作工艺简单,功耗也较低,易于制成大规模集成电路,代表集成电路有 CMOS、NMOS、PMOS 等类型。

4.5.3　集成电路外引线的识别

使用集成电路时,要认真查对集成块的引脚,确认相应的引脚对应的是哪个端子,切勿接错。

引脚的排列规律如下:

对于圆形集成电路,识别时引脚面对自己,从定位销顺时针方向走,其引脚依次为 1,2,3,4,…,圆形多用于模拟电路中。

对于扁平和双列直插的集成电路,识别时面朝文字标号,将集成块的定位缺口向上,从左上数起,逆时针方向走,依次为 1,2,3,4,…,如图 4.9 所示。

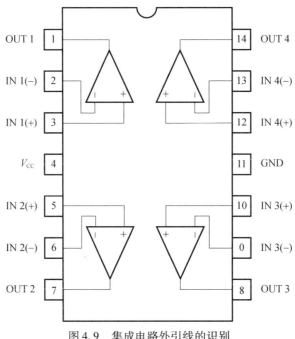

图 4.9　集成电路外引线的识别

扁平形的多用于数字电路。双列直插式多用于模拟和数字电路中。

4.6　几种常用模拟集成电路简介

1. μA741 通用运算放大器

(1) μA741 引脚排列图如图 4.10 所示。

它是 8 脚双列直插式组件,②脚和③脚为反相和同相输入端,⑥脚为输出端,⑦脚和④脚为正、负电源端,①脚和⑤脚为失调调零端,①脚和⑤脚之间可接入一只几十千欧的电位器,并将滑动触点接到负电源端,⑧脚为空脚。

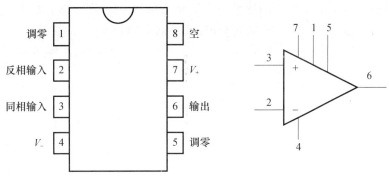

图 4.10　μA741 引脚排列

（2）μA741 集成电路的参数如表 4.7 所列。

表 4.7　μA741 集成电路的参数（测试条件: $t = 25℃$, $V_{CC} = V_{EE} = 15V$）

符号	参数	条件	最小值	典型值	最大值	单位
U_{IO}	输入失调电压			2	6	mV
I_{IO}	输入失调电流			20	200	nA
I_{IB}	输入偏置电流			80	500	nA
R_{IN}	输入电阻		0.3	2.0		MΩ
C_{INCM}	输入电容			1.4		pF
U_{IOR}	失调电压调整范围			±15		mV
U_{ICR}	共模输入电压范围			±12.0	±13.0	V
CMRR	共模抑制比	$U_{CM} = ±13V$	70	90		dB
PSRR	电源抑制比	$U_S = ±3 \sim ±18V$		30	150	dB
A_{VO}	开环电压增益	$R_L \geqslant 2k\Omega$, $U_O = ±10V$	20	200		V/mV
U_O	输出电压摆幅	$R_L \geqslant 10k\Omega$	±12.0	±14.0		V
S_R	摆率	$R_L \geqslant 2k\Omega$		0.5		V/μs
R_O	输出电阻	$U_o = 0$　$I_o = 0$		75		Ω
I_{OS}	输出短路电流			25		mA
I_S	电源电流			1.7	2.8	mA
P_d	功耗	$U_S = ±15V$,无负载		50	85	mW

2. LM318 高速运算放大器

（1）LM318 引脚排列图。LM318 高速运算放大器的引脚排列如图 4.11 所示。

它是 8 脚双列直插式组件,②脚和③脚为反相和同相输入端,⑥脚为输出端,⑦脚和④脚为正、负电源端,①脚、⑤脚、⑧脚分别为 COMP1、COMP2、COMP3 脚。

（2）主要参数。LM318 高速运算放大器的主要参数如表 4.8 所列。

3. μA348 四通用运算放大器和 μA324 四通用单电源运算放大器

（1）引脚排列。μA348 四通用运算放大器和 μA324 四通用单电源运算放大器的引脚如图 4.12 所示（注意：μA348 的 11 脚为负电源，不能接地）。

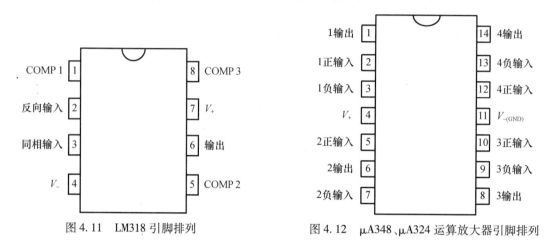

图 4.11　LM318 引脚排列　　　　图 4.12　μA348、μA324 运算放大器引脚排列

表 4.8　LM318 高速运算放大器的主要参数（测试条件：$t = 25\,℃$，$V_{CC} = V_{EE} = 15\,V$）

符号	参数	条件	最小值	典型值	最大值	单位
U_{IO}	输入失调电压			4	10	mV
I_{IO}	输入失调电流			30	200	nA
I_{IB}	输入偏置电流				750	nA
R_{IN}	输入电阻		0.5	3.0		MΩ
U_{IOR}	失调电压调整范围			±15		mV
U_{IDR}	差模输入电压范围		±11.5			V
CMRR	共模抑制比	$U_{CM} = ±13\,V$	70	100		dB
PSRR	电源抑制比	$U_S = ±3 \sim ±18\,V$	65	80		dB
A_{VO}	开环电压增益	$R_L \geqslant 2\,kΩ$ $U_o = ±10\,V$	25	200		V/mV
U_o	输出电压摆幅	$R_L \geqslant 10\,kΩ$ $R_L \geqslant 2\,kΩ$	±12.0 ±10.0	±14.0 ±13.0		V
S_R	摆率	$R_L \geqslant 2\,kΩ$	50	70		V/μs
G_B	单位增益带宽			15		MHz
I_S	电源电流			5	10	mA
P_d	功耗	$V_s = ±15\,V$，无负载		50	85	mW

（2）主要参数。μA348 运算放大器的参数如表 4.9 所列。μA324 运算放大器的参数如表 4.10 所列。

表 4.9　μA348 运算放大器的主要参数

符号	参数	条件	最小值	典型值	最大值	单位
U_{IO}	输入失调电压			1	6	mV
I_{IO}	输入失调电流			4	50	nA
I_{IB}	输入偏置电流			30	200	nA
R_{IN}	输入电阻		0.8	2.5		MΩ
U_{ICR}	共模输入电压		±12.0			V
CMRR	共模抑制比	$U_{CM} = ±13V$	70	90		dB
PSRR	电源抑制比	$U_S = ±3 \sim ±18V$	77	96		dB
A_{VO}	开环电压增益	$R_L \geq 2k\Omega$　$U_o = ±10V$	25	160		V/mV
U_o	输出电压摆幅	$R_L \geq 10k\Omega$	±12	±13.0		V
S_R	摆率	$R_L \geq 2k\Omega$		0.5		V/μs
R_o	输出电阻	$U_o = 0, I_o = 0$				Ω
I_{OS}	输出短路电流			25		mA

表 4.10　μA324 运算放大器的主要参数

符号	参数	条件	最小值	典型值	最大值	单位
U_{IO}	输入失调电压			2	7	mV
I_{IO}	输入失调电流			5	50	nA
I_{IB}	输入偏置电流			45	250	nA
R_{IN}	输入电阻		0.8	2.5		MΩ
U_{ICR}	共模输入电压		±12.0			V
CMRR	共模抑制比	$U_{CM} = ±13V$	65	70		dB
PSRR	电源抑制比	$U_S = ±3 \sim ±18V$	65	100		dB
A_{VO}	开环电压增益	$R_L \geq 2k\Omega$　$U_O = ±10V$	25	100		V/mV
U_O	输出电压摆幅	$R_L \geq 10k\Omega$	±13			V
S_R	摆率	$R_L \geq 2k\Omega$		0.5		V/μs
R_O	输出电阻	$U_O = 0, I_O = 0$				Ω
I_{OS}	输出短路电流		10	20		mA

4. 电压比较器 LM311

（1）引脚排列。电压比较器 LM311 的引脚排列如图 4.13 所示。

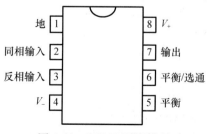

图 4.13　LM311 引脚排列

（2）主要参数。电压比较器 LM311 的主要参数如表 4.11 所列。

表 4.11　电压比较器 LM311 的主要参数（测试条件：$t=25℃$，$V_{CC}=V_{EE}=15V$）

参数	条件	最小值	典型值	最大值	单位
输入失调电压 U_{IO}	$t_A=25℃$，$R \leqslant 50k\Omega$		2.0	7.5	mV
输入失调电流 I_{IO}	$t_A=25℃$		6.0	50	nA
输入偏置电流 I_{IB}	$t_A=25℃$		100	250	nA
电压增益 A_V	$t_A=25℃$	40	200		V/mV
响应时间 t	$t_A=25℃$		200		ns
饱和电压 U	$U_{IN} \leqslant -10mV$　$I_{OUT}=50mA$		0.75	1.5	V
选通开关电流 I	$t_A=25℃$	1.5		3.0	mA
输出漏电流 I_L	$U_{IN} \geqslant 10mV$，$U_{OUT}=35V$　$t_A=25℃$，$I_{STROBE}=3mA$　$U_- = U_{GRND}=-5V$		0.2	50	nA
输入电压范围 U_I		-14.5	$13.8 \sim 14.7$	13	V
注　LM311 为集电极开路输出，使用时应注意在输出端与正电源之间接负载电阻					

5. 音频功率放大器 LM386

（1）引脚排列图。音频功率放大器 LM386 的引脚排列如图 4.14 所示。

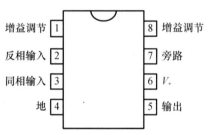

图 4.14　LM386 引脚排列

（2）主要参数。LM386 主要参数如表 4.12 所列。

表 4.12　LM386 的主要电参数（测试条件：$t=25℃$，$V_{CC}=V_{EE}=15V$）

参　数	条件	最小值	典型值	最大值	单位
工作电压 U_S		4		12	V
静态电流 I_Q	$U_S=6V$，$U_{IN}=0$		4	8	mA
输出功率 P_{OUT}	$U_S=6V$，$R_L=8\Omega$，$THD=10\%$　$U_S=9V$，$R_L=8\Omega$，$THD=10\%$	250　500	350　700		mW
电压增益 A_V	$U_S=6V$，$f=1kH_Z$　①～⑧脚接 10μF 电容		26　46		dB　dB
带宽 B_W	$U_S=6V$，①～⑧脚开路		300		kH_Z
总谐波失真 T_{HD}	$U_S=6V$，$R_L=8\Omega$　①～⑧脚开路　$P_{OUT}=125mW$，$f=1kHz$		0.2		%

（续）

参　数	条件	最小值	典型值	最大值	单位
电源抑制比 PSRR	$U_S = 6V, R_L = 8\Omega$ $C_{BYPASS} = 10\mu F$ $f = 1kHz$，①、⑧开路		50		dB
输入电阻 R_{IN}	$U_S = 6V$，②、③开路		50		$k\Omega$
输入偏置电流 I_{BIAS}	$U_S = 6V$，②、③开路		250		nA

6. 音频功率放大器 LM388

（1）引脚排列图。音频功率放大器 LM388 的引脚排列如图 4.15 所示。

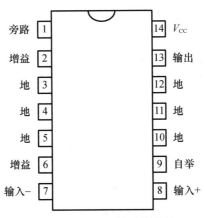

图 4.15　LM388 的引线排列

（2）主要参数。音频功率放大器 LM388 的主要参数如表 4.13 所列。

表 4.13　音频功率放大器 LM388 的主要参数

符号	参数	测试条件	最小值	标称值	最大值	单位
U_S	工作电源电压		4		12	V
I_Q	静态电流	$U_{IN} = 0$　$U_S = 12V$		16	13	mA
P_{OUT}	输出功率	$R_1 = R_2 = 180\Omega$，THD $= 10\%$ $U_S = 12V, R_L = 8\Omega$ $U_S = 6V, R_L = 4\Omega$	1.5 0.6	2.2 0.8		W W
A_V	电压增益	$U_S = 12V$，$f = 1kHz$ ②、⑦脚接 $10\mu F$ 电容	23	26 46	30	dB dB
B_W	带宽	$U_S = 12V$，②、⑥脚开路		300		kHz
T_{HD}	总谐波失真	$U_S = 12V, R_L = 8\Omega$， $P_{OUT} = 500mW$，$f = 1kHz$ ②、⑥脚开路		0.1	1	%
P_{SRR}	电源抑制比	$U_S = 12V$，$f = 1kHz$ $C_{BYPASS} = 10\mu F$ ②、⑥脚开路		50		dB

（续）

符号	参数	测试条件	最小值	标称值	最大值	单位
R_{IN}	输入电阻		10	50		$k\Omega$
I_{BISE}	输入偏置电流	$U_S = 12V$，⑦、⑧脚开路		250		nA

7. 集成三端稳压器

集成三端稳压器是目前常见的输出电压固定的集成稳压器。由于它只有输入、输出和公共端子，故称为三端稳压器。三端稳压器有输出正电压和输出负电压两种产品系列。每个系列又有小功率、中功率、大功率之分。

（1）引脚排列图。78 系列三端稳压器的外形及接线如图 4.16 所示；79 系列三端稳压器的外形及接线如图 4.17 所示。

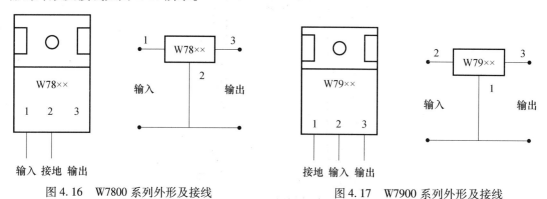

图 4.16 W7800 系列外形及接线　　　　图 4.17 W7900 系列外形及接线

（2）主要性能指标。78 系列、79 系列集成稳压器的型号与性能指标如表 4.14 所列。

表 4.14 78 系列、79 系列集成稳压器的型号与性能指标

参数	符号	单位	78M 系列	79L 系列
输入电压	U_I	V	8～40	－（8～40）
输出电压	U_O	V	5～24	－（5～24）
最小电压差	$(U_I - U_O)_{min}$	V	2.55	2.5
电压调整率	ΔU_O	mV	1～15	3～18
	S_V	%		
电流调整率	ΔU_O	mV	12～15	12～15
	S_I	%		
输出电流	I_O	A	空挡(1.5)M(0.5)L(0.1)	
纹波抑制比	RR	dB	53～62	60
注　78 系列、79 系列电压挡级：±5、±9、±12、±15、±18、±24（$	U_i	\geqslant U_o \pm 2.5V$）

4.7 常用数字集成电路简介

4.7.1 几类常用数字集成电路的典型参数

表 4.15 列出了几类常用数字集成电路的典型参数。

表4.15 几类常用数字集成电路的典型参数

参数	74(TTL)	74LS(TTL)	74HC(与TTL兼容的高速CMOS)	4000系列 CMOS电路	单位
电源电压范围 U	4.75~5.25	4.75~5.25	2~6	3~18	V
电源电压 V_{CC}	5	5	5		V
电源电流	24	12	0.008	0.004	mA
高电平输入电流 I_{IH}	40	20	0.1	0.1	μA
低电平输入电流 I_{IL}	-1600	-400	0.1	0.1	μA
高电平输入电压 U_{IH}	2	2	3.15	3.5 ($V_{DD}=5$) 7($V_{DD}=10$) 11($V_{DD}=15$)	V
低电平输入电压 U_{IL}	0.8	0.7	1.35	1.5($V_{DD}=5$) 3($V_{DD}=10$) 4($V_{DD}=15$)	V
高电平输出电压 U_{OH}	2.4	2.7	3.98	4.95($V_{DD}=5$) 9.95($V_{DD}=10$) 14.95($V_{DD}=15$)	V
低电平输出电压 U_{OL}	0.4	0.5	0.26	0.05($V_{DD}=5$) 0.05($V_{DD}=10$) 0.05($V_{DD}=15$)	V
高电平输出电流 I_{OH}	-0.4	-0.4	-5.2	-1.3	mA
低电平输出电流 I_{OL}	16	8	5.2	1.3	mA
平均传输延迟时间 t_{pd}	9.5	8	30	150	ns

4.7.2 555定时器电路

1. 引脚排列图

555定时器电路的引脚排列如图4.18所示

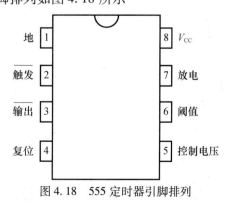

图4.18 555定时器引脚排列

2. 主要参数

主要参数如表4.16所列。

表4.16　555定时器主要参数表

参数名称		测试条件	最小值	典型值	最大值	单位
电源电压			4.5		16	V
电源电流		$V_{CC}=5\,V,R_L=\infty$		3	6	mA
定时误差	单稳态			0.75		%
	多谐			2.25		%
输出三角波		$V_{CC}=15\,V$	4.5	5	5.5	V
		$V_{CC}=5\,V$	1.25	1.67	2	V
输出高电平		$V_{CC}=5\,V$	2.75	3.3		V
输出低电平		$V_{CC}=5\,V$		0.25	0.35	V
上升时间				100		ms
下降时间				100		ms
温度稳定性				±10		$10^{-8}/℃$

4.7.3　常用 TTL 数字集成电路功能及引脚排列

1. 引脚排列

常用 TTL 数字电路引脚排列如图4.19～图4.26所示。

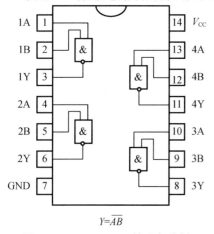

$Y=\overline{AB}$

图4.19　74LS00 四二输入与非门

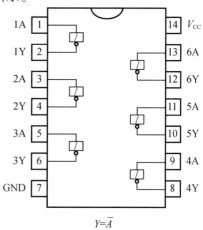

$Y=\overline{A}$

图4.20　74LS04 六反相器

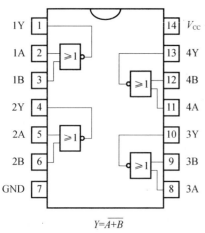

$Y=\overline{A+B}$

图4.21　74LS02 四二输入或非门

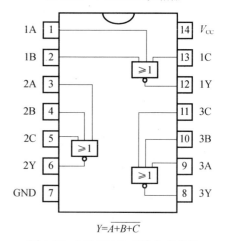

$Y=\overline{A+B+C}$

图4.22　74LS27 三三输入或非门

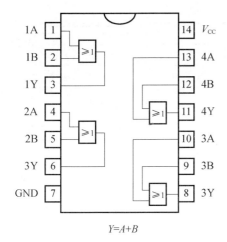

$Y=A+B$

图 4.23　74LS32 四二输入或门

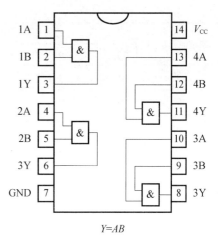

$Y=AB$

图 4.24　74LS08 四二输入与门

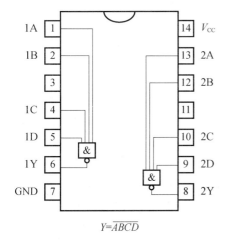

$Y=\overline{ABCD}$

图 4.25　74LS20 二四输入与非门

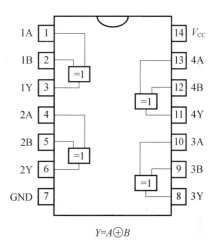

$Y=A\oplus B$

图 4.26　74LS86 四二输入异或门

2. 功能表

（1）74LS48 译码器功能表如表 4.17 所列。

表 4.17　74LS48 译码器功能表

十进制或功能	输入						BI/RBO	输出							字形
	LT	RBI	D	C	B	A		a	b	c	d	e	f	g	
0	H	H	L	L	L	L	H	H	H	H	H	H	H	L	0
1	H	×	L	L	L	H	H	L	H	H	L	L	L	L	1
2	H	×	L	L	H	L	H	H	H	L	H	H	L	H	2
3	H	×	L	L	H	H	H	H	H	H	H	L	L	H	3
4	H	×	L	H	L	L	H	L	H	H	L	L	H	H	4
5	H	×	L	H	L	H	H	H	L	H	H	L	H	H	5
6	H	×	L	H	H	L	H	L	L	H	H	H	H	H	6
7	H	×	L	H	H	H	H	H	H	H	L	L	L	L	7

53

（续）

十进制或功能	输入						BI/RBO	输出							字形
	LT	RBI	D	C	B	A		a	b	c	d	e	f	g	
8	H	×	H	L	L	L	H	H	H	H	H	H	H	H	8
9	H	×	H	L	L	H	H	H	H	H	H	L	H	H	9
10	H	×	H	L	H	L	H	L	L	L	H	H	L	H	⊏
11	H	×	H	L	H	H	H	L	L	H	H	L	L	H	⊐
12	H	×	H	H	L	L	H	L	H	L	L	L	H	H	⊔
13	H	×	H	H	L	H	H	H	L	H	L	H	H	H	⊑
14	H	×	H	H	H	L	H	L	L	L	H	H	H	H	⊢
15	H	×	H	H	H	H	H	L	L	L	L	L	L	L	
消隐	×	×	×	×	×	×	L	L	L	L	L	L	L	L	8
脉冲消隐	H	L	L	L	L	L	L	L	L	L	L	L	L	L	
灯测试	L	×	×	×	×		H	H	H	H	H	H	H	H	

注意：H 为高电平；L 为低电平；× 为任意。辅助控制端 LT（试灯输入）：当 LT = 0 时，BI/RBO 是输出端，且 RBO = 1，此时无论其他输入端是什么状态，所有各段输出均为"1"，显示字形为 8。该输入端常常用于检查器件自身的好坏。动态灭零输入 RBI：当 LT = 1，RBI = 0 且输出代码 $DCBA$ = 0000 时，各段输出均为低电平，与 BCD 码相应的字形 0 熄灭。用 LT = 1 与 RBI = 0 可以实现某一位的"消隐"。此时，BI/RBO 是输出端，且 RBO = 0。动态灭零输出 RBO：BI/RBO 作为输出使用时，受控于 LT 和 RBI。当 LT = 1 且 RBI = 0，输入代码 DCBA = 0000 时，RBO = 0；若 LT = 0 或 LT = 1 且 RBI = 1，则 RBO = 1。该端子主要用于显示多位数字时多个译码器之间的连接。

74LS48BCD 七段译码器引脚排列如图 4.27 所示。

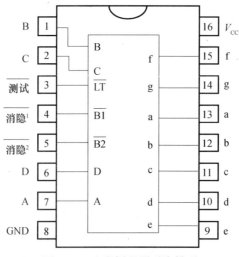

图 4.27　七段译码器引脚排列

（2）74LS85 功能如表 4.18 所列。

表 4.18 74LS85 数值比较器功能表

状态	比较输入				级联输入			输出		
	P_3,Q_3	P_2,Q_2	P_1,Q_1	P_0,Q_0	$P>Q$	$P<Q$	$P=Q$	$P>Q$	$P<Q$	$P=Q$
正常状态	$P_3>Q_3$	×	×	×	×	×	×	H	L	L
	$P_3<Q_3$	×	×	×	×	×	×	L	H	L
	$P_3=Q_3$	$P_2>Q_2$	×	×	×	×	×	H	L	L
	$P_3=Q_3$	$P_2<Q_2$	×	×	×	×	×	L	H	L
	$P_3=Q_3$	$P_2=Q_2$	$P_1>Q_1$	×	×	×	×	H	L	L
	$P_3=Q_3$	$P_2=Q_2$	$P_1<Q_1$	×	×	×	×	L	H	L
	$P_3=Q_3$	$P_2=Q_2$	$P_1=Q_1$	$P_0>Q_0$	×	×	×	H	L	L
	$P_3=Q_3$	$P_2=Q_2$	$P_1=Q_1$	$P_0<Q_0$	×	×	×	L	H	L
	$P_3=Q_3$	$P_2=Q_2$	$P_1=Q_1$	$P_0=Q_0$	H	L	L	H	L	L
	$P_3=Q_3$	$P_2=Q_2$	$P_1=Q_1$	$P_0=Q_0$	L	H	L	L	H	L
	$P_3=Q_3$	$P_2=Q_2$	$P_1=Q_1$	$P_0=Q_0$	L	L	H	L	L	H
非正常状态	$P_3=Q_3$	$P_2=Q_2$	$P_1=Q_1$	$P_0=Q_0$	×	×	H	L	L	H
	$P_3=Q_3$	$P_2=Q_2$	$P_1=Q_1$	$P_0=Q_0$	H	H	L	L	L	L
	$P_3=Q_3$	$P_2=Q_2$	$P_1=Q_1$	$P_0=Q_0$	L	L	L	H	H	L

74LS85 数值比较器引脚排列如图 4.28 所示。

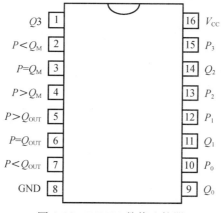

图 4.28 74LS85 数值比较器

（3）74LS1488-3 线 8 位优先编码器。74LS1488-3 线 8 位优先编码器功能如表 4.19 所列。

表 4.19 74LS1488-3 线 8 位优先编码器功能表

输入									输出				
$\overline{ST}$	$\overline{IN_0}$	$\overline{IN_1}$	$\overline{IN_2}$	$\overline{IN_3}$	$\overline{IN_4}$	$\overline{IN_5}$	$\overline{IN_6}$	$\overline{IN_7}$	$\overline{Y_2}$	$\overline{Y_1}$	$\overline{Y_0}$	$\overline{Y_{ES}}$	$\overline{Y_S}$
H	×	×	×	×	×	×	×	×	H	H	H	H	H
L	H	H	H	H	H	H	H	H	H	H	H	H	L
L	×	×	×	×	×	×	×	L	L	L	L	L	H
L	×	×	×	×	×	×	L	H	L	L	H	L	H
L	×	×	×	×	×	L	H	H	L	H	L	L	H

（续）

输入									输出				
$\overline{ST}$	$\overline{IN_0}$	$\overline{IN_1}$	$\overline{IN_2}$	$\overline{IN_3}$	$\overline{IN_4}$	$\overline{IN_5}$	$\overline{IN_6}$	$\overline{IN_7}$	$\overline{Y_2}$	$\overline{Y_1}$	$\overline{Y_0}$	$\overline{Y_{ES}}$	$\overline{Y_S}$
L	×	×	×	×	L	H	H	H	L	H	H	L	H
L	×	×	×	L	H	H	H	H	H	L	L	L	H
L	×	×	L	H	H	H	H	H	H	L	H	L	H
L	×	L	H	H	H	H	H	H	H	H	L	L	H
L	L	H	H	H	H	H	H	H	H	H	H	L	H

注 $\overline{IN_0} \sim \overline{IN_7}$ 是编码输入（低电平有效）；$\overline{ST}$ 是选通输入端（低电平有效）；$\overline{Y_0} \sim \overline{Y_2}$ 是编码输出端（低电平有效）；$\overline{Y_{ES}}$ 是扩展端（低电平有效）；$\overline{Y_S}$ 是选通输出端

74LS138 译码器引脚排列如图 4.29 所示。

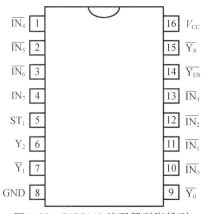

图 4.29　74LS148 编码器引脚排列

（4）74LS1383 - 8 线译码器。74LS1383 - 8 线译码器功能如表 4.20 所列。

表 4.20　74LS1383 - 8 线译码器功能表

输　入						输　　出							
G_1	G_{2A}	G_{2B}	A_2	A_1	A_0	Y_0	Y_1	Y_2	Y_3	Y_4	Y_5	Y_6	Y_7
×	H	×	×	×	×	H	H	H	H	H	H	H	H
×	×	H	×	×	×	H	H	H	H	H	H	H	H
L	×	×	×	×	×	H	H	H	H	H	H	H	H
H	L	L	L	L	L	L	H	H	H	H	H	H	H
H	L	L	L	L	H	H	L	H	H	H	H	H	H
H	L	L	L	H	L	H	H	L	H	H	H	H	H
H	L	L	L	H	H	H	H	H	L	H	H	H	H
H	L	L	H	L	L	H	H	H	H	L	H	H	H
H	L	L	H	L	H	H	H	H	H	H	L	H	H
H	L	L	H	H	L	H	H	H	H	H	H	L	H
H	L	L	H	H	H	H	H	H	H	H	H	H	L

注　$Y_0 \sim Y_7$ 是输出端（低电平有效）；$A_0 \sim A_2$ 是输入端；G_1、G_{2A}、G_{2B} 为使能端。当 G_1 为高电平且 G_{2A} 和 G_{2B} 均为低电平时，译码器处于工作状态

74LS1383 - 8 线译码器引脚排列如图 4.30 所示。

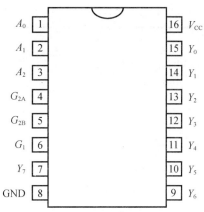

图 4.30　74LS138 译码器引脚排列

（5）74LS112、74LS161、74LS193、74LS175 功能表

74LS112、74LS161、74LS193、74LS175 功能如表 4.21 ~ 表 4.24 所列。

表 4.21　74LS112 功能表

输　入					输　出	
$\overline{S_D}$	$\overline{R_D}$	CP	J	K	Q^{n-1}	$\overline{Q^{n-1}}$
L	H	×	×	×	H	L
H	L	×	×	×	L	H
L	L	×	×	×	Φ	Φ
H	H	↓	L	L	Q^n	$\overline{Q^n}$
H	H	↓	H	L	H	L
H	H	↓	L	H	L	H
H	H	↓	H	H	$\overline{Q^n}$	Q^n
H	H	↓	×	×	Q^n	$\overline{Q^n}$

表 4.22　74LS161 功能表

输　入									输　出			
CP	$\overline{R}$	$\overline{LD}$	P	T	A	B	C	D	Q_A	Q_B	Q_C	Q_D
×	0	×	×	×	×	×	×	×	0	0	0	0
↑	1	0	×	×	A	B	C	D	A	B	C	D
×	1	0	×	×	A	B	C	D	保　持			
×	1	1	0	×	×	×	×	×				
↑	1	1	1	1	1	×	×	×	计　数			

表 4.23　74LS193 功能表

清零 R_D	预置 LD	时　钟		预置数据输入				输　出			
		CP_U	CP_D	A	B	C	D	Q_A	Q_B	Q_C	Q_D
H	×	×	×	×	×	×	×	L	L	L	L
L	L	×	×	A	B	C	D	A	B	C	D
L	H	↑	H	×	×	×	×	加计数			
L	H	H	↑	×	×	×	×	减计数			

表 4.24　74LS175 功能表

输　入						输　出			
R_D	CP	1D	2D	3D	4D	1Q	2Q	3Q	4Q
L	×	×	×	×	×	L	L	L	L
H	↑	1D	2D	3D	4D	1D	2D	3D	4D
H	H	×	×	×	×	保持			
H	L	×	×	×	×				

74LS112、74LS161、74LS175、74LS193 引脚图如图 4.31 ~ 图 4.34 所示。

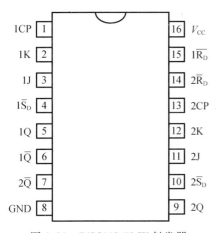

图 4.31　74LS112 双 JK 触发器
引脚排列

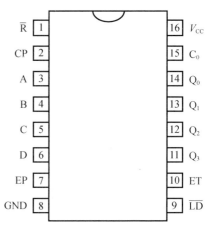

图 4.32　74LS161 二进制同步
计数器引脚排列

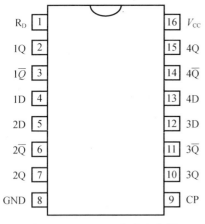

图 4.33　74LS175 集成寄存器
引脚排列

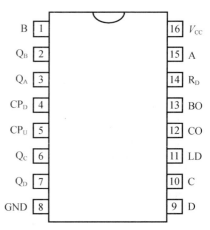

图 4.34　74LS193 二进制同步可逆
计数器引脚排列

4.7.4　常用 CMOS 数字集成电路引脚排列

常用 CMOS 数字集成电路引脚排列如图 4.35 ~ 图 4.46。

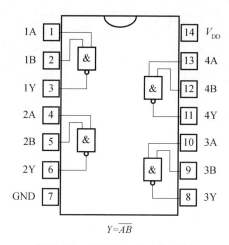

$Y=\overline{AB}$

图 4.35　4011 四二输入与非门

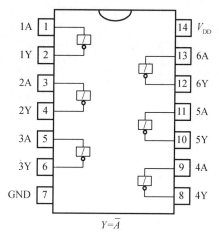

$Y=\overline{A}$

图 4.36　4069 六反相器

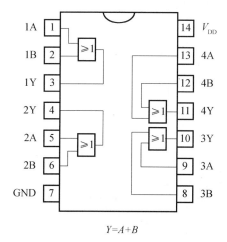

$Y=A+B$

图 4.37　4071 四二输入或门

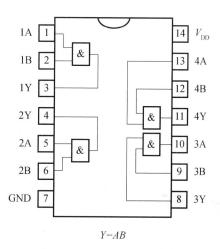

$Y=AB$

图 4.38　4081 四二输入与门

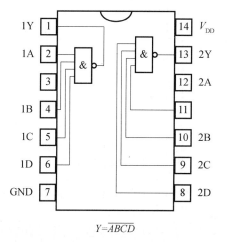

$Y=\overline{ABCD}$

图 4.39　4012 二四输入与非门

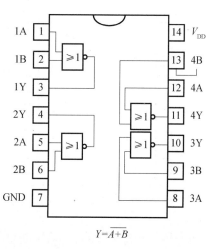

$Y=\overline{A+B}$

图 4.40　4011 四二输入或非门

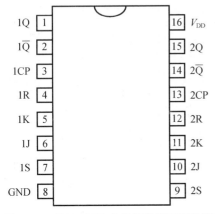

图 4.41　4027 双 JK 主从触发器引脚排列

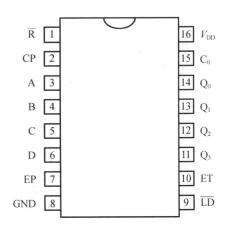

图 4.42　40161 二进制同步计数器引脚排列

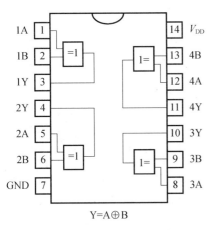

Y=A⊕B

图 4.43　4013 双 D 触发器

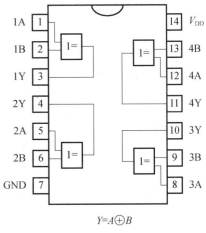

$Y=A\oplus B$

图 4.44　4030(4070)四二输入异或门

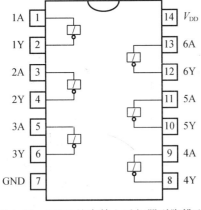

图 4.45　40106 施密特六反相器引脚排列

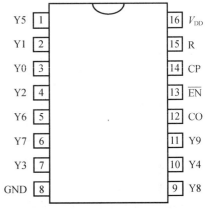

图 4.46　4017 十进制计算器/分频器引脚排列

注:4017 芯片中,CO 是进位端;CP 为时钟输入端;$\overline{\text{EN}}$为时钟允许控制端(低电平有效);R 为清零端。

4 位二进制同步计算器 40161 功能表见表 4.25。

表 4.25　40161 功能表

输入									输出			
CP	$\overline{R}$	$\overline{LD}$	P	T	A	B	C	D	Q_A	Q_B	Q_C	Q_D
×	0	×	×	×	×	×	×	×	0	0	0	0
↑	1	0	×	×	A	B	C	D	A	B	C	D
×	1	1	0	×	×	×	×	×	保持			
×	1	1	×	×	×	×	×	×	保持			
↑	1	1	1	1	×	×	×	×	计数			

4.8　A/D 与 D/A 变换电路

4.8.1　A/D 变换器 ADC0804

8 位模数转换器 ADC0804 的引脚及实物如图 4.47 所示。

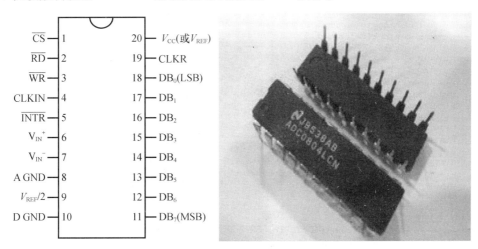

图 4.47　ADC0804 引脚与实物

V_{CC} 为电源电压, + 5V。DGND、AGND 分别是数字信号和模拟信号地。

$V_{REF}/2$ 为内部电阻网络的基准电压,输入电压在 0 ~ 5V 范围内时,该端可悬空。

V_{IN}^+ 为信号输入端。当输入信号从一端输入时,另一端可接地。使用中要保证 V_{IN}^+ 的电位要高于 V_{IN}^-。

DB_7 ~ DB_0 是数字信号输出端。

CLKIN、CLKR 是时钟端。当采用外部时钟信号时,外部时钟信号可由 CLKIN 端输入。当采用内部时钟信号时,要将电阻 R 连接于 CLKIN 与 CLKR 之间,CLKIN 再通过电容 C 接地,其时钟频率可按 $f = 1/(1.1RC)$ 估算。

$\overline{CS}$、$\overline{WR}$、$\overline{RD}$ 为控制信号输入端,分别为片选、写入、读出端子。

$\overline{INTR}$ 为终端请求控制端。

ADC0804 转换时间为 $100\mu s$。

ADC0804 的参数见表 4.26。

表 4.26　ADC0804 的参数

符号	参数	测试条件	最小值	标称值	最大值	单位
V_{CC}	电源电压		4.5	5	6.3	V
t_A	温度范围		0		70	℃
T_C	转换时间	$f_{CLK}=640kHz$	103		114	μs
T_C	转换时间	f_{CLK} 不固定	$66/f_{CLK}$		$73/f_{CLK}$	s
f_{CLK}	时钟频率		100	640	1460	kHz
	时钟占空比		40		60	%
CR	转换速率	$f_{CLK}=640kHz$	8770		9708	次/s

4.8.2　D/A 转换器 DAC0832

DAC0832 是 8 位数模转换器,其实物及引脚排列如图 4.48 所示。

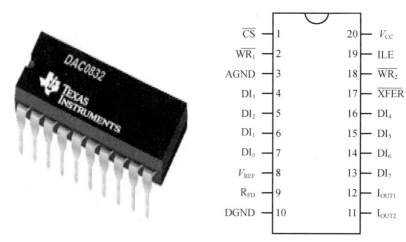

图 4.48　DAC0832 实物及引脚排列

V_{CC}、AGND、DGND 分别为电源电压(5 ~ 15V)、模拟地、数字地。

V_{REF} 为基准电压,其范围为(- 10 ~ + 10V),若需要输出正的模拟电压,则 V_{REF} 应取负值。

DI_0 ~ DI_7 为 8 位数字输入。

I_{OUT1},I_{OUT2} 为模拟量电流输出端。输出电流通过运放转换为模拟电压输出,此时 I_{OUT1} 接运放的的反相端,I_{OUT2} 接运放的的同相端并接地。

$\overline{WR_1}$、$\overline{WR_2}$ 分别为第一级、第二级输入缓冲寄存器的写信号。

ILE、$\overline{XFER}$ 分别为数字量输入锁存控制端和第一级到第二级输入缓冲寄存器数据传送控制端。

$\overline{CS}$ 为片选控制端。

R_{FB} 为片内电阻(15kΩ)引出端,电阻另一端在片内和 I_{OUT1} 相连。R_{FB} 可作为外接运放的反馈电阻。

DAC0832 的参数见表 4.27。

表 4.27　DAC0832 的参数

符号	参　　数	$V_{CC} = 15.75V$	$V_{CC} = 4.75V$	单位
t_S	电流建立时间	1.0	1.0	μs
t_w	写与传输控制信号的最小脉宽	320	900	ns
t_{DS}	数据重置的最小时间	320	900	ns
t_{DH}	数据保持的最小时间	30	50	ns
T_{CS}	控制信号重置的最小时间	320	1100	ns
T_{CH}	控制信号保持的最小时间	0	0	ns

4.9　常用显示器件

显示器件目前应用较多的有发光二极管、数码管和液晶显示器件等。

4.9.1　发光二极管

发光二极管简称为 LED,是用镓(Ga)、砷(As)和磷(P)的化合物制成的一种特殊的半导体器件,当电子与空穴复合时能辐射出可见光,光的颜色与半导体材料有关,亮度取决于通过的电流。发光二极管具有普通二极管的特性,但它的导通电压较高,可以达到 2V 以上。利用正向导通发光的特性,可将发光二极管作为显示器件。发光二极管的反向击穿电压约 5V。它的正向伏安特性曲线很陡,使用时必须串联一个限流电阻以控制通过管子的电流,将其限制在安全范围内。

4.9.2　数码管

数码管的种类很多,实验中常用的是显示数字的标准七段数码管。数码管的每一段笔画是一个发光二极管。不同的二极管导通发光显示出不同的数字。数码管外形如图 4.49 所示。

数码管分为共阴极数码管和共阳极数码管。共阴极数码管内部,各段发光二极管的负极连接在一起,构成公共端。在使用时将公共端接地,字段的引脚接高电平,如图 4.50 所示,就可显示出相应的字符。在使用时还需在字段的引脚上串联限流电阻。共阳极数码管的内部,各段发光二极管的正极接在一起并接正电源,相应字段的引脚接低电平(图 4.51),便能显示相应的字符。

图 4.49　数码管外形

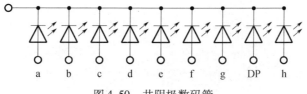

图 4.50　共阴极数码管

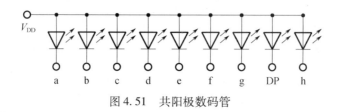

图 4.51 共阳极数码管

不同类型的数码管需要配不同的译码器来驱动。共阴极数码管用正逻辑输出的译码器驱动;共阳极数码管用负逻辑输出的译码器驱动。

4.10 太阳能光伏器件

PN 结受到光照时,可在 PN 结的两端产生光生电势差,这种现象称为光伏效应。利用半导体 PN 结光伏效应制成的器件称为光伏器件(Photo voltaic,PV),也称为结型光电器件。这类器件品种很多,其中包括各种光电池(太阳能电池为主)、光电二极管、光电晶体管、光电场效应管、PIN 管、雪崩光电二极管、光可控硅、阵列式光电器件、象限式光电器件、位置敏感探测器(PSD)、光耦合器件等。

光电池是一种利用光生伏特效应制成的不需要加偏置电压就能将光能转换为电能的光电器件。本节主要围绕光电池进行介绍。

4.10.1 太阳能电池的结构和分类

1. 太阳能电池的结构

太阳能电池是一种能直接把太阳光转化为电的电子器件。图 4.52 是太阳能电池的横截面示意图。入射到电池的太阳光通过同时产生电流和电压的形式来产生电能。这个过程的发生需要两个条件,首先,被吸收的光要能在材料中把一个电子激发到高能级;其次,处于高能级的电子能从电池中移动到外部电路,在外部电路的电子消耗了能量后回到电池中。虽然许多不同的材料和工艺都基本上能满足太阳能转化的需求,但实际上,几乎所有的光伏电池转化过程都是使用组成 PN 结形式的半导体材料来完成的,所以,光电池的核心部分就是 PN 结。

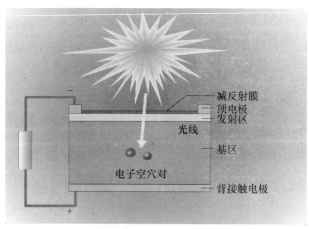

图 4.52 太阳能电池的横截面示意

为了减少反射光,增加透射光,一般都在受光面上涂有 SiO_2 或者 MgF_2 等材料的减反射膜。在光伏应用中,减反射层的厚度和折射率是根据波长 $0.6\mu m$ 来确定的,因为这个波长的能量最接近太阳光谱能量的峰值。如果镀上多层减反射层,能减少反射率的光谱范围将非常宽。但是,对于多数商业光电池来讲,这样的成本通常太高。

图 4.53 是目前应用最为广泛的硅(Si)光电池的结构。以 P 型硅做基底,N 型薄层做受光面,就是 2DR 型硅光电池;以 N 型硅做基底,P 型薄层做受光面,就是 2CR 型硅光电池。

受光面上的电极称为顶电极或前极,用来收集电池产生的电流。图 4.54 所示为梳齿状电极,由母栅和子栅组成。

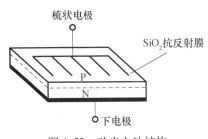

图 4.53　硅光电池结构

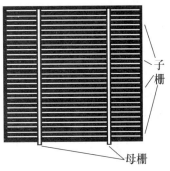

图 4.54　梳齿状电极

母栅直接与外部电路连接,子栅负责从电池内部收集电流并传送到母栅。母栅和子栅连接并将产生的电流传到外电极。为了减少遮光,通常做成梳齿状或者 E 形电极。硅基底背面通常全部涂上金属层,作为背接触电极。图 4.55 和图 4.56 是常见的光电池的外形,其中图 4.55 所示为能提供较大电流的大面积光电池。

图 4.55　常见的光电池外形一

图 4.56　常见的光电池外形二

2. 太阳能电池的分类

按照材料分类,可将光电池分为硅(Si)电池(包括单晶的、多晶的以及非晶的)、硒(Se)电池、砷化镓(GaAs)电池、硫化镉(CdS)电池、碲化镉(CdTe)电池等。

按照结构分类,可将光电池分为同质结光电池和异质结光电池。由同一种材料构成,但掺杂类型不同所形成的 PN 结称为同质 PN 结。对于国产同质结硅光电池,由于其衬底材料导电类型不同,被分为 2CR 系列和 2DR 系列两种。由两种具有不同禁带宽度的材料形成的 PN 结,称为异质 PN 结。异质 PN 结的两边可以是同类型掺杂的 nN、pP 同型异质结,如 n – GaAs/N – AlxGa1 – xAs;也可以是不同掺杂类型的 nP、pN 异型异质 PN 结,如 n – GaAs/P – AlxGa1 – xAs。

按照用途分类,分为太阳能电池和测量用光电池。太阳能电池把光能直接转化成电能,主要用作电源,其光电转换效率高,成本较低。为了得到最大的输出功率和转换效率,把受光面做得较大,或者把多个光电池做串、并联组成太阳能电池组,甚至是太阳能阵列。测量用光电池主要利用其光照特性的线性度好、光敏面大、频率响应高的特点,作为开关或者光电探测用。

4.10.2 太阳能电池的工作原理

半导体材料来自元素周期表中的 V 族元素,或者 III 族与 V 族元素相结合(III – V 型半导体),或者 II 族与 VI 族元素相结合(II – VI 型半导体)。光电池可以用很多半导体材料制备,最常用的是硅(Si),包括单晶的、多晶的及非晶的,也能用 GaAs(砷化镓)、GaInP(磷化铟镓)、CuSe₂(二硒化铜)及 CdTe(碲化镉)制备。

对太阳能电池材料的选择主要基于它们的吸收特性是否很好地与太阳光谱相符,以及制造成本。由于吸收特性与太阳光谱符合得非常好,并且硅加工技术作为半导体电子工业蓬勃发展的结果已经相当成熟,硅(Si)(单晶硅、多晶硅、非晶硅)成为使用最为广泛的半导体材料和最常见的光电池材料。

1. 光照下 PN 结的工作原理和电流方程

在图 4.57 中,由于光照的原因,P 型和 N 型半导体里面的电子和空穴相互扩散,在接触区附近形成空间电荷区(耗尽层),即 PN 结。同时在 PN 结区两边形成内建电场。在内建电场的作用下,电子和空穴发生漂移运动的方向与扩散运动相反。

由于空间电荷区自建电场的存在,形成从中性 P 区到中性 N 区逐渐上升的电位,使得空间电荷区内导带底部、价带顶部以及本征费米能级依其电位分布从 P 区边界到 N 区边界逐渐下降。于是,出现光生电势差。

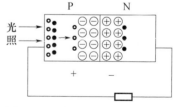

图 4.57 光照下 PN 结工作原理

以光伏硅(单晶硅、多晶硅、非晶硅)材料制成的 PN 结为例,理想情况下电流与电压的关系就是理想二极管定律,即

$$I = I_0 (e^{\frac{qU}{kT}} - 1)$$

式中 I——通过二极管的净电流;

  I_0——暗饱和电流(在没有光照情况下,是二极管的泄漏电流);

  U——施加在二极管两端的电压;

  q——电子的电荷的绝对值;

k——玻耳兹曼常数；

T——绝对温度，K。

值得注意的是：① I_0（暗饱和电流）随着 T 的升高而增大。

② 在温度为 300K 时，热电压 $kT/q = 25.85\text{mV}$。

③ I_0 随着材料性能的提升而减小。

对于实际工作的 PN 结来说，其方程需稍作改变，即

$$I = I_0 \left(e^{\frac{qU}{nkT}} - 1 \right)$$

式中　n——理想因子，数值在 $1 \sim 2$ 之间，通常随着电流的减小而增加。

2. 太阳能电池的伏安特性

图 4.58 是 PN 结的伏安（$U-I$）特性曲线。该 $U-I$ 特性曲线的第 I 象限表示的是普通二极管的工作区域；第 III 象限表示的是光电导模式，即光电二极管的工作区域；第 IV 象限表示的是光伏模式，即太阳能电池的工作区域。

将图 4.59 中第 IV 象限光电池的 $U-I$ 特性曲线单独画出，并与普通二极管的 $U-I$ 特性曲线进行比较，参见图 4.59。

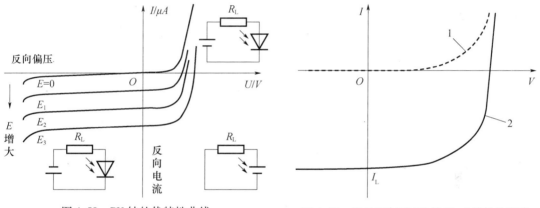

图 4.58　PN 结的伏特性曲线　　　　　图 4.59　光的照射对 PN 结 $U-I$ 特性的影响

1—无光照；2—有光照。

可以看出，光线的照射对光电池的作用可以认为是在原有的二极管暗电流基础上添加了一个电流增量，即

$$I = I_0 \left(\exp\left(\frac{qU}{nkT} \right) - 1 \right) - I_L$$

式中　I_L——光生电流。

光的照射能使 $U-I$ 特性曲线从第 I 象限移动到第 IV 象限，意味着能量来自电池。为便于讨论，太阳能电池的伏安特性曲线通常被翻转，将输出曲线置于第 I 象限，如图 4.60 中的曲线 1。

4.10.3　太阳能电池的参数

1. 短路电流

短路电流是指当穿过电池的电压为零时流过电池的电流（或者说电池被短路时的电流）。通常记做 I_{SC}，参见图 4.61。

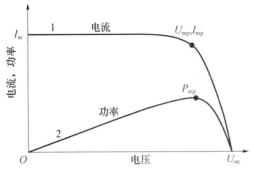

图 4.60 光电池的典型 $U-I$ 曲线和功率曲线

1—$U-I$ 曲线;2—功率曲线。

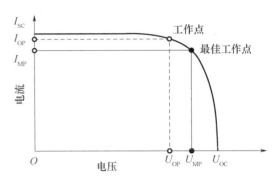

图 4.61 光电池 $U-I$ 特性和工作点

短路电流源于光生载流子的产生和收集。对于电阻阻抗最小的理想太阳能电池来说,短路电流就等于光生电流。因此,短路电流是电池能输出的最大电流。

短路电流的大小取决于以下几个因素。

(1)太阳能电池的表面积。要消除太阳能电池对表面积的依赖,通常需改变短路电流强度(J_{SC} 单位为 mA/cm^2)而不是短路电流。

(2)光子的数量(即入射光的强度)。电池输出的短路电流 I_{SC} 的大小直接取决于光照强度。

(3)入射光的光谱。测量太阳能电池是通常使用标准的 1.5 倍大气质量光谱。

(4)电池的光学特性(吸收和反射)。

(5)电池的收集概率,主要取决于电池表面钝化和基区的少数载流子寿命。

2. 开路电压

开路电压是太阳能电池能够输出的最大电压,此时输出电流为零,通常记做 U_{OC}。

令输出电流 $I=0$,便可得到太阳能电池的开路电压方程为

$$U_{OC} = \frac{nkT}{q}\ln\left(\frac{I_L}{I_0} + 1\right)$$

上述方程显示了开路电压 U_{OC} 相当于光生电流在电池两边加的正向偏压,其大小取决于太阳能电池的饱和电流和光生电流。

由于光生电流的变化很小,而饱和电流的大小可以改变几个数量级,所以主要影响是饱和电流,故有

$$U_{OC} = \frac{nkT}{q}\ln\left(\frac{I_L + I_0}{I_0}\right) \approx \frac{nkT}{q}\ln\left(\frac{I_L}{I_0}\right) \quad I_L \gg I_0$$

对于电阻阻抗最小的理想太阳能电池来说,短路电流就等于光生电流,故上述方程又可以改写成

$$U_{OC} = \frac{nkT}{q}\ln\left(\frac{I_{SC}}{I_0} + 1\right)$$

或者

$$U_{OC} \approx \frac{nkT}{q}\ln\left(\frac{I_{SC}}{I_0}\right) \quad I_{SC} \gg I_0$$

短路电流和开路电压分别是光电池能输出的最大电流和最大电压。然而值得注意的

是,由图 4.59 中的曲线 2 不难看出,当光电池输出状态在这两点时,电池的输出功率都为零。

3. 最大功率点

在光电池的伏安特性曲线任一工作点上的输出功率等于该点所对应的矩形面积。如图 4.60 所示,可知

$$P = U_{OP}I_{OP}$$

其中只有一点输出最大功率,称为最佳工作点,该点的电压和电流分别称为最佳工作电压 U_{MP} 和最佳工作电流 I_{MP},即

$$P_{MP} = U_{MP}I_{MP}$$

这是 $U-I$ 曲线上能够得到的最大面积。

可见,这种由 U_{OC} 和 I_{SC} 限定的矩形表征最大功率,不失为一种简便的方法。

填充因子(简写为 FF)是两个矩形的比值,它被用来表征 $U-I$ 曲线的方形程度。

$$FF = \frac{V_{MP}I_{MP}}{V_{OC}I_{SC}} = \frac{P_{MP}}{V_{OC}I_{SC}}$$

$$FF = \frac{V_{MP}I_{MP}}{V_{OC}I_{SC}}$$

填充因子被定义为电池的最大输出功率与开路 U_{OC} 和 I_{SC} 的乘积的比值。

可见,填充因子是由开路电压 V_{OC} 和短路电流 I_{SC} 共同决定的参数,它是衡量电池 PN 结质量的参数,它决定了光电池的输出效率。

特性好的光电池就是能获得较大功率输出的光电池,也就是 V_{OC}、I_{SC} 和 FF 乘积较大的电池。填充因子越接近于 1,光电池的质量就越好。对于有合适效率的 Si 电池,该值一般在 0.70 ~ 0.85 的范围内。

由于 FF 是对伏安曲线的矩形面积的测量,所以对于电压高的光电池,其 FF 值也可能比较大,因为伏安曲线中剩余部分的面积会更小。

在理想情况下,FF 仅是开路电压的一个函数,经验公式是

$$FF = \frac{U_{OC} - \frac{kT}{q}\left(\frac{qU_{OC}}{kT} + 0.72\right)}{V_{OC} + \frac{kT}{q}}$$

理想情况下的经验公式求出的是最大填充因子,然而实际上因为电池中寄生电阻的存在,填充因子的值可能会低一些。

4. 光电转换效率(发电效率)

光电转换效率是人们在比较两块光电池性能好坏时最常使用参数。光电转换效率定义为光电池输出的电能与射入电池的光能的比例,表示入射的太阳光能量有多少能转换为有效的电能,即

$$\eta = \frac{P_{MP}}{P_{in}} = \frac{FFU_{OC}I_{SC}}{P_{in}}$$

式中　P_{in} ——入射功率;

　　　　S ——太阳能电池的面积,当 S 是整个太阳能电池面积时,η 称为实际转换效率,当 S 是指电池中的有效发电面积时,η 称为本征转换效率。

4.10.4 太阳能电池等效电路

1. 电阻效应

太阳能电池的特征电阻就是指电池在输出最大功率时的输出电阻。如果外接负载的电阻大小等于电池本身的输出电阻,那么电池输出的功率达到最大,即工作在最大功率点(参见电路原理"最大功率传输定理")。

$$R_{CH} = \frac{U_{mp}}{I_{mp}}$$

此参数在分析电池特性,特别是研究寄生电阻损失机制时非常重要。上面的公式还可以表示为

$$R_{CH} = \frac{U_{OC}}{I_{SC}}$$

2. 寄生电阻效应

电池的电阻效应以在电阻上消耗能量的形式降低了电池的功率转换效率(发电效率)。最常见的寄生电阻为串联电阻和并联电阻。从图 4.62 所示的光电池等效电路中便可看出串联电阻和并联电阻。

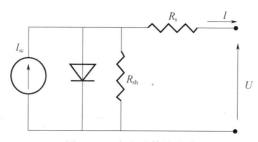

图 4.62 光电池等效电路

大多数情况下,当串联电阻和并联电阻处在典型值的时候,寄生电阻对电池的最主要影响是减小填充因子。串联电阻和并联电阻的阻值以及它们对电池最大功率点的影响都决定于电池的几何结构。

3. 串联电阻

串联电阻对电池的主要影响是减小填充因子,此外,当阻值过大时还会减小短路电流。串联电阻不影响电池的开路电压,因为此时电池的总电流为零,所以串联电阻也为零。

定义 $r_s = \dfrac{R_S}{R_{CH}}$ 为标准(normalized)串联电阻,用符号 FF_0 表示没有受串联电阻影响的填充因子,则

$$FF = FF_0(1 - r_s)$$

以实验为基础的更加精确的经验公式为

$$FF_s = FF_0(1 - 1.1r_s) + \frac{r_s^2}{5.4}$$

此式在 $r_s < 0.4$ 且 $U_{OC} > 10$ 时有效。

4. 并联电阻

并联电阻造成的显著的功率损失通常是由于制造缺陷引起的。小的并联电阻以分流的

形式造成功率损失。此电流转移不仅减小了流经 PN 结的电流大小,同时还减小了电池的电压。在光强很低的情况下,并联电阻对电池的影响最大,因为此时电池的电流很小。

把 $r_{sh} = \dfrac{R_{sh}}{R_{CH}}$ 定义为标准并联电阻,则

$$FF = FF_0 \left(1 - \frac{1}{r_{sh}} \right)$$

更加精确的以实验为基础的方程是

$$FF_{sh} = FF_0 \left(1 - \frac{U_{OC} + 0.7}{U_{OC}} \times \frac{FF_0}{r_{sh}} \right)$$

此方程在 $r_{sh} > 0.4$ 时有效。

5. 串、并联电阻共同影响

当并联电阻和串联电阻同时存在时,光电池的电流与电压的关系为

$$I' = I_L - I_0 \exp \left[\frac{q(U + IR_S)}{nkT} \right] - \frac{U + IR_S}{R_{SH}}$$

结合串联电阻和并联电阻的影响,影响因子为

$$FF = FF_0 \left\{ (1 - 1.1r_s) + \frac{r_s^2}{5.4} \right\} \left\{ 1 - \frac{U_{OC} + 0.7FF_0}{U_{OC}r_{sh}} \left((1 - 1.1r_s) + \frac{r_s^2}{5.4} \right) \right\}$$

第5章 电子工艺基础

本章从元器件的入门开始,介绍了元器件及其主要参数等。通过学习、实践可以为设计、应用、维修电路打好基础。

5.1 电子元器件的基础

电子元器件给人们带来生活的便利,电子玩具给孩子们带来欢乐,五颜六色的时尚照明,电子元器件的高科技把人类送入太空,各种医疗器械为患者解除痛苦。电子元器件组成的工业应用电路,使得生产力大幅提高。电子元器件的重要性不言而喻。

5.1.1 电子元器件的学习方法

1. 电子元器件是一门科学

电子元器件是一门科学,它涉及元器件的材料、类型、参数、原理、结构、测量、特性、识别、选择、检修、代换、应用等 10 多个方面的内容。各种元器件有几百种。它们的内容之丰富、范围之广泛、知识之深奥是初学者预想不到的。

随着科学技术的飞速发展,新材料、新技术、新工艺的出现,新元器件的不断问世,使每一个电子爱好者都感到有学不完的知识,用不尽的技术,并且会觉得力不从心。

2. 元器件是设计电路的关键

一切电路都是由元器件组成的,元器件组成了各种不同的电路,没有元器件就没有电路。在日常工作中,电路中出现大量的故障都是因为元器件的损坏、失效、老化、使用不当和电路设计先天不足造成的。有时,元器件的损坏会给国家财产造成严重损失。

元器件是电路的基础,不懂得元器件的结构、原理、特性,就不懂得电路的原理。不会测量、识别元器件,就不会使用元器件。设计电路的目的是将元器件科学、有序地组合起来,完成人们的某种需求。设计电路时,要把使用什么元器件作为第一时间考虑的内容。电路越简单越好,成本越低越好,对于使用不同元器件所制作的同种功能的产品,成本较高的产品会出现滞销、库存积压。

3. 应用元器件是学习元器件的最好方法

要想学好电子元器件,应用元器件是学习元器件的最好方法。不断应用的过程,就是对元器件各方面认知的过程。强化元器件应用基本功训练,例如,元器件的识别与选用,焊接工艺的练习、测试及电路调试过程等,都是进一步了解元器件性能的重要环节。对元器件选用不当,元器件焊接出现虚焊、漏焊与错焊,都会影响整机的质量,所以要强化训练。例如,在一块废旧的印制电路板上,反复进行元器件焊点训练,掌握电烙铁的焊接温度及焊接时间,当熟悉之后,再进行正式焊接。又如,导线的连接,可用不同颜色的导线或在导线的两端分别套上同一符号的套管,这样便于查找导线、分析和维修电路等。

4. 熟能生巧

当第一次见到电子元器件时,那些大大小小不同的元器件,会令你感到生疏和渺茫,感到理论课本上的元器件符号和实物对不上。这需要你经常接触元器件,研究元器件的结构及其作用,逐步了解元器件,才能逐渐熟悉。

5.1.2　电子元器件的主要参数

电子元器件的主要参数包括特性参数、规格参数和质量参数。这些参数从不同角度反映一个电子元器件的电气性能及其完成功能的条件,它们是互相联系又互相制约的。

1. 电子元器件的特性参数

特性参数描述电子元器件在电路中的电气功能,通常用该元器件的名称来表示,如电阻特性、电容特性、二极管的伏安特性、晶体管的输入输出特性等。这些元器件分线性元器件和非线性元器件。在一般情况下,线性元器件的阻值是一个常量,不随外加电压的大小而变化,符合欧姆定律,常用电阻器大多数属于这一类;非线性元器件的阻值不是常量,如半导体元器件的伏安特性曲线,随外加电压或某些非电量的变化而变化,不符合欧姆定律(热敏电阻器、光敏电阻器、压敏电阻器属于非线性电阻器)。

需要说明的是,人们常说的线性元器件,它们的伏安特性不一定是直线(如电容充、放电),而非线性元器件的伏安特性也不一定是曲线,这是两个不同的概念。例如,把某些放大器叫做线性放大器,是指输出信号 Y 与输入信号 X 之比,其函数关系为 $Y = kX$,其放大倍数在一定工作条件下为一常量。不同种类的电子元器件具有不同的特性参数,根据电路的实际需要选用其中之一。

2. 电子元器件的规格参数

(1) 标称值与标称值系列。

电子元器件在生产过程中,不可避免地存在数值的离散性,为了便于大批量生产,又能满足使用者在一定范围内选用合适的电子元器件,规定一系列的数值作为产品的标准值,称为标称值。

电子元器件的标称值分为特性标称值和尺寸标称值,分别用于描述它的电气功能和机械结构。例如,一个电阻器的特性标称值包括阻值、额定功率、精度等,尺寸标称值包括电阻体及引线的直径、长度等。一组有序排列的标称值叫做标称值系列。

元器件的特性数值标称系列大多为两位有效数字(精密元器件的特性数值一般有 3 ~ 4 位有效数字)。电子元器件的标称值应符合系列规定的数值,并用系列数值乘以倍率来表示一个元器件的参数。在机械设计中,规定了长度尺寸标称值系列,并且分为首选系列和可选系列(也称第一系列、第二系列)。对元器件的外形尺寸也规定了标准系列。例如,元器件的封装外壳可分为圆形、扁平形、双列直插式等几个系列;元器件的引线有轴向和径向两个系列等。又如,大多数小功率元器件的引线直径标称值为 0.5mm 或 0.6mm,双列和单列直插式集成电路的引脚间距一般是 2.54mm 或 5.08mm 等。在使用元器件时,不仅要考虑它的电气功能是否符合要求,还要考虑其外形尺寸是否规范、是否符合标准。

(2) 允许偏差和精度等级。

市场上销售的元器件,由于生产工艺的原因,其数值不可能与标称值完全一样,总会有一定的偏差。一般用百分数表示实际数值和标称数值的相对偏差,反映元器件的精密程度。在实际应用中,为这些实际数值规定了一个可以接受的范围,即为相对偏差规定了允许的最大范围,叫做数值的允许偏差(简称允差)。不同的允差也叫做数值的精度等级(简称精度)。例如,常用电阻的允差有 ±5%、±10%、±20% 等 3 种,分别用 J、K、M 标志它们的精度等级。精密电阻的允差有 ±2%、±1%、±0.5%,分别用 G、F、D 标志精度等级。精度越高,其数值允许的偏差范围越小,元器件就越精密。同时,它的生产成本及销售价格也越高。在设计电路和选择元器件的过程中,应根据实际电路的要求,合理选用不同精度的电子元器件。

(3)额定值和极限值。

电子元器件在工作时会受到电压、电流的作用,会消耗功率。电压过高,会使元器件的绝缘材料被击穿;电流过大,会引起消耗功率过大而发热,导致元器件被烧坏。为此,规定了元器件的额定值,并定义为电子元器件能够长期工作的最大电压、电流、功率消耗和环境温度。另外,还规定了电子元器件的工作极限值,即最大值,表示元器件能够保证正常工作的最大限度。额定值的最大值和极限值是不相等的。

在这里,需要对几个问题加以说明。

(1)元器件的同类额定值与极限值并不相等。

(2)元器件的各个额定值(或极限值)之间没有固定的关系,等功耗规律往往并不成立。

(3)当电子元器件的工作条件超过某一额定值时,其他参数指标就要相应降低。

(4)对于某些元器件,可以根据其特点和需要定义的额定值、极限值来确定它的规格参数。例如,同是工作电压上限,电阻器是按最大工作电压定义的,而电容器是按额定电压来定义的。除上述参数外,在电子技术课中学过的特征频率 f_T、截止频率 f_H 和 f_L、线性集成电路的开环放大倍数 K_0 及数字集成电路的扇出系数 N_0 等参数,在选用元器件时也应该予以考虑。

3. 电子元器件的质量参数

质量参数用于度量电子元器件的质量水平,通常描述了元器件的特性参数、规格参数随环境因素变化的规律,或者划定它们不能完成功能的边界条件。元器件的质量参数有温度系数、噪声电动势、高频特性、可靠性等,从整机制造工艺方面考虑,主要有机械强度和可焊性。

(1)温度系数。温度变化 1℃,电子元器件的规格参数值产生的相对变化叫做温度系数,单位为 ℃$^{-1}$。温度系数描述了元器件在环境温度变化条件下的特性参数的稳定性,温度系数越小,说明它的数值越稳定。温度系数有正、负之分,分别表示当环境温度升高时,元器件数值变化的趋势是增加还是减小。温度系数取决于它们的制造材料、结构和生产条件等因素。在设计那些要求长期稳定工作或工作环境温度变化较大的电子产品时,尽可能选用温度系数较小的元器件,也可以根据工作条件考虑产品的通风、降温,以至采取相应的恒温措施。

(2)噪声电动势和噪声系数。噪声分外部噪声和内部噪声。从设备外部来的,如雷电干扰、宇宙干扰和工业干扰等有害信号为外部噪声;从设备内部产生的,如收音机发出的"沙沙"声、电视机屏幕上出现雨雾状的斑点等,这类噪声叫做内部噪声。内部噪声主要是由各种电子元器件产生的,在一般情况下,有用信号比内部噪声大得多,噪声产生的有害影响很小,可以不予考虑。当有用信号非常微弱时,噪声就可能把有用信号"淹没"掉,其有害作用不可忽视。

①　由于导体内的自由电子在一定温度下总是处于"无规则"的热运动状态之中,从而在导体内部形成了方向及大小都随时间不断变化的"无规则"电流,并在导体的等效电阻两端产生了噪声电动势。噪声电动势是随机变化的,在很宽的频率范围内起作用。

②　通常用信噪比来描述电阻器、电容器、电感器一类无源元件的噪声指标;件两端的外加信号功率与其内部产生的噪声功率之比,即信噪比 = 两端的外加信号功率/噪声功率,对于晶体管或集成电路一类有源器件的噪声,则用噪声系数来衡量,即噪声系数 = 输入端信噪比/输出端信噪比。噪声指标是一项重要的质量参数。在设计高增益放大器时,应尽量采用低噪声的电子元器件。

(3) 高频特性。当工作频率不同时,电子元器件会表现出不同的电路响应,这是由制造元器件时所使用的材料及工艺结构决定的。元器件工作在高频状态下,将表征出电抗特性,甚至一段很短的导线,其电感、电容也会对电路的频率响应产生不可忽略的影响。这种性质称为元器件的高频特性。在设计制作高频电路时,必须考虑元器件的频率响应,选择那些高频特性较好及分布电容、分布电感较小的元器件。

(4) 机械强度和可焊性。人们希望电子设备工作在无振动、无机械冲击的理想环境中,然而事实上设备的振动和冲击是无法避免的。如选用的元器件的机械强度不够,就会在振动时发生断裂而造成损坏,使电子设备失效。常见的机械性故障表现为电阻器的陶瓷骨架断裂、电阻体两端的金属帽脱落、电容体开裂、各种元器件的引线折断与开焊等。电子元器件的机械强度是重要的质量参数之一。在设计制作电子产品时,应该选用机械强度高的元器件,并从整体结构方面考虑抗振动、耐冲击的措施。元器件引线的可焊性也是它们的主要工艺质量参数之一。"虚焊"是引起整机失效的常见故障。为减少虚焊,操作者要不断练习,提高焊接技术水平,积累发现虚焊点的经验。设计选用那些可焊性好的元器件。

(5) 可靠性和失效率。可靠性是指元器件的有效工作寿命,即它能够正常完成某一特定电气功能的连续工作时间。电子元器件的工作寿命结束,叫做失效。其失效的过程是随着时间的推移、工作环境的变化、元器件的规格参数从"量变到质变"的过程。度量电子产品可靠性的基本参数是时间,即用有效工作寿命的长短来评价它的可靠性。电子元器件的可靠性用失效率来表示,即失效率 $\lambda(t)$ = 失效数/运用总数 × 运用时间。失效率的常用单位是"菲特"(Fit),1 菲特 = 10^{-9}/h。即 10^6 元器件运用 10^3 h,每发生一次失效,就叫做 1Fit。失效率越低,说明元器件的可靠性越高。

5.2　元器件种类

5.2.1　电子开关和插接件

1. 电子开关外形与符号

电子开关是实现换路控制的元件,它不仅可以改变电路的通断,还可以同时改变多个电路的工作状态。

电子开关的种类很多,按操作方式可分为拨动式、旋转式、按钮式、推拉式、刀式和琴键式等。按开关的用途可分为电源开关、波段开关、频道开关和录放开关等。常用的电子开关外形如图 5.1 所示。在电路中,多用字母"S""QS"表示。

2. 开关的主要参数

(1) 额定电压是指开关在正常工作时所允许的安全电压。若加在开关两端的电压大于

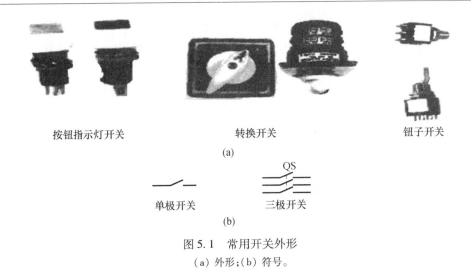

图 5.1　常用开关外形

（a）外形；（b）符号。

此值，会造成两个开关的触点之间打火击穿。

（2）额定电流是指当开关接通时所允许通过的最大安全工作电流。当电流超过此值时，开关的触点就会因电流太大而烧毁。

（3）绝缘电阻是指开关的导体部分（金属构件）与绝缘部分的电阻值。绝缘电阻值应在 $100M\Omega$ 以上。

（4）接触电阻是指开关在导通状态下，每对触点之间的电阻值。一般要求接触电阻值为 $0.1\sim0.5M\Omega$，此值越小越好。

（5）耐压是指开关对导体及地之间所能承受的最低电压值。

（6）寿命是指开关在正常工作条件下能操作的次数。一般要求在 5000～35000 次。

3. 插接件

插接件是一种插拔式电气连接器件，一般分插头和插座两部分。按插接件的外形和用途分，插接件可分为圆形插头座、矩形插头座、印制电路板插头座、电源插头座、耳机插头座、香蕉插头座和带状电缆连接器等。常用插接件外形如图 5.2 所示。

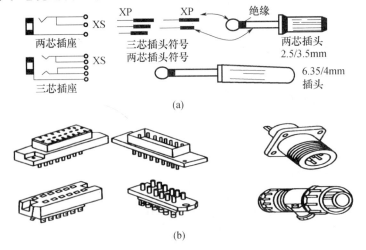

图 5.2　常用插接件外形

（a）二芯、三芯插头座；（b）矩形和圆形插接件。

5.2.2　照明行灯变压器

JMB(DJMB)系列照明行灯变压器适用于交流频率在 50 ~ 60Hz 的电子工业或工矿企业安全照明及指示灯的电源中。图 5.3 所示为照明行灯变压器外形。

一、二次绕组分开绕制,当一次侧只有一个绕组时,它担负变压器的全部额定容量,二次如兼有控制、照明及指示灯绕组时,则按各绕组容量分配分别绕制,对单绕组有中间抽头的变压器,其各中间抽头容量皆小于变压器的额定容量,只有最高电压输出端可担负额定容量,如图 5.3 所示。其允许工作条件如下:

图 5.3　照明行灯变压器

(1)海拔。安装地点的海拔不超过 2000m。

(2)温度。环境空气温度不超过 40℃。

(3)湿度。空气相对湿度,最湿月的月平均最大相对湿度为 90%。

(4)无剧烈振动和冲击振动的地方。

(5)在无爆炸性危险的介质中,且介质中无足以腐蚀金属和破坏绝缘的气体及导电尘埃的地方。

(6)不受雨雪侵袭的场所。

5.2.3　控制变压器

BK、JBK、BKC 系列控制变压器是一种小型干式变压器,适用于工作在 50 ~ 60Hz 的交流电路中的各类机床、机械设备及一般电器的控制电源、局部照明和指示灯的电源,如图 5.4 所示。变压器采用先进工艺和优化设计进行制造,具有性能优良、工作可靠、适用性广的特点,可在额定负载下长期工作。其允许工作条件同照明行灯变压器的允许工作条件。

5.2.4　中周变压器

(1)中周变压器的外形与符号。中周变压器常用型号有 TTF – 1、TTF – 2、TTF – 3、TTF – 4 等。中周变压器按尺寸分有 7mm × 7mm、10mm × 10mm、12mm × 12mm、25mm × 20mm 等,多用于中波 465kHz 调幅收音机和电视机图像中放频率

图 5.4　控制变压器

38MHz 的图像通道中。中周变压器与振荡线圈往往是配套使用的,购买时选择配套产品。

调频式收音机用中周变压器型号有 TP – 04 ~ TP – 13 等,其中 TP – 04 ~ TP – 10 可与中放集成电路配合使用。它们的外形和电路图形符号如图 5.5 所示。

(2)中周变压器的参数。中周变压器外形及符号如图 5.6 所示。

① 谐振频率(配以指定电容器)。

② 通频带。

③ 品质因数 Q 值。

④ 电压传输系数。

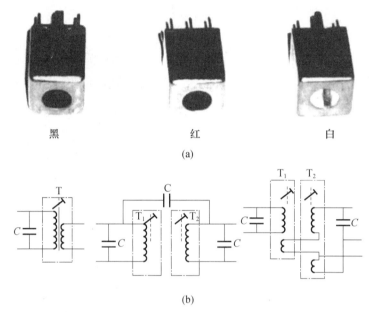

黑　　　　　　红　　　　　　白

(a)

(b)

图 5.5　中周变压器外形和符号

（a）外形；（b）图形符号。

5.2.5　各种电子技术应用变压器

变压器包括电源变压器、收音机中使用的输入、输出变压器及脉冲变压器等,如图 5.6 所示。

图 5.6　各种小型变压器

5.2.6　激光器

目前激光在工业生产、科学研究和国防事业中得到越来越广泛的应用,如激光精密机械加工、激光通信、激光音响、激光影视、激光武器和激光检测等。激光技术用于检测是利用它的优异特性。将它作为光源,配以光电元器件来实现的。它具有测量精度高、范围大、检测时间短及非接触式等优点。主要用来测量长度、位移、速度、振动等参数。

1. 气体激光器

气体激光器的工作物质是气体。常用的有 CO_2 激光器、氦氖激光器和 CO 激光器等。其特点是小巧、能连续工作、单色性好,但是输出功率不及固体激光器。目前,已开发了各种气体原子、离子、金属蒸气、气体分子激光器。

2. 液体激光器

液体激光器(它的工作物质是液体)可分为有机液体染料激光器、无机液体激光器等,较为重要的是有机染料激光器。液体激光器的最大特点是它发出的激光波长可在同一波段内连续可调、连续工作,而不降低效率。

3. 固体激光器

它的增益介质为固态物质。常用的固体激光器有红宝石激光器、掺杂的钇铝石榴石激光器(简称 YAG 激光器)和钕玻璃激光器等。尽管其种类很多,但其结构大致相同。特点是体积小且坚固、功率大。目前,输出功率可达几十兆瓦。

4. 半导体激光器

半导体激光器是继固体和气体激光器之后发展起来的一种效率高、体积小、质量小、结构简单、输出功率小的激光器。激光器广泛应用于飞机、军舰、坦克、大炮的瞄准以及制导、测距等。

5.2.7　固态继电器

固态继电器的种类很多,按负载电源分类,有直流型固态继电器(DC SSR)、交流型固态继电器(AC SSR)两种。直流型固态继电器属于五端器件,以功率晶体管为开关器件,用来控制直流负载电源的通断。内部包括四部分,即输入电路、隔离电路(光耦合器)、开关电路(含功率晶体管)及保护电路(续流二极管)。它是四端器件,以双向晶闸管作开关器件,控制交流负载电源的通断。保护电路采用 RC 吸收网络。AC SSR 增加了控制触发器。对于过零触发型还应有过零电压检测器,仅当交流负载电源电压经过零点时负载电源才被接通。

固态继电器(SSR)是一种高性能的新型继电器,它能对被控对象表现出优异独特的通断能力。在电源开关及遥控技术应用方面,具有控制灵活、寿命长、工作稳定可靠、防爆耐振、无声运行等特点。固态继电器全部采用电子器件构成,实际上是一种无触点电子开关。固态继电器种类较多。常用的有直流型继电器、交流型继电器、功率固态继电器等。本小节主要介绍直流和交流型继电器。固态继电器的外形与图形符号如图 5.7 所示。

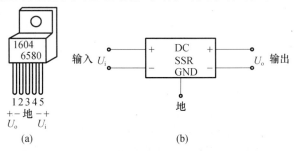

图 5.7　固态继电器的外形与图形符号

(a) 外形;(b) 图形符号。

1. 直流固态继电器

直流固态继电器主要技术参数如表5.1所列。

表5.1 直流固态继电器主要技术参数

型号	有效工作电压/V	有效工作电流/A	通态允许浪涌电流/A	通断时间	通态压降/V	维持电流/mA	VT2及TR IAC 型号
TAC03A 220V	220	3	30	<0.5s	1.8	30	T2302PM
TAC06A 220V	220	6	60	<0.5s	1.8	30	SC141M
TAC08A 220V	220	8	80	<0.5s	1.8	30	T2802M
TAC15A 220V	220	15	150	<0.5s	1.8	60	SC250M
TAC25A 220V	220	25	250	<0.5s	1.8	80	SC261M
TAC2A 28V	6~28	2		<100μs	1.5		FT317
TAC5A 28V	6~28	5		<100μs	1.5		TIP41A
TAC10A 28V	6~28	10		<100μs	1.5		2N6488
公共参数	输入至输出间绝缘电压大于1000V,AC(历时1min) 工作频率:(交流型)45~65Hz				开启电压:3~6V,DC,开启电流小于30mA 工作环境:-10~70℃		

直流固态继电器SSR根据其结构分为输出两端和三端型。两端型是一种多用途直流开关,其结构相当于一只大功率光耦合器,其输出特性和普通晶体管一样,有截止、线性、饱和区,当输入电压足够大时,就进入饱和区。三端型用正、负电源接入SSR内电路,便于控制VT₂的深度饱和。输入端控制电压要求不严格,输出电路没有线性区。直流固态继电器原理如图5.8所示。

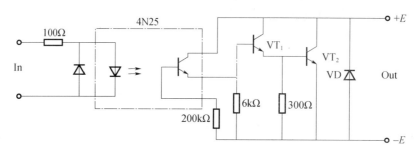

图5.8 直流固态继电器原理

2. 交流固态继电器

交流固态继电器的基本原理如图5.9所示。从整体上看,它是一个四端元器件,其中左边为控制信号输入端,右边为具有开关功能的输出端。固态继电器的内部电路可以等效为一个发光二极管和一个光敏晶体管。在输入端加入控制信号后,发光二极管发光,使光敏晶体管导通,输出端接通被控电路的电源。

光耦合器实现了输入回路与输出回路之间的控制联系。由于没有电气上的直接联系,输出端与输入端之间具有良好的电气隔离,防止了输出端对输入端控制电路的影响,从而保证了低压控制电路的安全性和可靠性。过零控制电路的作用是保证SSR输出端在交流电压"过零"点时接通,而在交流电的正半周和负半周的交界点处,SSR关断。以避免产生的射频干扰其他电气设备。吸收电路用来吸收由电源传来的尖峰脉冲,防止对双向晶闸管件产生冲击而造成损坏。

固态继电器所需要的驱动功率小,对外界干扰小,开关速度快并能在恶劣环境下工作,是一种性能十分优良的执行器件。交流固态继电器原理如图 5.9 所示。

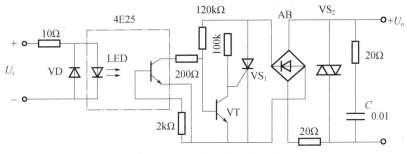

图 5.9　交流固态继电器原理

5.2.8　耳机

1. 耳机的外形与符号

耳机可以根据其换能原理、驱动方式、结构形成、传导方式和使用形式来分类。

(1) 按换能原理分类,可分为电磁式、电动式(包括动圈式)、静电式(包括电容式、驻极体式)和压电式(包括压电陶瓷式、压电高聚物式)耳机。

(2) 按驱动方式分类,可分为中心驱动式耳机和全面驱动式耳机。

(3) 按结构形式分类,可分为耳塞式、耳挂式、听诊式、头戴式(贴耳式、耳罩式)、帽盔式和手柄式等多种。常用的耳机实物外形及图形符号如图 5.10 所示。

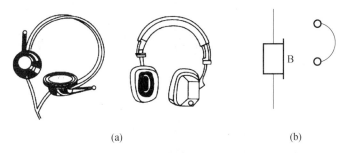

(a)　　　　　　　　　　　　　　　　　　　　(b)

图 5.10　耳机实物外形及符号

(a) 外形;(b) 图形符号。

(4) 按传导方式分类,可分为气导式(包括速度型和位移型)和骨导式(接触式)。

(5) 按使用形式分类,可分为语言通信用耳机和广播收音用耳机以及飞行员专用耳机等。语言通信用耳机包括有线电话通信用耳机、无线电台通信用耳机、抗噪声通信用耳机、耳聋助听用耳机、电化教育用耳机及语音控制用耳机等。

广播收音用耳机包括无线广播用耳机、高质量监听用耳机、欣赏用 Hi – Fi 立体声耳机等。

2. 耳机的主要参数

耳机的主要参数有额定阻抗、灵敏度、频率范围、谐波失真等。以上几个参数的意义与扬声器的基本相同。

1）额定阻抗

不同型号和不同结构类型的耳机，其额定阻抗值不同。耳机的额定阻抗有 4Ω、5Ω、6Ω、8Ω、16Ω、20Ω、25Ω、32Ω、35Ω、37Ω、40Ω、50Ω、55Ω、125Ω、150Ω、200Ω、250Ω、300Ω、600Ω、640Ω、$1k\Omega$、$1.5k\Omega$、$2k\Omega$ 等规格。

2）灵敏度

灵敏度用来反映耳机的电声换能效率。耳机的灵敏度一般为 $90\sim116dB/mW$。

3）频率范围

频率范围指耳机重放音频信号的有效工作频率范围。高保真耳机的频率范围为 $20\sim20000Hz$。

4）谐波失真

谐波失真是指耳机在重放某一频率的正弦波信号时，耳机中除了输出基波信号外，还出现了因多次谐波而引起的失真。高保真耳机的谐波失真一般小于 29/6。

5.2.9　压电蜂鸣器

1. 压电蜂鸣器的外形与符号

压电陶瓷片使用氧化铅等少量稀有金属作原料，加进胶合剂经过混合、粗轧、精渣、切片和烧结等制成。实际使用中的压电蜂鸣器一般采用双膜片结构，由压电陶瓷片与金属振动片复合而成。金属振动片的直径一般为 $15\sim40mm$，工作频率是 $300\sim5000Hz$。压电蜂鸣器呈电容性质，电容量为 $0.005\sim0.02\mu F$。

压电蜂鸣器的外形尺寸和符号如图 5.11 所示。

2. 压电蜂鸣器的工作原理

压电蜂鸣器的主要电特性是具有压电效应。在压电片上加电压，压电片会变形产生机械振动；反过来给压电片加机械压力，它会产生电压，这种现象就叫做"压电效应"。压电蜂鸣器是根据材料的压电效应制成的。当压电蜂鸣器受到外界的机

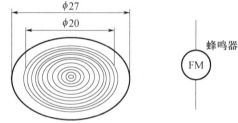

图 5.11　压电蜂鸣器的外形尺寸和符号

械压力或振动作用时，会产生压电效应，产生电压并输出电流，其强度与作用于材料表面的机械力成正比；反之，若对此材料加上电压，则又会因材料的充电作用而产生伸缩振动，其强度与所加电压成正比。因此，它又可因振动而发声，常用作发声器件。这就是说，用这种材料制作的转换器件是一种可逆器件，既可作声—电转换器件，又可作电—声转换器件。压电陶瓷扬声器主要由压电陶瓷片和纸盆组成。利用压电陶瓷片的压电效应，可以制成压电陶瓷扬声器及各种蜂鸣器。由于压电陶瓷扬声器的频率特性较差，低音频较少，目前应用较少，而蜂鸣器则被广泛应用于门铃、报警及小型智能化电子遥控装置中作发声器件。

5.2.10　液晶显示器

液晶是指在某一个温度范围内兼有液体和晶体特性的物质。液晶不是液态、固态和气态，而是物质的第四种状态。

由于液晶对电、磁场、光线、温度的作用相当敏感，利用此特性将它们转换为可视信号，这就是液晶显示器，如图 5.12 所示。

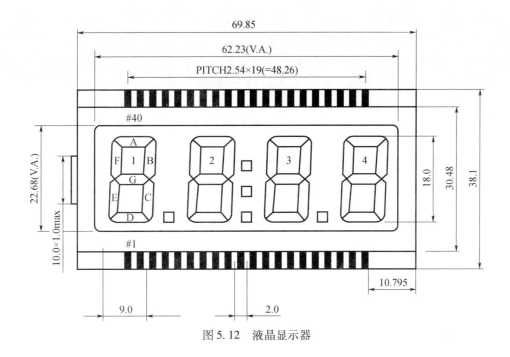

图 5.12 液晶显示器

5.2.11 全桥整流组件

全桥整流组件是一种把 4 只整流二极管按全波桥式整流电路的连接方式封装在一起的整流组合器件。图 5.13 所示为全桥组件的外形和图形符号。

全桥组件的优点是使用方便。它的外部有 4 条引线,包括交流输入线和直流输出线。优点是使用全桥组件时不会搞错二极管极性,不足之处是全桥组件内部如有一个二极管损坏,全桥组件便无法使用。

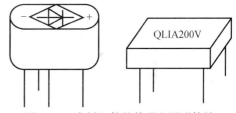

图 5.13 全桥组件的外形和图形符号

全桥组件的种类有单相与三相两种。单相全桥组件除了普通型外,还有中高速整流桥、低功耗整流桥。三相全桥组件中除了普通型外,还有高压三相整流桥,其最高工作电压可达 40kV。由于整流全桥组件是由二极管组成的,因此选用全桥组件时可参照二极管的参数。全桥组件的主要参数有两项:额定正向整流电流 I 和反向峰值电压 U_{RM}。以单相全桥为例,常用国产全桥的正向电流为 0.05 ~ 100A,反向峰值电压为 25 ~ 1000V。例如,1A/100 表示正向电流为 1A,反向峰值电压为 100V 的全桥组件。

5.2.12 单结晶体管

1. 单结晶体管的外形与符号

只有一个 PN 结的三端半导体器件称为单结晶体管,简称单晶管。它同时引出两个基极,即 B_1 和 B_2,所以也称双基极二极管,它的外形与图形符号如图 5.14 所示。

用万用表 $R \times 1k\Omega$ 挡,测任意两管脚的正、反向电阻,直到测得的正、反向电阻不变时,这两管脚分别是第一基极 B_1 和第二基极 B_2(B_1 与 B_2 之间的阻值一般在 3 ~ 12$k\Omega$ 之间),

而另一管脚则是发射极 E。然后再区别 B_1 和 B_2，由于 E 靠近 B_2，所以 E 与 B_1 间的正向电阻比 E 与 B_2 间的正向电阻稍大一些。但在实际应用时，即使 B_1、B_2 接反了也不会损坏晶体管，只会导致无法发出脉冲或脉冲很小。

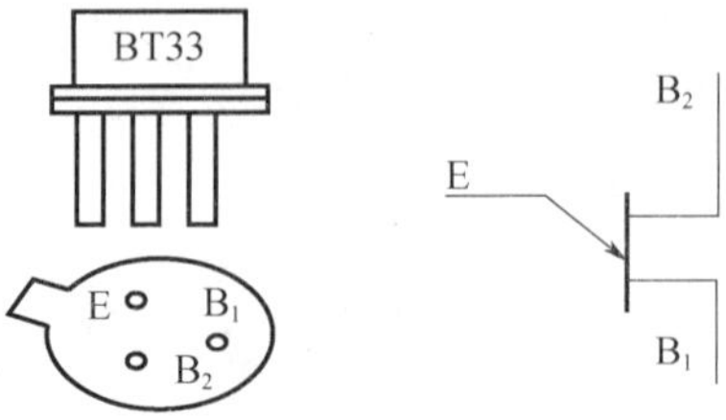

图 5.14　单结晶体管的外形与符号

2. 单结晶体管的主要参数

单结晶体管的主要参数如表 5.2 所列。

表 5.2　单结晶体管的主要参数

参数名称		分压比 η	基极电阻 R_{bb}/Ω	峰点电流 $I_p/\mu V$	谷点电流 I_v/mA	谷点电压 U_v/V	饱和电压 $U CES/V$	最大反压 U_{B2Emax}/V	反向漏电流 $I_{EO}/\mu A$	耗散功率 P_{max}/mW
测试条件		$U_{bb}=20V$	$U_{bb}=3V$ $I_E=0$	$U_{bb}=0$	$U_{bb}=0$	$U_{bb}=0$	$U_{bb}=0$ $I_E=I_{max}$	U_{B2E} 为最大值		
BT33	A	0.45～0.9	2～4.5	<4	<1.5	<3.5	<4	≥30	<2	800
	B							≥60		
	C	0.3～0.9	>4.5～12			<4	<4.5	≥30		
	D							≥60		
BT35	A	0.45～0.9	2～4.5			<3.5	<4	≥30		500
	B					>3.5		≥60		
	C	0.3～0.9	>4.5～12			>4	<4.5	≥30		
	D							≥60		

5.2.13　扬声器

1. 扬声器的外形与符号

电声器件是将声音信号转换成电信号，或将电信号转换成声音信号的器件。电声器件的应用范围很广，如收音机、录音机、扩音机、电视机、计算机、通信设备等。电声器件的种类很多，如扬声器、传声器、耳机、拾音器、受话器、送话器等。扬声器的外形与符号如图 5.15 所示。

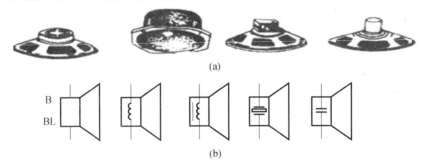

(a)

(b)

图 5.15　扬声器的外形与符号

2. 扬声器的技术参数

扬声器的主要技术参数包括尺寸系列圆口径尺寸（55mm、65mm、80mm、100mm、130mm、165mm）、椭圆口径尺寸（65mm×100mm、100mm×130mm、120mm×190mm）、型号、标称功率（50mW、100mW、250mW、1W、3W、5W）、阻抗（3.5Ω、4Ω、8Ω、16Ω 等）、有效频率

范围、失真及灵敏度。选用时,需考虑技术要求、使用目的、设置场所、音响范围和音频放大器的阻抗匹配等因素,到市场或生产厂家直接购买。扬声器的主要参数有频率特性、标称功率、额定阻抗、失真度、指向性、灵敏度、弹性系数、等效质量、等效容积等。

（1）扬声器的额定功率又称标称功率,是指扬声器在失真度允许的条件下,能长时间正常工作时输入的电功率。一般情况下,扬声器能承受的最大功率要大于额定功率。为能获得较佳的音质,通常给扬声器输入的功率要小于额定功率。

（2）扬声器的额定阻抗,是指扬声器在毫功率下所得到的交流阻抗值。只有扬声器的阻抗与功放电路输出的阻抗相匹配时,扬声器才能达到最佳工作状态。扬声器的标称阻抗有 4Ω、8Ω、16Ω、32Ω 等。

（3）扬声器的频率特性是指扬声器的输出声压信号随输入信号的频率而变化的特性,即扬声器能工作的频率范围。由于受结构的影响,不同的扬声器,其频率响应的范围是不同的,可根据需要选用工作在不同频段的扬声器。

（4）扬声器的失真度是指扬声器发出的声音与原来的声音不尽相同,掺杂了许多谐波后的噪声,即产生了失真。掺杂的谐波越多,其失真度越大。

（5）扬声器的灵敏度是指在规定的频率范围内输入给扬声器的视在功率为 0.1VA 的信号时,在其参考轴上距参考点 1m 时能产生的声压,称为扬声器的灵敏度。灵敏度反映了扬声器电—声转换效率的高低。

（6）扬声器的指向性是指扬声器放音时在空间不同的方向上辐射的声压分布特性。指向性与频率有关,频率越高,指向性越强。同时,指向性还与扬声器纸盆的大小有关,在相同频率下扬声器的纸盆越大指向性就越强。

5.2.14　传声器

1. 传声器的外形与符号

传声器是个电转换器件。它的突出特点是体积小、质量轻、结构简单、使用方便、寿命长、频率响应范围宽、灵敏度高,且价格也比较低廉。因而被广泛应用于盒式录音机、无线传声器及声控开关等电子电路中。

构成驻极体传声器的核心器件是驻极体振动膜。它实际上是一种经永久性极化处理的电介质。其制作原理是将一片极薄的塑料膜片的一面蒸发上一层纯金薄膜,然后将其置于高压电场下驻极,使两面分别驻有能长期保持的异性电荷。膜片的蒸金薄膜一面向外,与金属外壳相连通,膜片的另一面与金属极板之间用很薄的绝缘衬圈隔离开。这样,蒸金薄膜与金属极板之间便形成了一个电容器。当驻极体膜片受到声波作用而振动时,就会引起电容器两端的电场发生变化,从而产生随声波变化的交变电压信号。驻极体振动膜的输出阻抗值很高,约几十兆欧。因此,使用时不能直接与音频放大器匹配,需加一级阻抗变换器,将高阻抗变为几百欧或几千欧的低阻抗。通常阻抗变换器由低噪声结型场效应晶体管构成。其特点是输入阻抗极高,噪声系数比较低。有些驻极体传声器内已设有偏置电阻器,使用时不必另外再加偏压电阻器。采用此种接法的驻极体传声器,适用于高保真、小信号放大场合,其缺点是在大信号下容易发生阻塞。在选用驻极体传声器时,应注意灵敏度这个指标。驻极体传声器的灵敏度通常用白、蓝(绿)、黄、红等色点来分挡,白色点灵敏度最高,红色点最低。有的传声器则以防尘罩的相应颜色来表示灵敏度,也有的用与型号有明显区别的 A、B、C 等字母表示,A 为最低灵敏度,顺序逐次类推。应该指出的是,带场效应晶体管的驻极体传声器不加偏压而直接加在音频放大器输入端是不能工作的。

国产驻极体传声器的典型产品有 CRZ2 – 9、CRZ2 – 11 和 ZCH – 12 等型号。其中，CRZ2 – 9 的外形与符号如图 5.16 所示，尺寸为 11.5mm × 19mm，两端引线使用的是屏蔽线，屏蔽层是正极。它的电压灵敏度为 0.5mV/MPa，频率响应范围为 50 ~ l000Hz，输出阻抗等于 1kΩ。传声器的外形与图形符号如图 5.16 所示。

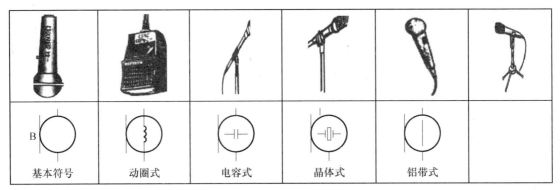

基本符号	动圈式	电容式	晶体式	铝带式	

图 5.16　传声器的外形与图形符号

2. 传声器的主要技术参数

传声器的主要技术参数有灵敏度、频率响应、指向性、输出阻抗和固有噪声等。

1）灵敏度

灵敏度是表述传声器在一定的外部声压作用下产生的输出电压信号大小的能力，常用每帕声压产生多少毫伏电压来表示，其单位为 mV/Pa，也可用分贝（dB）表示，0dB = 1000mV/Pa。通常，灵敏度较高的传声器效果好。

由于测量声压方式的不同，灵敏度又分为声压灵敏度和场强灵敏度。前者是指传声器输出电压与实际作用于传声器膜片上的声压之比；后者则是指传声器输出电压与传声器移开时该处的实际声压之比。两者的区别在于前者表示的是作用于传声器膜片的声压，而后者表示的是该处空间的声压。一般在说明书中指的是场强灵敏度。

一般动圈式传声器的灵敏度大多在 0.6 ~ 5mV/Pa（ – 64.4 ~ – 40dB）范围内。

2）频率响应

频率响应是指在自由场中传声器的灵敏度与声音频率之间的响应特性。传声器的灵敏度是随声音频率的变化而变化的，通常希望灵敏度在全部音频范围（如 16 ~ 20000Hz）内保持不变，但实际上在频率的低端和高端，其灵敏度均有不同程度的下降。一般来说，普通传声器的频率响应多在 100 ~ 10000Hz 之间，质量较好的在 40 ~ 15000Hz 之间，优质的可达 20 ~ 20000Hz。

3）指向性（拾音方向性图）

指向性是指传声器灵敏度随声波入射方向变化的特性。通常使用方向性系数来描述传声器的方向性。它是指声波以 θ 角入射时传声器的灵敏度与轴向（θ = 0°）入射时的灵敏度的比值，即根据实际传声的需要，传声器的指向性主要有以下 3 种：

（1）全向性。传声器对来自四面八方的声波有基本相同的灵敏度，其有效拾音范围呈圆形。

（2）单向性。传声器的正面灵敏度明显高于背面或侧面。通常，有效拾音范围在传声器正面。根据指向特性曲线的形状,单向性传声器还可分为笔形、扇形、心形、超心形和超指向性等。

（3）双向性。传声器的前、后面的灵敏度大体相同,而两侧的灵敏度较低,即有效拾音范围在传声器的正面和背面。

4）输出阻抗

传声器的输出阻抗是指它的输出端的交流阻抗。输出阻抗通常是在 1000Hz 频率下测得的。一般将输出阻抗小于 $2k\Omega$ 的称为低阻抗传声器,而将大于 $2k\Omega$ 的称为高阻抗传声器。实际上,低阻抗传声器的输出阻抗大多在 $200\sim600\Omega$ 之间;高阻抗传声器的输出阻抗大多在 $10\sim20k\Omega$ 之间。大多数传声器的输出阻抗和灵敏度都直接标示在其话筒上。

5）固有噪声

由于传声器内相关元器件(如音圈、膜片等)和导线中分子的热运动以及周围空气的扰动等,传声器在无外界声音、振动及电磁场干扰的情况下,仍有一定的输出电压(一般用 A 计权网络才能测出),这一电压就是传声器的固有噪声电压。通常,固有噪声电压很小,只有微伏级。

除上述技术参数外,传声器还有外形尺寸、质量、使用温度等指标。对于特定品种的传声器,如近讲传声器、无线传声器等,还有其本身特殊要求的指标。

5.2.15　磁继电器

1. 电磁继电器的外形及符号

电磁继电器在自动控制电路中应用十分广泛。它是利用电磁原理使触点闭合或断开来控制相关电路的。实际上,它是用较小的电流来控制较大电流的一种自动开关。电磁继电器外形如图 5.17 所示。在电路中用字母 K 或 KR、KA 等表示,电磁继电器的图形符号如图 5.18所示。

| MY2 | MY3 | MY4 | LY1 | LY2 | HH52P | HH53P | HH54P |

图 5.17　电磁继电器外形

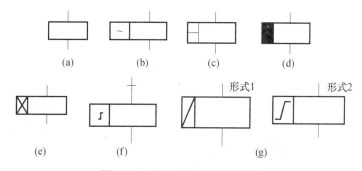

图 5.18　电磁继电器的图形符号

（a）继电器的一般符号;（b）交流继电器;（c）快速继电器;（d）缓放继电器;
（e）缓吸继电器;（f）极化继电器;（g）剩磁继电器。

2. 电磁继电器的主要参数

（1）吸合电压（电流）。继电器所有触点从释放状态到达工作状态所对应的电压或电流的最小值（该电参量不作为可靠工作值）。

（2）为了能够使继电器的吸合动作可靠，必须给线圈加上稍大于吸合电压（电流）的实际电压值，但不能太高；否则将烧坏线圈。

（3）释放电压（电流）。继电器所有触点恢复到释放状态时所对应的电压或电流最大值。为保证继电器按需要可靠释放，在继电器释放时，其线圈上的电压必须小于释放电压（电流）。

（4）额定电压（电流）。继电器可靠工作的电压或电流。工作时输入继电器的电参量应该等于这一数值，通常为吸合电压或电流的 1.5 倍。

（5）吸合时间或释放时间。从继电器线圈中电流开始变化到触点闭合（或释放）的时间间隔。吸合时间或释放时间与铁芯尺寸、衔铁行程等有关。

（6）触点负荷。触点负荷是指继电器的触点，允许通过的最大电流和所加的最高电压。即触点能够承受的负载大小。超过此电流值和电压值时，就会影响继电器正常工作，甚至损坏继电器触点。

（7）直流电阻。线圈的直流电阻一般允许有 ±10% 的误差。它与线圈的匝数及线圈的额定工作电压成正比。

（8）线圈电源与线圈功率。线圈电源是指继电器线圈使用的工作电源类型（用来说明使用的是交流电还是直流电）。线圈功率是指继电器线圈所消耗的额定功率。

5.3 元器件特性

不同元器件有不同的特性，人们正是利用它的特性组成了各种电路。下面介绍常用元器件的特性。

5.3.1 变压器的特性

1. 隔离特性

这一特性使电源变压器的二次绕组回路与交流市电电网之间能够隔离。

2. 通交隔直特性

一次绕组两端的交流电压能耦合到二次绕组两端，而一次绕组两端的直流电压不能耦合到二次绕组两端。

3. 一、二次绕组中交流信号电压、电流的频率相同

变压器二次绕组的输出电压低于一次绕组上的输入电压，但二次绕组中的电流大于一次绕组中的电流。升压变压器二次绕组的输出电压高于一次绕组上的输入电压，但二次绕组的电流小于一次绕组的电流。

5.3.2 中周（中频）变压器的特性

中周变压器的结构由胶木座、尼龙支架、磁帽和金属屏蔽罩组成。中周变压器有单调谐式和双调谐式，单调谐式指只有一个谐振回路，而双调谐式具有两个谐振回路。单调谐电路比双调谐电路简单，但选择性差，而双调谐电路的选择性较好。

5.3.3　液晶显示器的特性

（1）液晶显示器具有寿命长，无辐射污染，能长期正常工作等优点。

（2）液晶显示器的液晶本身不会发光，而是靠外界光的不同反射和透射形成不同的对比度来达到显示目的的。外光越强，显示内容也越清晰。这种显示更适合于人眼视觉，不易引起眼睛的疲劳。

（3）液晶显示器工作电压一般为 $2 \sim 3V$，所需的电流也只有几个 μA，属于 $\mu W/cm^2$ 级的低功耗量级，因此它是低电压、低功率显示器件，与阴极射线显示器（CRT）相比，可减少相当多的功耗。

（4）液晶无色，采用滤色膜便可实现彩色化，能重现电视的彩色画面，在视频领域有着广阔的发展前景。

几种显示器比较如表 5.3 所列。

表 5.3　（P200）几种显示器的比较

项目＼显示器	工作电压/V	功　耗	寿　命	响应速度	工作温度/℃	驱　动
液晶显示器 LCD(TN)	$2 \sim 6$	$1\mu W/cm^2$ 以下	$5 \times 10^4 h$ 以上	$10 \sim 200ms$	$5 \sim +70$ $26 \sim +85$	CMOS 电路
电致变色显示 ECD	$0.5 \sim 1.5$	$70\mu W/cm^2$	10^6 周	$100 \sim 500ms$	$0 \sim +70$	双极型晶体管
电泳显示 EPD	$70 \sim 100$	约 $100\mu W/cm^2$	$10^6 \times 10^7$ 周	$100 \sim 500ms$	$-15 \sim +50$	分立晶体管
铁电陶瓷显示 PLZT	$30 \sim 90$	低（存储）	10^{11} 周	$10 \sim 50\mu s$	宽	分立晶体管
发光二极管 LED	$1.5 \sim 5$	约 $100mW/cm^2$	$5 \times 10^6 h$ 以上	$100ns$ 以下	$-30 \sim +80$	双极型晶体管
荧光显示 VFD	$15 \sim 50$	约 $100mW/cm^2$	$2000h$ 以上	约 $10\mu s$	$-20 \sim +70$	MOS 电路
等离子体显示 PDP	$120 \sim 150$	约 $100\mu W/cm^2$	$10^4 h$ 以上	约 $10\mu s$	$-20 \sim +70$	分立晶体管

5.3.4　光耦合器的特性

光耦合器除了其发光器件和光敏器件具有它们各自的特性之外，还有几个新的特性。

1. 电流传输比 CTR

在直流工作状态下，光耦合器中光敏器的输出光电流 I_L 与发光晶体管的正向工作电流 I_f 之比，就是光耦合器的电流传输比 CTR，其表达式为

$$CTR = \frac{I_L}{I_f} \times 100\%$$

一般情况下，二极管耦合器型光耦合器的 CTR 比较小，只有百分之零点几到百分之几十，而选用硅光敏晶体管或光电集成电路作为光敏器件的光耦合器的 CTR 则比较大，可以达到百分之几百至百分之几千。CTR 不是恒定的，它的值与很多因素有关，包括发光和受光器件之间的距离。距离越远 CTR 越小，距离越近 CTR 越大。通常情况下，二极管耦合器的线性度优于二极管耦合型光耦合器。

2. 响应特性

光耦合器的响应特性如图 5.19 所示。图中以发光管脉冲信号输入开始（此时输出为零）到输出达最大值的10%所需时间称为延迟时间，用 t_d 表示；从 $0.1I_L$ 上升到 $0.9I_L$ 前沿所需时间称为上升时间，用 t_r 表示；$t_d - t_r$ 称开态时间，用 t_{on} 表示。从输入脉冲结束到输出

下降为 $0.9I_L$ 所需时间称储存时间,用 t_s 表示。再从 $0.9I_L$ 下降到 $0.1I_L$ 所需时间称下降时间,用 t_f 表示;$t_s - t_f$ 称关态时间,用 t_{off} 表示。开态时间 t_{on} 和关态时间 t_{off} 越小,光耦合器的响应速度就越快。图 5.20 所示为光敏晶体管的光照特性。

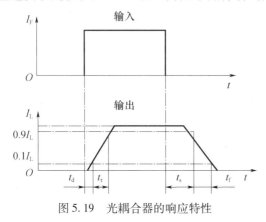

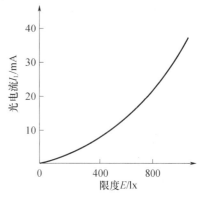

图 5.19　光耦合器的响应特性　　　　　图 5.20　光敏晶体管的光照特性

3. 输入—输出间的绝缘耐压 U_q(或绝缘电阻 R_q)

一般情况下,光耦合器的 U_q 定为 500V,$R_q \approx 10^{10}\Omega$。因此,低压使用下完全可以满足要求。但在高压条件下使用,500V 是远远不够的。绝缘耐压与电流传输比一样,与发光和受光器件之间的距离有关,距离越远 U_q 越大、CTR 越大,距离越近 U_q 越小、CTR 越大,它们是矛盾的,可根据实际情况折中考虑。实际上,经过特殊的组装,U_q 可达上万伏。

5.3.5　光电池的特性

1. 光电池的光谱特性

硒光电池和硅光电池的光谱特性曲线如图 5.21 所示。从曲线上可以看出,不同的光电池光谱峰值位置不同。例如,硅光电池在 $0.8\mu m$ 附近,硒光电池在 $0.54\mu m$ 附近。在选择使用中,应根据光源性质来选择光电池;反之,也可以根据光电池特性来选择光源。但是要注意光电池光谱峰值位置不仅和光电池的材料、制造工艺有关,而且随着使用温度的变化有所移动。

2. 光电池的光照特性

光电池由不同的光强照射下可产生不同的光电流和光生电动势。硅光电池的光谱特性和光照特性曲线如图 5.22、图 5.23 所示。从曲线可以看出,开路电压随光强变化呈非线性,当照度在 2000lx(勒克斯)时就趋于饱和了。因此,把光电池作为测量元器件时,应把它当作电流源使用,不宜作为电压源。

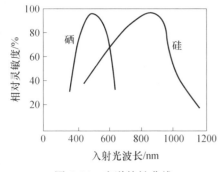

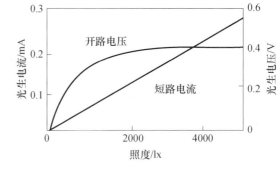

图 5.21　光谱特性曲线　　　　　　　　图 5.22　光电池的光照特性

短路电流在很大范围内与光强成线性关系,光电池的短路电流是指外接负载电阻相对于光电池内阻很小时的光电流。而光电池的内阻是随着照度增加而减小的,所以在不同照度下可用大小不同的负载电阻,一般负载电阻在 100Ω 以下。实践证明,负载电阻越小,光电流与照度之间的线性关系越好,且线性范围越宽。对于不同的负载电阻,可以在不同的照度范围内,使光电流与光强保持线性关系。所以应用光电池作测量元器件时,负载电阻越小越好。

3. 光电池的频率特性

光电池的频率特性是指光的交变频率和光电池输出电流的关系。图 5.23 所示为光电池的频率特性曲线。从曲线可以看出,与硒等光电池相比,硅光电池具有很高的频率响应。可用在高速计数等方面。

4. 光电池的温度特性

电池的温度特性主要描述光电池的开路电压和短路电流随温度变化的情况。光电池的温度特性曲线如图 5.24 所示。由于它与设备的温度漂移、测量和控制精度等主要指标有关,所以它是光电池的重要特性之一。从曲线看出,开路电压随温度升高而下降的速度较快,短路电流随温度升高而缓慢增加。因此,当光电池作测量元器件时,在系统设计中就应该考虑到温度的漂移,而采取相应的补偿措施。

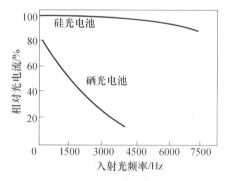

图 5.23　光电池的频率特性曲线

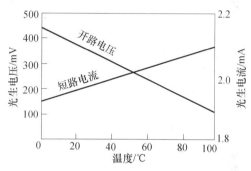

图 5.24　光电池的温度特性曲线

5.3.6　彩色传感器的特性

彩色传感器的光谱特性如图 5.25 所示,输出电压与波长的对应关系如图 5.26 所示。设彩色传感器的两个光敏二极管的光电流分别为 I_{D1} 和 I_{D2},其光谱特性如图 5.25 所示。采用图 5.27 信号处理电路,即构成彩色传感器。

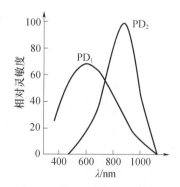

图 5.25　光谱灵敏度特性曲线

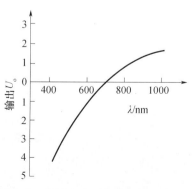

图 5.26　输出电压与波长对应关系

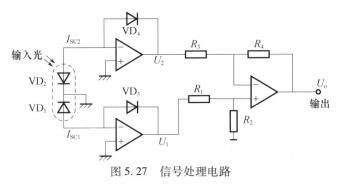

图 5.27 信号处理电路

5.3.7 开关的特性

不管是电源开关还是控制开关,都具有两重性,既能开又能关。

(1)同一开关,开关接通时两触点之间呈通路,开关断开时两触点之间呈开路。具有两重性。

(2)同一开关,机械式开关件对直流电、交流电的控制特性相同,对不同频率交流电通断控制特性一样。

5.3.8 电位器的特性

电位器具有 3 个接点,分别为接地点、中间调节可动点和信号点。人们利用可调节点改变阻值,从而改变音量信号的大小。具有阻值特性和音量控制特性两种。

1. 阻值特性

电位器动片从起始端均匀转动(或滑动)转柄时,阻值在均匀增大。在整个动片行程内,动片触点移动单位长度,阻值变化量相等,即阻值变化是线性的,称为线性电位器。在 X 型电位器中,当动片转动至一半机械行程处时,动片到两个定片之间的阻值相等。由于 X 型电位器是线性的,所以这种电位器的两个定片可以不分。音响电路中使用这种电位器,如图 5.28(a)所示。

2. 音量控制特性

在音响电路中,常用电位器进行音量调节。当开始均匀转动音量电位器时,电位器动片到地端的阻值减小,使得扬声器发出的声音减小;反之,电位器动片与地端之间阻值明显增大,使音量明显增大。根据需要,不断调节动片,实现音量控制,如图 5.28(b)所示。

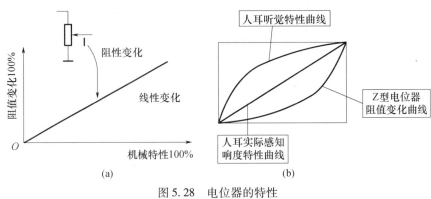

(a) (b)

图 5.28 电位器的特性

(a)阻值特性;(b)音量控制特性。

5.4　元器件选择

本章的主要问题是如何选择元器件。选择的依据是标准化、通用化和国产化,选择符合电路参数需要的合格元器件;以科学的方法把所选择的元器件应用到电路中,实现设计电路的各项技术指标,在满足技术要求的前提下,降低成本,提高利润。

5.4.1　选择电子元器件的方法

1. 元器件选择的重要性

电路图上标明了各元器件的规格、型号、参数,是电子元器件选用的依据。已经定型的产品,原理图上所标的各元器件是经过设计、研制、试制后投入生产的,各项参数是根据"定性分析、定量估算、试验调整"的方法确定下来的。一般情况下,所选用的元器件是不允许更换的。但对于电子产品的研制者、业余爱好者、维修人员来说,由于客观条件等诸多因素的影响,在符合技术要求规范的条件下,因为用量少,也可机动灵活地选用元器件。在某些特定情况下,即使有了原理图,但由于有些元器件标注参数不全,如电解电容器只标电容量不标耐压,在电源电路中要重新考虑;产品使用现场条件与技术资料不符,可调整部分元器件以适应实际;个别元器件当地买不到,可选用符合要求的元器件代用;在维修过程中发现个别元器件有不尽合理之处,就需要换上合适的元器件。电子元器件是执行预定功能而不可拆卸分解的电路基本单元,如电阻器、电容器、半导体分立器件、半导体集成电路、微波元器件、继电器、磁性元器件、开关、电连接器、滤波器、传感器、纤维光学器件等。实践证明,在电子设备中,元器件失效总数的44%～67%是选择不当引起的,而元器件本身质量引起的失效率占33%～46%。因此元器件选择在电路设计中占有重要地位,设计人员必须高度重视。

2. 元器件的选择原则

(1) 选择经实践证明质量稳定、可靠性高、有发展前途的、有良好信誉的生产厂家的标准元器件,不能选用淘汰的或劣质的元器件。

(2) 元器件的技术性能、质量等级、使用条件等应满足设计电路的要求。

(3) 在满足性能参数的情况下,应选用低功耗、低热阻、低损耗、高功率增益、高效益的元器件。

(4) 国产元器件的优选。首先选择经过认证鉴定的符合国标的元器件;经过使用考验的符合要求的能够稳定供货的元器件;有成功应用经验,并符合要求的其他元器件。

(5) 进口元器件。国外权威机构的优选产品清单(PPL,Preferrea Products List)、质量鉴定合格的产品清单(QPL,Qualified Products List)中的元器件;生产过程中经过严格筛选的高可靠元器件;经过国内使用考核符合要求的高质量的元器件。

(6) 选择应按照标准化、通用化的原则。

3. 元器件的选择

元器件是优选的,应符合产品的优选手册或国外权威机构公布的优选产品清单(PPL)。设计人员应制定准确明了的采购元器件的技术规范,为保证可靠性要求,规范应明确筛选(含二次筛选)和质量一致性检验的措施和方法。同时应按型号规定,制定合格的元器件采购清单。对于影响元器件的可靠性和质量的因素必须在采购清单中明确,如质量等级、环境条件、失效率、技术标准、封装形式、特殊要求(抗静电特性、芯片保护工艺等)、生产厂商等。

采购规范应按规定经审批后方可实施。元器件在产品中的应用确定后,应预计其可靠性,并考虑是否满足电路对元器件可靠性的要求。

5.4.2　电阻器的选择

在选用电阻器时,不仅要求其各项参数(额定功率、阻值、允许偏差、耐压等)符合电路的使用条件,还要考虑外形尺寸和价格等方面的因素。应该选用标称阻值系列,允许偏差多用 ±5% 的,选取电阻器的额定功率为实际计算值的 2 ~ 3 倍。也可根据电路的工作频率选择电阻器的类型。RX 型线绕电阻器的分布电感和分布电容较大,只适用于频率低于 50kHz 的电路中;RH 型合成膜电阻器和 RS 型有机实心电阻器可用在几十兆赫的电路中;RT 型碳膜电阻器可用于 1000MHz 左右的电路中;而 IU 型金属膜电阻器和 RY 型氧化膜电阻器可在高达数百兆赫的高频电路中工作。在选用过程中,要仔细分析电路的具体要求。在那些稳定性、耐热性、可靠性要求较高的电路中,应该选用金属膜或金属氧化膜电阻器;如果要求功率大、耐热性能好、工作频率不高,则可选用线绕电阻器;对于无特殊要求的一般电路,可用碳膜电阻器,以便降低成本。

5.4.3　热敏电阻器的选择

选择热敏电阻器时,不但要注意其额定功率、最大工作电压、标称阻值,更要注意最高工作温度和电阻温度系数等主要参数。由于热敏电阻器的种类和型号较多,而且还分正温度系数(PTC)和负温度系数(NTC)热敏电阻器等,因此选用时一定要符合具体电路的要求。下面介绍几种常用电路所选择的热敏电阻器。

(1)彩色电视机的消磁电路一般可采用 M272、MZ73、MZ74 等型 PTC 热敏电阻器。

(2)彩色电视机、仪器仪表等电子设备的过载保护电路可选用 MF10 - 1 型 NTC 热敏电阻器。

(3)电冰箱压缩机的起动电路可选择 MZ - 01、MZ - 02、MZ - 03、MZ81、MZ84、MZ91、MZ92 等型 PTC 热敏电阻器。

(4)温度补偿电路可选择 MF11、MF12、MF13、MF14 等系列的普通型 NTC 热敏电阻器。

(5)过电流保护电路可选择 MZ2A、MZ2B、MZ2C、MZ2D、MZ21 - 1、MZ21 - 2 等型 PTC 热敏电阻器。

(6)温度测量与温度控制电路可视所测温度与所控制温度的需要选择 NTC 热敏电阻器。

5.4.4　压敏电阻器的选择

根据具体电路的要求,准确选择标称电压值是关键。一般的选择方法:压敏电阻器的标称电压值应是加在压敏电阻器两端电压的 2 ~ 2.5 倍。另外,还应注意选用电阻温度系数小的压敏电阻器,以保证电路的稳定。具体型号的选用如下:

(1)无霜电冰箱的过电压保护电路可选用 MYG4 型压敏电阻器。

(2)半导体器件的过电压保护电路可选用 MYD 系列、MYL 系列和 MYH、MYG20 等型压敏电阻器。

(3)彩色电视机的过电压保护电路可选用 MYH3 - 205、MYH3 - 208、MYH3 - 212 等型压敏电阻器。

（4）电子电路、电气设备、电力系统的过电压保护电路可选用 MYG 系列、MY21 系列、MY31 系列压敏电阻器。

5.4.5　湿敏电阻器的选择

湿敏电阻器的选用应根据不同类型的不同特点以及湿敏电阻器的精度、湿度系数、响应速度、湿度量程等进行选用。例如,陶瓷湿敏电阻器的感湿温度系数一般只在 0.07% RH/℃左右,可用于中等测湿范围的湿度检测,可不考虑湿度补偿。MSC－1 型、MSC－2 型适用于空调器、恒湿机等。

氯化锂湿敏电阻器由于其检测湿度范围宽,可用于对仓库的湿度监测、洗衣机的检测等。由于碳膜湿敏电阻器的响应时间短、变化范围小,可用于录像机的结露检测、气象设备的监控等。为了提高湿度监控的精度,湿敏电阻器的电阻温度系数一般有正负、大小之分,因此使用时应考虑温度补偿措施。当使用温度系数小的湿敏电阻器时,可不考虑温度补偿,而对温度系数大、湿度系数较小的湿敏电阻器,则必须进行温度补偿。补偿方法应根据湿敏电阻器的温度系数而定,对正温度系数湿敏电阻器,在电路中并联一只同阻值的负温度系数热敏电阻器即可;对负温度系数湿敏电阻器,在电路中并联一只同阻值的正温度系数热敏电阻器即可。湿敏电阻器的检测方法是用万用表的 $R \times 1\text{k}\Omega$ 挡测其阻值的,一般为 $1\text{k}\Omega$ 左右,若阻值远大于 $1\text{k}\Omega$,说明湿敏电阻器不能再用。湿敏电阻器损坏后,应选用同型号的进行代换;否则,将降低电路的测试性能。

5.4.6　光敏电阻器的选择

由于光敏电阻器对光线特别敏感,有光线照射时其阻值迅速减小,无光线照射时其阻值为高阻状态。因此,选择时应首先确定控制电路对光敏电阻器的光谱特性有何要求,到底是选用可见光光敏电阻器还是选用红外光光敏电阻器。另外,选择光敏电阻器时还应确定亮阻、暗阻的范围。此项参数的选择是关系到控制电路能否正常动作的关键,因此必须认真确定。常用光敏电阻器的几项主要参数如表 5.4 所列。供选择时参考。

表 5.4　光敏电阻器的主要参数

型号	额定功率/mW	亮阻/kΩ	暗阻/MΩ	耐压/V
MG41—21	20	≤1	≥0.1	100
MG41—47	100	≤100	≥50	150
MG42—02	5	≤2	≥0.1	20
MG42—05	5	≤20	≥2	20
MG43—53	200	≤5	≥5	250
MG45—14	50	≤10	≥10	100

5.4.7　电容器的选择

电容器是电路中应用最多的元件之一,广泛应用于高频和低频电路中。在实际选用时,除了满足电容器的技术参数(标称电容量及允许偏差、绝缘性能和损耗、额定电压、无功功率、稳定性等)外,还要综合考虑体积、质量、成本、可靠性等方面的因素。电容器的种类繁多,性能指标各异,合理选择电容器对电路设计十分重要。一般来说,电路极间耦合多选用纸介电容器(CZ)或聚醋薄膜电容器(CL);电源滤波和低频旁路宜选用铝电解电容器(CD);对于高频电路和要求电容稳定的场合,需要多选用高频瓷介电容器(CC)、云母电容器(CY)或钽电解电容器(CA);如果在使用过程中经常调整,则选用可变电容器(CB);不需要经常调整的,选用微调电容器。也可根据电容量大小和频率高低选择。

1. 大容量电容器的选择

(1) 低频、低阻抗耦合电路、旁路电路、退耦电路、电源滤波电路,选用几微法以上大容量电容器(电解电容器等)。

(2) 要求较高的电路,如长延时电路,选用钽或铌为介质的优质电容器。

2. 小容量电容器的选择

小容量电容器是指小于几微法至几皮法的电容器,品种多、用途广、多数用于高频电路中。常用数字和文字标志:采用数字标志电容量时用 3 位整数,第一、二位为有效数字,第三位标示有效数字后面加零的个数,单位为皮法(pF),如"223"表示电容器的电容量为 22000pF(0.022μF)。但第三个数是"9"时例外,如"339"表示的电容量不是 33×10^9 pF,而是 33×10^{-1} pF。采用文字符号标注容量时,将电容量的整数部分写在电容量单位标识符号的前面,小数部分放在电容量单位符号的后面,如 0.68pF 标志为 p68、3.3pF 标志为 3p3、1000pF 标志为 1n、6800pF 标志为 6n8、2.2μF 标志为 2μ2 等。

(1) 一般电路,采用纸介电容器,质量就可满足要求。

(2) 稳定性要求高的高频电路,如各种振荡电路、脉冲电路等,选用薄膜、瓷介、云母电容器。

(3) 可变电容器,按电路计算的最大和最小电容量,结合电容量变化特性予以选择。

3. 选择时的注意事项

(1) 所选电容器的额定电压应高于电容器两端实际电压的 1~2 倍,但电解电容器例外,应使电容器两端的实际电压等于所选额定电压的 50%~70%,才能发挥电解电容器的作用。

(2) 不同精度的电容器,价格相差很大。选用时以满足要求为准,不要盲目追求电容器的精度等级。

(3) 由于介质材料不同,电容器的体积相差几倍至几十倍,单位体积的电容量称为电容器的比电容,比电容越大,电容器的体积越小,价格越贵。

5.4.8　电感器的选择

选择电感器时应遵循以下原则:

(1) 电感器的工作频率要适合电路的要求。用在低频电路中的电感器,应选用铁氧体或硅钢片作为磁芯材料,其线圈应能够承受大电流(有的达几亨或几十亨)。用在音频电路的电感器应以硅钢片或坡莫合金作为磁芯材料。用在较高频率(几十兆赫以上)电路的电感器应选用高频铁氧体作为磁芯。如果频率超过 100MHz,选用空心电抗器为佳。

(2) 电感器的电感量、额定电流必须满足电路的要求。

(3) 电感器的外形尺寸要符合电路板位置的要求。

(4) 使用高频阻流圈时,除注意额定电流、电感量外,还应选择分布电容小的蜂房式电感器或多层分段绕制的电感器。对用在电源电路的低频阻流圈,应尽量选用大电感量的,一般选大于回路电感量 10 倍以上为好。

(5) 对于不同电路,对电感器的要求是不一样的,应选用不同性能的电感器,如振荡电路、均衡电路、去耦电路等。

（6）在更换电感器时,不应随便改变线圈的大小、形状,尤其是用在高频电路的空心电感器,不要轻易改动它原有的位置或线圈的间距,一旦有所改变,其电感量就会发生变化。

（7）对于色码电感器或小型固定电感器,当电感量和标称电流相同的情况下,可以代换使用。

（8）对于有屏蔽罩的电感器,使用时一定要将屏蔽罩接地,这样可提高电感器的使用性能,达到隔离电场的作用。

（9）在实际应用电感器时,为达到最佳效果,需要对线圈进行微调,对于有磁芯的线圈,可通过调节磁芯的位置,改变电感量。对于单层线圈只要将端头几圈移出原位置,需要微调时改变其位置就能改变电感量。对于多层分段线圈,移动分段的相对距离就能达到微调的目的。

5.4.9　变压器的选择

变压器分为电源变压器、调压变压器、音频变压器、中频变压器等。可根据电路需要的电压、电流、功率及连接、工作方式选择。可自己绕制,也可购买。

（1）查看电源变压器的引线是否有脱焊、断线,铁芯是否有松动等。

（2）对所使用的电源变压器的输出功率,输入、输出电压以及所接负载需要的功率能否满足等要了解清楚后再使用。

（3）对新购电源变压器要进行通电检查,看输出电压是否与标称电压值相符。在条件允许的情况下,也可用绝缘电阻表(俗称兆欧表)查测电源变压器的绝缘电阻是否良好。绝缘电阻值应大于 $500M\Omega$,对于要求较高的电路应大于 $1000M\Omega$。

（4）对应用于一般家用电器的电源变压器,选 E 形铁芯即可;对应用于高保真音频功率放大电路的电源变压器应选 C 形铁芯较好;对大功率变压器选"口"字形铁芯较容易散热。对电子设备中使用的电源变压器,应选用加静电屏蔽层的,以保证进入变压器一次侧的干扰信号直接入地。

（5）对接入电路的电源变压器要观察其温升等是否正常。变压器工作时,不应有焦糊味、冒烟等,用手摸铁芯外部不应烫手,注意不要触碰输入引脚,以免触电。

5.4.10　扬声器的选择

扬声器的主要技术参数:尺寸系列(圆口径尺寸有 55mm、65mm、80mm、100mm、130mm、165mm;椭圆口径尺寸有 65mm × 100mm、100mm × 100mm、120mm × 190mm)和型号、标称功率(50mW、100mW、250mW、1W、3W、5W)、阻抗(3.5Ω、4Ω、5Ω、16Ω 等)、有效频率范围、失真及灵敏度。选用时,应考虑满足技术要求、使用目的、设置场所、音响范围和音频放大器的阻抗匹配等因素,到市场或生产厂商直接购买。

扬声器的型号很多,性能参数、口径大小、使用范围各不相同,选用时要根据具体的使用条件、场合、使用目的合理地选择扬声器。

（1）扬声器的阻抗与放大器的阻抗要匹配。扬声器接到功率放大器输出端时,必须保证扬声器的阻抗等于放大器的输出阻抗,此时才能发挥放大器与扬声器的应有效率;否则将导致功率损耗,甚至导致放大器或扬声器产生失真。所以选择扬声器时,应依据功率放大器的阻抗进行选择。如一只扬声器的阻抗不能满足放大器的阻抗要求,可选择两只以上的扬声器进行串、并联使用。当功率放大器的输出为定压式输出时,可不考虑匹配问题。

（2）扬声器的功率要与放大器的功率相适应。选择扬声器的功率应与放大器的额定功率相匹配。一只扬声器功率不能达到放大器的功率要求时,可通过几只扬声器的串、并联来实现。需要说明的是,扬声器的阻抗与功率和放大器的输出阻抗与输出功率要同时实现匹配,仅满足一项匹配是不行的。

（3）对扬声器频率特性的选择。仅用一只扬声器来完成全音域的播放是不可能获得良好音质的。因此,选择扬声器时,要根据扬声器的频率特性,选用高频段（2～20kHz）、中频段（500～5000Hz）、低频段（20～3000Hz）的扬声器进行配合使用。如想获得丰富的低音,尽量选择大口径的扬声器。也可选用橡皮边扬声器,此种扬声器增加了振动系统的柔顺性,使低频特性大为提高。如剧场、体育馆、大型厅堂选用扬声器,可选择专业用高频筒式扬声器及倒相式音箱。各种扬声器由于振动系统所用材料和形状的不同,直接影响着重放时的音色,故选择扬声器时,也可根据对音色的需求进行选用。如锥盆形扬声器能够表达出音乐的柔和与温暖,而硬球顶形则能表达出音乐的清脆、力度与节奏感。

5.4.11　传声器的选择

（1）在各种公共场合传送语言,需要扩音器时,可选择单向动圈式传声器播音。

（2）根据录音的内容及距离不同选用不同的传声器;如距离较近时,可选用动圈式传声器;如录制音域宽的器乐曲且距离较远时,可选用灵敏度较高的电容式传声器;对于频率较低的乐器,也可选用动圈式传声器。一般距离是指1m以内。录音时,选用灵敏度高的传声器,以保证录音效果。

（3）在录音机、电话机中可选用驻极体式传声器。

（4）根据扩音设备的输入阻抗与传声器的输出阻抗匹配,只有在匹配的条件下,传声器与扩音设备才能保证传声与扩音的最佳效果。

5.4.12　耳机的选择

（1）主要用于收听语言广播,只要语言清晰度好就可以,对音质要求不高,此时可选用灵敏度较高的耳机。

（2）对于主要用于收听音乐、学外语的耳机要选择频带较宽、音质较好的耳机,对灵敏度可不作过高要求,如选用EDL-2等型号。

（3）根据放音设备的档次高低选择耳机。

（4）耳机声道数要依据放音设备的声道数来选择,单声道设备要选用单声道耳机,双声道设备要选用双声道耳机。

5.4.13　晶体二极管的选择

（1）选择检波二极管时,考虑其正向压降、反向电流、检波效率和损耗、最高工作温度等。例如,ZAP系列晶体二极管,用于收音机等电路中的检波电路,利用二极管的单向导电性,检出有用信号,滤去无用信号。

（2）选择开关二极管时,必须考虑反向恢复时间、零偏压和结电容等。例如,ZCK系列晶体二极管,主要用于高频电路、开关电路、逻辑电路和各种控制电路。

（3）选用稳压二极管时,必须考虑稳定电压、稳定电流、最大功耗和最大工作电流、动态电阻、电压温度系数等,如 ZCW、ZDW 系列晶体二极管主要用于电子仪器仪表中的稳压。

(4) 选择整流二极管时,必须考虑最大正向整流电流、最高反向工作电压、最高反向工作下的反向电流、最大整流电流下的正向压降等,如 1N4007、2CP、2DP、2CZ 系列晶体二极管主要在整流电路中使用。

(5) 选择发光二极管(LED)时,必须考虑正向工作电流(5mA、10mA、20mA、40mA)、正向工作电压(1.5~3V)、反向击穿电压(≥5V)、极限功耗(50mW、100mW)、发光波长和亮度,如 BT 系列发光二极管主要用于显示电路、报警电路。

5.4.14　晶体管的选择

选择晶体管时,必须考虑电流放大系数 β,反向电流 I_{CBO}、I_{CEO},反向击穿电压 $U_{(BR)CEO}$,最大允许集电极电流 I_{CM},最大允许集电极耗散功率 P_{CM},频率 f_α、f_β、f_T 开关参数 t_d、t_r、t_s、t_f 等参数。根据不同的频率,功率的大小、电路工作状态和不同的要求,选择晶体管。常用的晶体管如下:对于用于低频小功率放大的晶体管,应选择 3AX 系列、3BX 系列锗晶体管;对于用于高频小功率放大的晶体管,应选择 3AG 系列锗晶体管,3CG、3DG 系列硅晶体管;对用于低频大功率放大的晶体管,应选择 3AD 系列锗晶体管、3DD 系列硅晶体管;对用于高频大功率放大的晶体管,应选择 3DA 系列硅晶体管;对用于开关电路的晶体管,应选择 3AK 系列锗晶体管、3DK 系列硅晶体管。测量晶体管的电流放大系数 β 值,可用图 5.29 所示的测量方法进行,一般在 50~150 之间。

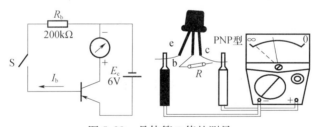

图 5.29　晶体管 β 值的测量

5.4.15　集成电路的选择

集成电路的种类很多,功能各异,引脚排列、形状也各不相同,而且有国产、进口、合资等生产厂商生产的各种产品,因此选用时应注意下列几个方面:

1. 选择方法

(1) 根据电路要求选择。各种电子产品都由不同的电路组成,各部分电路功能不同,要求不同。例如,对于电源电路,是选用串联型还是开关型、输出电压是多少、输入电压是多少等都是选择时要考虑的。

(2) 选择集成电路时要了解所选用集成电路的性能,因为不同类型的集成电路的参数各不相同,如不清楚,则要查阅有关资料。总之在将集成电路装入电路前,要全面了解该集成电路的功能、电气参数、引脚功能或排列规律等。

(3) 对功能相同、封装不同的集成电路,应根据使用条件而定。

(4) 对要求较高的电路,可选用参数指标高的集成电路,而对各项指标要求不太高的电路,就不一定选择高指标的产品。

2. 常用集成电路选择举例

1）触发器

74LS114 JK 触发器、74LS74D 触发器,可以进行"0"和"1"转换的两种状态,常用于寄存器和计数器的逻辑部件中。

2）74LS290 计数器

它是计算机和数字逻辑系统的基本部件之一,能累计脉冲的数目,最后给出累计的总数,广泛用于二 – 十进制计数器中,进行加、减法计数运算等。

3）74LS42、74LS247 译码器

译码器用于二进制译码器、二 – 十进制译码器及显示译码器等。其功能是将输入代码（如 8421 代码）的状态翻译成相应的输出信号,以表示其原意,并用显示器显示出来。

4）74LS147 编码器

用于二进制编码器和二 – 十进制编码器电路中。常用 8421 编码方式,得出该二进制代码所表示的一位十进制数。

5）74LS183 加法器

用于二进制的求和运算电路,如半加器、全加器等。

6）DAC0808D/A 数/模转换

把输入端的 4 位二进制数码,经运算放大器构成反相放大器,输出模拟量。

7）A DC0809 A/D 模/数转换

把输入模拟信号的连续量转换为输出离散的数字量。转换过程是通过采样、保持、量化、编码 4 个步骤完成的。

8）74LS125 三态门

它的输出端除高电平和低电平外,还出现第三种状态——高阻状态。可以实现用一根导线轮流传送几个不同的数据或控制信号,在计算机中被广泛应用。

9）74LS153 数据选择器

它能按需要从几路数据中选择其中一路输出。

3. 集成电路使用注意事项

（1）模拟集成电路使用的双电源为 ±12V 或 ±15V,数字集成电路的电源为 +5.0V,其误差为 ±5%。

（2）使用温度范围,一般为 – 30 ~ 85℃。

（3）焊接采用 20W 内热式电烙铁,一次焊接时间不得超过 3s。

（4）焊接电路时,电烙铁应有良好的接地线;否则,应断电后利用余热焊接。

（5）集成电路的空脚为更替或备用脚,不得擅自接地,使用时悬空即可。

（6）带有集成电路插座的集成电路,必须断电插拔集成电路。

（7）测量各引脚的直流电压时,选用表头内阻大于 20kΩ 的万用表。

5.4.16　集成功率放大器的选择

（1）分类选择。按输入功率的大小分为小、中、大功率放大器,输出功率有几百毫瓦至几十瓦。按内部电路分为功率输出级和集成功率驱动级,前者功率在几瓦以下,后者为十几瓦。

（2）常用型号。有 CD41（X）、CD4101、CD4102、SL349 等。CD4100、CD4101、CD4102 功率体积比大、单电源,使用方便。它主要用于收音机、录音机等小功率放大电路中,它们的电源电压分别为 6V、7.5V、9V。SL349 功率驱动器,电源电压分为 18V、24V,主要用于音响电路中。

5.4.17　光耦合器的选择

1. 种类选择

在实际应用过程中,首先按用途选择光耦合器的种类,并考虑它们的电参数、极限参数、使用电压、电流、负载,甚至外形、寿命及价格等因素。光敏二极管耦合器的响应速度最快,线性也很好。因此,在高速应用及要求有良好线性的场合可优先选用光敏二极管型耦合器。但是,由于其电流传输比很小,因而不太适合小信号场合。光敏晶体管型耦合器的 CTR 较大,可用于信号较小、线性要求不高及中等速度的场合。组合光电管型(光敏二极管加晶体管)是一种较为理想的光耦合器,它具有光敏二极管的高速响应和较好的线性,同时又有较大的电流传输比,是使用极为广泛的光耦合器。

2. 响应速度的提高

组合光电管型耦合器的基本接法有两种:发射极接地和集电极接地,如图 5.30 所示。图 5.30(a)和图 5.30(b)在有光照时分别为“0”态和“1”态。集电极接地时的开关时间比射极接地时的开关时间长,因此响应速度较慢。若使光耦合器有高速的响应特性,宜采用发射极接地电路。在要求更高速度的场合,可以提高电路中光敏二极管的反偏电压,以减小 PN 结的结电容而减小开关时间常数,或采用光敏晶体管构成的光耦合器,如图 5.31 所示。

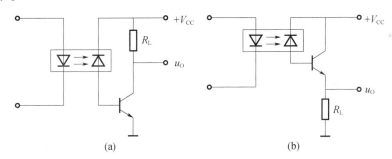

图 5.30　组合光电管型耦合器的基本接法

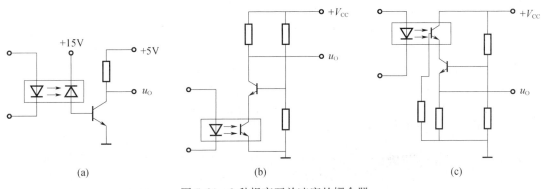

图 5.31　3 种提高开关速度的耦合器

光耦合器的主要参数如表5.5所列。

表5.5　线性光耦合器的主要参数

方式	名称	符号	单位	测试条件	规范值
输入	正向电压	U_F	V	$I_F = 10\text{mA}$	≤1.3
输入	反向电流	I_R	μA	$U_R = 6\text{V}$	≤100
输出	暗电流	I_D	nA	$U_R = 1.5\text{V}$	≤4.9
输出	反向击穿电压	U_{BR}	V	$I_D = 0.01\mu\text{A}$	≥30
传输特性	输出电流	I_{L1}, I_{L2}	μA	$I_F = 20\text{mA}$	≥50
传输特性	输出电流比	I_{L1}/I_{L2}		$I_F = 3 \sim 50\text{mA}$	0.7 ~ 1.2
传输特性	线性度	δ_1	%	$I_F = 3 \sim 50\text{mA}$	±0.3
隔离	绝缘电压	U_{imo}	V	DC1_{min}	2500

5.4.18　熔断器的选择

熔断器的额定电流:4A、6A、10A、15A、20A、25A、35A、60A、l00A、125A、160A、200A、225A、260A、300A、350A、430A、500A、600A等。在选择时可参考。

(1)用于保护无启动过程的平稳负载(照明、电阻炉等)可按下式计算选择,即

$$U_{\text{RTR}} \geqslant U_{\text{RT}}$$
$$I_{\text{RTR}} \geqslant I_{\text{RT}}$$

式中　U_{RTR}——熔断器额定电压;

I_{RTR}——熔断器额定电流;

U_{RT}——线路额定电压;

I_{RT}——负载额定电流。

(2)用于保护单台长期工作的电动机,按下式计算选择,即

$$I_{\text{RTR}}(1.5 \sim 2.5)I_{\text{RT}}$$

(3)用于频繁起动的电动机,按下式计算选择,即

$$I_{\text{RTR}}(3.5 \sim 8.5)I_{\text{RT}}$$

(4)用于保护多台电动机,按下式计算选择:

$$I_{\text{RTR}} \geqslant (1.5 \sim 2.5)I_{\text{RTmax}} + \Sigma I_{\text{RT}}$$

式中　I_{RTmax}——多台电动机中容量最大一台电动机的额定电流;

ΣI_{RT}——其余电动机额定电流之和。

还有一种快速熔断器,主要用于半导体功率元器件或变流装置的短路保护。由于半导体元器件的过载能力很低,只能在极短时间内承受较大的过载电流(如70A的晶闸管器件能承受6倍额定电流的时间仅为10ms),因此要求短路保护具有快速熔断的特性。常用快速熔断器有 RS 和 RLS 系列,应当注意,快速熔断器的熔体不能用普通的熔体代替,因为普通的熔体不具有快速熔断的特性。

5.4.19　热继电器的选择

(1)一般情况下可选用两相结构的热继电器。对于电网电压均衡性较差、无人看管的

电动机或与大容量电动机共用一组熔断器的电动机,宜选用三相结构的热继电器。定子三相绕组作三角形接法的电动机,应采用有断相保护装置的三相热继电器作过载和断相保护。

(2)热元器件的额定电流等级一般略大于电动机的额定电流。热元器件选定后,再根据电动机的额定电流调整热继电器的整定电流,使整定电流与电动机的额定电流相等。对于过载能力较差的电动机,所选的热继电器的额定电流应适当小一些,并且整定电流调为电动机额定电流的 60%~80%。目前我国生产的热继电器基本上适用于轻载起动,长期工作或间断长期工作的电动机过载保护。当电动机因带负载起动而起动时间较长或电动机的负载是冲击性的负载(如冲床等)时,则热继电器的整定电流应稍大于电动机的额定电流。

(3)对于工作时间较短、间歇时间较长的电动机(如摇臂钻床的摇臂升降电动机等),以及虽然长期工作但过载的可能性很小的电动机(如排风机电动机等),可以不设置过载保护。

(4)双金属片式热继电器一般用于轻载、不频繁起动电动机的过载保护。对于重载、频繁起动的电动机,则可用过电流继电器(延时动作型的)作它的过载和短路保护。因为热元器件受热变形需要时间,故热继电器不能作短路保护。

5.4.20　时间继电器的选择

(1)线圈电压的选择,根据控制线路电压来选择时间继电器的线圈电压。

(2)延时方式的选择。时间继电器有通电延时和断电延时两种,应根据控制线路的要求来选择延时方式。

5.4.21　稳压二极管的选择

选用稳压二极管要根据具体电路考虑。例如,用一个稳压二极管简单并联的稳压电源,由于稳压二极管与负载并联,当负载开路时,流过稳压二极管的电流达到最大,这个电流应小于稳压二极管的最大稳定电流。此外,如果某稳压二极管的稳定电压比要求的稳定电压略低时,可以串联硅二极管提高其稳定电压。例如,一个 5.3V 的稳压二极管与一个硅二极管串联,便可得到一个 6V 的稳压二极管。

5.4.22　固态继电器的选择

1. 选用固态继电器的类型

选用固态继电器时,应根据受控电路的电源类型、电源电压和电源电流来确定固态继电器的电源类型和固态继电器的负载能力。受控电路的电源为交流电源时,应选用交流型固态继电器;受控电路的电源为直流电源时,应选用直流型固态继电器。固态继电器的负载能力应根据受控电路的电压和电流来决定。一般情况下,继电器的输出功率应大于受控电路功率的 1 倍以上。

2. 选择固态继电器的带负载能力

应根据受控电路的电源电压和电流来选择固态继电器的输出电压和输出电流。一般交流型固态继电器的输出电压为交流 20~380V,电流为 1~10A;直流型固态继电器的输出电压为直流 4~55V,电流为 0.5~10A。若受控电路的电流较小,则可选用小功率固态继电器;反之,则应选用大功率固态继电器。

选用的继电器应有一定的功率余量。一般情况下,继电器的输出功率应大于受控电路功率的 1 倍以上。若受控电路为电感性负载,则继电器输出电压与输出电流应高于受控电路电源电压与电流。

5.4.23 蜂鸣器的选择

报警器、门铃、定时器、儿童玩具、电子时钟等装置,可以选用压电式蜂鸣器。计算机、寻呼机、复印机、打印机等装置,可选择电磁式蜂鸣器。压电式蜂鸣器内置多谐振荡器,只要为其接通合适的直流工作电源,即可振荡发声。电磁式蜂鸣器分为自带音源和不带音源两种类型。

自带音源的电磁式蜂鸣器内置集成电路,它不需要外加任何音频驱动电路,只要接通合适的直流工作电源,即可发声。根据工作电压的不同,分为 1.5V、3V、6V、9V、12V 等 5 种规格,可根据应用电路的工作电源选用合适的型号。

不带音源的电磁式蜂鸣器类似于一只微型扬声器,需要外加音频驱动电路才能发声。不带音源的电磁式蜂鸣器,其直流阻抗有 16Ω、42Ω 和 50Ω 等规格,选用时应注意与驱动电路相匹配。

5.4.24 555 时基组件的选择

555 时基电路的型号大致有以下几种:国外型号有 NE555、LM555、RM555 等,国内型号有 5G1555、FX555 等。另外,还有一种将两个 555 时基电路集成在同一硅片上的双时基电路,型号为 NE556。555 时基电路常见的引脚排列顺序如图 5.32 所示,都是从集成电路顶部看下去,引脚按逆时针方向依次排列。选择安装时不能把引脚搞错。

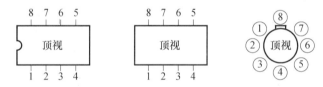

图 5.32 555 时基组件的选择

5.4.25 电位器的选择

(1)根据电路要求和用途,选用具有适宜的阻值变化特性(也称输出函数特性)的电位器。在用于分压或偏流调整时,应选用直线式(X 型)电位器;在用于收录机、电视机等的音量控制时,应选用指数式(Z 型)电位器。若买不到指数式电位器,可用直线式电位器勉强代用,但不可用对数式(D 型)电位器,否则会大大缩小音量的调节范围。在用于音调调制时,宜采用对数式(D 型)电位器。

(2)根据电路要求和使用场合,选用合适类型的电位器。对于要求不高的普通电路或使用环境较好的场合,宜首选碳膜(或合成膜)电位器。这类电位器结构简单、价廉、稳定性较好、规格齐全。对于要求性能稳定、电阻温度系数小、需要精密调节的场合,或消耗的功率较大的电路,宜选用普通线绕电位器;而对于需要进行电压或电流微调的电路,则应选用微调型线绕电位器;对于需要进行大电流调节的电路,应选用功率型线绕电阻器。对于工作频率较高的电路,不宜选用线绕电位器(因为其分布电感和寄生电容大),应选用玻璃釉电位器。对于高温、高湿且要求电阻温度系数小的场合,亦宜选用玻璃釉电位器。对于要求耐磨、耐热或需要经常调节的场合,可选用有机实心电位器。对于要求耐磨性好、动态噪声小、分辨率高的电路,可选用导电塑料电位器。

（3）根据安装位置、用途,应注意电位器的结构、形体大小以及轴柄式样和长短。

（4）对于不经常调整阻值的电路,应选用轴柄短并有刻槽的电位器,用螺丝刀调整好后不要再轻易转动;对于振动幅度大或在移动状态下工作的电路,应选用带锁紧螺母的电位器;对装在仪器或电器面板上的电位器,应选轴柄尺寸稍长且螺纹可调（配旋钮）的电位器;对于小型或袖珍式收音机的音量控制,应选用带开关的小型或超小型电位器。

5.4.26　开关的选择

（1）根据电路的用途,选择不同类型的开关。

（2）根据电路数和每个电路的状态选择,确定开关的刀数和掷数。

（3）根据开关的安装位置,选择外形尺寸、安装尺寸及安装方式。

（4）根据电路的工作电压与通过的电流等选择合适的开关,在选用时,其额定电压、额定电流都要留有余量,一般为 1~2 倍即可。

（5）在维修中要更换开关,又没有原型号可换时,则需考虑引脚的多少、安装位置的大小、引脚之间的间距大小等问题。

5.4.27　电磁铁的选择

（1）电磁铁线圈的额定电压一定与线路电压相等。

（2）应满足每小时工作次数的要求（因动铁芯开始吸合的瞬间电流极大,使线圈的温升受频繁冲击电流的影响较大,因此必须要考虑每小时的接通次数）。

（3）选择电磁铁时,一定要考虑是否符合动作吸力及行程的要求。

（4）要根据工作场所、介质情况、操作工艺及动作要求来选择使用电磁铁的传动方式（推动式或拉动式）。单相电磁铁常在运动铁芯和固定铁芯之间衬以铜片。这是因为铁芯在运动时不能保持和固定铁芯间两边气隙的均匀,如果某边的气隙较小,动铁芯会被吸向这一边,这样就大幅增加了侧面的吸力和摩擦力,而减小了向下的吸力,在其之间加入铜片后,两者之间有了一定的气隙（铜为非磁性材料）,降低了向侧面的力,也不会影响向下的吸力。但是铜片不能形成一个环路;否则将会产生感生电流,增加损耗和温升。

5.4.28　转换开关的选择

根据电源种类、电压等级、所需触点数及电动机的容量来选择。转换开关的额定电流一般为电动机额定电流的 1.5~2 倍。

5.4.29　元器件的选购

选购人员应具有很高的文化素质和专业知识。选购元器件要有一定的责任心。元器件质量的好坏、优劣是电子制作的关键,如果选购的元器件不符合电路的要求,或购买的元器件是次品、废品,制作可能会失败。

1. 选购前的准备工作

在选购前,根据电路设计的要求,应把选购的元器件列出清单,清单上应注明元器件的规格型号、参数要求、尺寸(面积、体积)、质量、耐压、功率、数量、预估单价和生产厂家等内容,如表5.6所列。做到心中有数。

表5.6 元器件选购清单

型号	参数	尺寸/mm	质量/g	耐压/V	功率/mW	数量/只	单价/元	生产厂家
3AX31	$\beta = 60$		10	20	50	30	0.5	上海
3DG6	$\beta = 80$		10	20	50	40	0.5	北京
3CX21	$\beta = 120$		10	20	50	30	0.5	上海
				⋮				

2. 选购方法

(1) 首选国家定点生产厂家生产的系列化元器件,保证元器件是合格的。

(2) 如果选购元器件较多,可对元器件进行抽样检测,如用万用表测量元器件参数,检查元器件的质量、好坏,以免盲目购买回去不能用,带来不必要的麻烦。

(3) 试用。可先买少量元器件回去试用,结果表明元器件质量是好的,且符合电路要求,再批量购买。

(4) 注意生产日期。电子元器件有一定的有效期,如电容有效期为5年。元器件本身质量失效率占33%～46%,使用不当失效率占44%～67%。

(5) 如选用元器件无货,可灵活掌握,可根据代用原则购买。

(6) 索要发票和三包手续,一旦发现坏的元器件可及时更换。

5.5 元器件测量

元器件的测量在选购元器件、使用元器件、维修和调试电路中都是重要环节。下面介绍各种常用元器件的参数和优劣的测量方法。

5.5.1 光耦合器的测量

1. 输入测量

把万用表置于$R \times 1\text{k}\Omega$挡,分别测量输入部分发光二极管的正、反向电阻,其正向电阻约为几百欧,反向电阻约为几十千欧。发光二极管电压在1.3V以下,所以可以用万用表$R \times 1\text{k}\Omega$挡直接测量,如图5.33(a)所示。

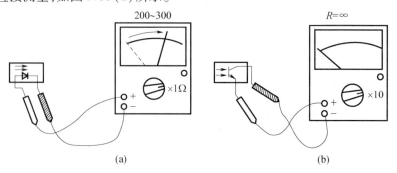

图5.33 光耦合器的测量
(a)输入测量;(b)输出测量。

2. 输出测量

对光敏晶体管型光耦合器,在输入端悬空的前提下,测量输出端两引脚(光敏晶体管的C、E极)间的正、反向电阻均应为∞,如图5.33(b)所示。

光耦合器输入部分与输出部分之间是绝缘的,因此检测光耦合器时应分别检测输入和输出部分。

5.5.2　扬声器的测量

选用万用表的 $R \times 1$ 挡,用表笔断续触碰扬声器的音圈触点时,扬声器应发出"喀喀"的响声。声音清脆、有力度感说明扬声器质量较好;声音嘶哑、浑浊说明扬声器质量差。用万用表 $R \times 1\Omega$ 挡测量扬声器的阻抗如图5.34所示。

5.5.3　开关和插接件的测量

开关和插接件检测要点是接触可靠,转换准确、灵活,可用目测或万用表测量。

(1)目测。对非密封的开关、插接件先进行外观检查,如整体是否完整,有无损坏,观察开关的手柄是否能活动自如,或有松动现象,能否转换到位。观察引脚是否有折断、紧固螺钉有无松动等现象。接触部分有无变形、松

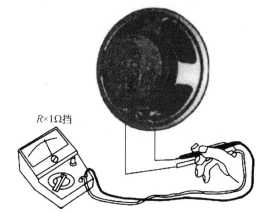

图5.34　用万用表 $R \times 1\Omega$ 挡
测量扬声器的阻抗

动、氧化、损坏、失去弹性。波段开关还应检查定位是否准确,有无错位、短路等问题。

(2)用万用表检测。将万用表置于 $R \times 1\Omega$ 挡,测量两触点接通之间的直流电阻是否为零,不为零则说明触点接触不良。将万用标置于 $R \times 1k\Omega$ 或 $R \times 10k\Omega$ 挡,测量触点断开触点间、触点对"地"间的电阻,此值应为无穷大;否则说明开关、插接件绝缘性能差。

(3)测量触点间的接触电阻。测量方法是用万用表的 $R \times 1\Omega$ 挡,一支表笔接其开关的刀触点引脚,另一支表笔接其他触点引脚,让开关处于接通状态,所测阻值应小于 0.5Ω 以下,如大于此值,表明触点之间有接触不良的故障。

(4)测量开关的断开电阻。测量方法是用万用表的 $R \times 10k\Omega$ 挡,一支表笔接开关的刀触点引脚,另一支表笔接其他触点的引脚,让开关处于断开状态,此时所测的电阻值应大于几百千欧。小于几百千欧表明开关触点之间有漏电现象。

(5)测量各触点间电阻。用万用表的 $R \times 10k\Omega$ 挡测量各组独立触点间的电阻值,应为∞,各触点与外壳之间的电阻值也应为∞。若测出有一定的阻值,表明有漏电现象。

5.5.4　压电陶瓷片的测量

在选用压电陶瓷片时,首先会鉴别压电陶瓷片的好坏和性能,在业余条件下可采用以下几种方法:

1. 电阻测量法

用万用表 $R \times 10k\Omega$ 挡测其两极间直流电阻,正常时应为∞。当用拇指与食指稍稍用力挤压两极面时,阻值应发生相应变化(瞬间阻值不大于 $1M\Omega$)。

2. 电压测量法

将万用表置于直流 1V 挡,万用表笔分别连接压电陶瓷片的两极,用手挤压两极面时,表头指针将会向一个方向摆动大约 0.1V,随即松手,指针将反方向摆动一次。在压力相同的情况下,摆幅越大,压电片灵敏度越高。

3. 电流测量法

将万用表置于直流 $10\mu A$ 挡,分别用两个表笔接压电陶瓷片的基片和接触片镀银层。每接触一次,表针有微小摆动,摆动越大质量越好;否则说明其内部损坏。或者将表笔连接压电片两极,用手挤压两极面,指针将产生大约 $1\mu A$ 的单向摆动,松手后指针将反向摆动。指针摆动越大,其性能越好。

4. 舌感法

将压电蜂鸣片的两极引线触及舌尖,若压电片是完好的,用手挤压两极面时,舌头会产生淡淡的咸味感;若用手指弹击压电片,舌尖有麻电感。

5. 仪器测量法

用数字电容表或数字万用表的电容挡检测压电蜂鸣片,好的压电蜂鸣片会发声。例如,用数字万用表的"CAP 200nF"挡检测直径为 24mm 的压电蜂鸣片,经频率计测量,压电片发出 400Hz 的音频声,同时万用表显示该压电片的电容值"25.2"。压电片的电容量通常为 3~30nF,所以测量时仪表应选"CAP 200nF"挡,这种检测法简便、直观。

用蜂鸣器挡检查压电陶瓷片的测量电路如图 5.35 所示。首先用一根表笔线把输入插孔 $V \cdot \Omega$ 与 COM 短路,然后从仪表内部的压电陶瓷片的两个电极上分别焊一根导线,接上被测压电陶瓷片。打开数字万用表的电源,二者可同时发声。为加以区分,可用耳朵贴近被测压电陶瓷片。如无声则说明已经损坏。用 50Hz 方波检查压电陶瓷片的方法如下:把数字万用表拨至电阻挡,输入插孔 $V \cdot \Omega$ 与 COM 开路,仪表显示溢出"1"状态。用方波信号源引出 50Hz、$10V_{p-p}$ 的方波信号电压,被测压电陶瓷片 BC2 能发出 50Hz 的低频振荡声。如果压电陶瓷片用量很大,可以设计制作一个简单的压电陶瓷片鉴别器,电路如图 5.36 所示。晶体管 VT_1、VT_2 组成两级直接耦合式低频放大电路,在放大器 VT_1 的基极和 VT_2 的集电极之间接入被测压电陶瓷片,形成一个正反馈电路,使电路产生自激多谐振荡。压电陶瓷片在这里既是正反馈元件(等效为电容器)又是发声元件。合上开关 S 后,被测压电陶瓷片发声,则证明完好;若不发声,则说明已损坏。

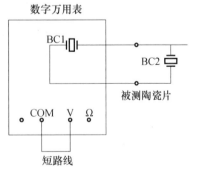

图 5.35　压电陶瓷片测量电路

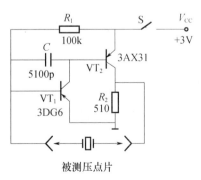

图 5.36　压电陶瓷片鉴别器

5.5.5　全桥整流组件的测量

如图 5.37 所示,由于全桥组件内部的 4 只二极管是按全波桥式整流电路方式连接的,所以全桥组件共有 4 个引脚。可用万用表按下述方法对其进行检测。

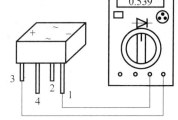

1. 硅堆的特点

硅堆又叫硅柱,它是一种硅高频高压整流二极管,其工作电压在几千伏到几万伏之间,常用于电视机、雷达或其他电子仪器中高频高压的整流。它的内部是由若干个硅高频二极管的管芯串联起来组合而成的,外面用高频陶瓷进行封装。常见的型号有 ZDGL 和 ZCGL 系列。封装上

图 5.37　全桥整流组件的测量

标有其型号和最高反向峰值电压,如 ZDGL – 15kV,表示其最高反向峰值电压为 15kV。

2. 硅堆的检测方法

用万用表 $R \times 10 \mathrm{k}\Omega$ 挡直接测量硅堆的正反向电阻值。测其正向电阻时,表针略有摆动,大约为几十万欧;测其反向电阻时,表针应不动。

另一种检测方法是将万用表置于直流 250V 挡,表笔一端接 220V 电源,另一端与硅堆串联后接到 220V 电源上。由于高压硅堆的整流作用,使其与万用表直流电压表构成一个半波整流电路。当高压硅堆与万用表正向串联时,读数在 30V 以上即为正常;当两者为反向串联时,使回路中没有电流通过,但也可能是高压硅堆内部击穿短路,使交流电压直接加到万用表直流挡上,因此万用表指针总是指在零位上(稍有抖动)。判断高压硅堆开路还是短路时,可将万用表置于交流 250V 挡,用上述方法将万用表与高压硅堆串联后接到 220V 电源上,若万用表读数为 220V,则高压硅堆已击穿短路;若读数为零,则说明被测高压硅堆已开路。

5.5.6　稳压二极管的测量

稳压二极管的应用十分广泛。在实际电子制作或维修中,经常会遇到检测稳压二极管的极性、判断其稳压值等问题。下面将检测稳压二极管的各种方法做具体介绍。

1. 仪表测量

由于稳压二极管工作于反向击穿状态下,所以,用万用表是可以测出其稳压值大小的。具体方法是将万用表置于 $R \times 10 \mathrm{k}\Omega$ 挡,并准确调零。红表笔接被测管的正极,黑表笔接被测管的负极,待指针摆到一定位置时,从万用表直流 10V 电压刻度上读出其稳定的数据(注意,不能在电阻挡刻度上读数)。然后用下列公式计算被测管稳压值,即

$$U = (10 - \text{读数值}) \times 1.5$$

例如,用上述方法测得一只稳压二极管在直流 10V 电压刻度上的读数为 3V,则被测管稳压值为

$$U = (10 - 3) \times 1.5 = 10.5\mathrm{V}$$

用上述方法可以准确地检测计算出稳压值为 15V 以下的稳压二极管的稳压值。

2. 电路测量

测试电路如图 5.38 所示。图中,E 可使用 15 ~ 24V 直流稳压电源,电位器 R_P 的功率要大于 5W,将万用表置于直流 50V 挡。电路接好后进行检测时,慢慢调整 R_P 的阻值,使加在被测

稳压二极管上的电压值逐渐升高,当升高到某一电压值时,继续调整 R_P 至电压不再升高,此时万用表所指示的电压值便为稳压二极管的稳压值 U。如果在调整 R_P 的过程中,万用表指示的电压值不稳定,说明被测管的质量不良。如果调整 R_P 使电压已升高到 E,仍找不到稳压值,则说明被测稳压管的稳压值高于直流稳压电源 E 的电压值或被测管不是稳压二极管。

5.5.7 固态继电器的测量

现以 SP2210 型交流固态继电器为例,测试电路如图 5.39 所示。该器件的额定输入电流为 $10 \sim 20\text{mA}$,选 $U_{CC} = 6\text{V}$,R_P 为输入限流可调电阻,将一块万用表拨至 50mA 挡测输入电流,用另一块万用表的 $R \times 10\Omega$ 挡测输出端电阻。调节 R_P 使 I 为 20mA,测得电阻值为 95Ω,说明内部双向晶闸管已导通(相当于继电器吸合)。再断开 U_{CC},用 $R \times 1\text{k}\Omega$ 挡测输出端电阻为无穷大(相当于继电器释放)。

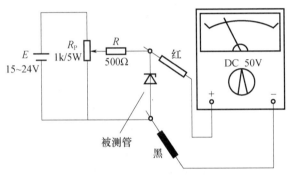

图 5.38　稳压二极管测量电路

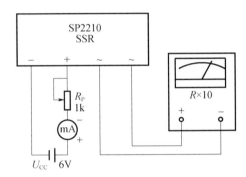

图 5.39　固态继电器的测量

对于直流型固态继电器,需采用直流负载电源。

注意:检测固态继电器时也可以不接负载及负载电源,直接用万用表 $R \times 1\Omega$ 挡测量输出端电阻。当 SSR 导通时,电阻应为十几欧至几十欧,关断时电阻为无穷大。

5.5.8 耳机的测量

1. 单声道耳机的测量

单声道耳机有两个引出点,检测单声道耳机(耳塞机)时,可将万用表置于 $R \times 10\Omega$ 挡或 $R \times 100\Omega$ 挡,两支表笔分别断续接耳机引出线插头的地线和芯线,此时,若能听到耳机发出"喀喀"声,万用表指针也随之偏转,则表明耳机良好。如果表笔断续触碰耳机输出端引出线插头时,耳机无声,万用表指针不动,表明耳机不能使用,存在开路故障或性能不良。对两副或两副以上耳机同时进行同种方法的检测时,其声音较大者,灵敏度较高,在检测中,如果出现失真现象,表明音圈不正或音膜损坏、变形。

2. 双声道耳机的检测

双声道耳机有 3 个引出点,插头顶端是公共端,中间的两个接触点分别为左、右声道接触点。将万用表置于 $R \times 1\Omega$ 挡,测量耳机音圈的直流电阻。将万用表的任一表笔接触插头的公共端(地线),另一表笔分别接触耳机插头的两个芯线,正常时,相应的左声道或右声道耳机会发出较清脆的"喀喀"声,万用表指针偏转,其阻值均应小于 32Ω,且两声道耳机的阻值应尽量相同。因为立体声耳机的交流阻抗为 32Ω,而直流电阻总比交流阻抗低,一般双声道耳机的直流阻值在 $20 \sim 30\Omega$ 之间。若测得的阻值过小或大大超过 32Ω,说明耳机有故障。若测量时耳机无声,万用表指针也不偏转,则说明相应的耳机有音圈开路或连接引出线断裂、耳机内部脱焊等故障。若万用表指示阻值正常,但耳机发声较轻,则说明该耳机性能不良。

单、双声道耳机的测量如图 5.40 所示。

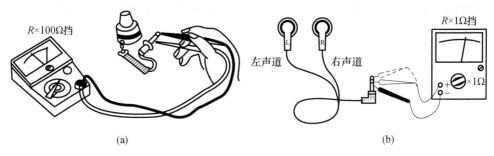

(a)　　　　　　　　　　　　　　　　　　　　　(b)

图 5.40　单、双声道耳机的测量

（a）单声道耳机的测量；（b）双声道耳机的测量。

5.5.9　传声器的测量

1. 电阻测量法

通过测量驻极体传声器引线间的电阻,可以判断其内部是否开路或短路。测量时,将万用表置于 $R \times 100\Omega$ 或 $R \times 1k\Omega$ 挡,红表笔接驻极体传声器的芯线或信号输出端,黑表笔接引线的金属外皮或传声器的金属外壳。一般所测阻值应在 $500 \sim 3000\Omega$ 范围内,若所测阻值为无穷大,则说明驻极体传声器开路,若测得阻值接近零,表明驻极体传声器有短路性故障。

如果阻值比正常值小得多或大得多,都说明被测传声器的性能已经变差或损坏。传声器的测量如图 5.41 所示。

2. 灵敏度测量法

将万用表置于 $R \times 100\Omega$ 挡,将红表笔接驻极体传声器的负极(一般为驻极体传声器引出线的芯线),黑表笔接驻极体传声器的正极(一般为驻极体传声器引出线的屏蔽层),此时,万用表有一定阻值(如 $1k\Omega$),然后正对着驻极体传声器吹一口气,仔细观察指针,应有较大幅度的摆动。万用表指针摆动的幅度越大,说明驻极体传声器的灵敏度越高,若指针摆动幅度很小,则说明驻极体传声器灵敏度很低,使用效果不佳。如发现指针不摆动,可交换表笔位置再次吹气,若指针仍然不摆动,则说明驻极体传声器已经损坏。另外,如果在未吹气时,指针指示的阻值便出现漂移不定的现象,则说明驻极体传声器热稳定性很差,这样的驻极体传声器不宜继续使用。灵敏度测量法如图 5.42 所示。

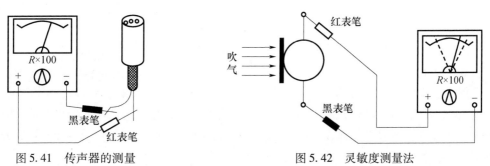

图 5.41　传声器的测量　　　　　　　　　　　图 5.42　灵敏度测量法

5.5.10　驻极体传声器的测量

（1）极性的判断。驻极体传声器由声电转换系统和场效应晶体管组成。由图5.43可知,在场效应晶体管的栅极和源极间接有一只二极管,故可利用二极管的正反向电阻特性来判断驻极体传声器的漏极和源极。

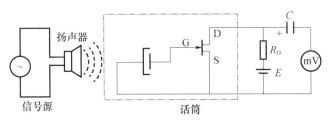

图5.43　话筒灵敏度测量

判断方法:将万用表的转换开关拨至 $R \times 1k\Omega$ 挡上,将黑表笔接一电极,红表笔接另一电极,记下表中的读数;交换两表笔再次测量,记下表中的读数,比较两次测试结果,测量阻值较小者。黑表笔接触电极为源极,红表笔所接电极为漏极。

（2）话筒的好坏与灵敏度高低的判断。当声压作用到传声器时,在毫伏表上便有输出。根据这个原理,可以利用万用表中的电池代替图中的电源 E,万用表的内阻代替图中的 R_D,万用表的表头代替图中的毫伏表,用外界声源(喊话或嘴吹)代替图中的扬声器及信号源。当声压作用到传声器时,表头就有一定的输出根据传声器有无输出判断传声器的好坏,根据输出的大小判断传声器灵敏度的高低。

测试方法如下:将万用表转换开关拨至 $R \times 1k\Omega$ 挡,黑表笔接传声器漏极(D),红表笔接传声器的源极(S),同时接地,用嘴对着传声器吹气,观看万用表针的摆动,幅度越大则灵敏度越高。表头指针若无指示,说明传声器失效;有指示说明传声器正常工作;指示范围的大小表示传声器灵敏度的高低。

5.6　元器件检修

元器件检修是日常工作不可缺少的组成部分,对维护正常工作、设备完好起着重要的作用。

5.6.1　对电气工程技术人员要求

在某种意义上来说,技术人员是一个全才。既要有丰富的理论知识,还要有宝贵的实践经验。在实践中边干边学,实践中有许多书本上找不到的知识和技能。鲁莽的维修人员不仅修不好设备,还容易造成事故,或者给设备造成更大的损坏,甚至引起人身安全事故。故应培养冷静和细心的性格。只有善于冷静分析,才能找到真正的故障原因。只有操作细心,才能有效排除故障。在遇到困难的时候,尤其需要冷静,开动脑筋。在动手维修之前,一定要考虑周全。不断丰富自己的知识,制定长期和短期的自修计划,有针对性地学习相关的专业知识,包括理论知识和维修技术。由于电子技术和电子产品更新换代的速度很快,所以技术人员一定要紧跟技术发展潮流,不断丰富和更新自己的知识。除了学习专业知识以外,还应特别注意积累资料。这里所说的资料,不但包括出版的各种书籍刊物和技术资料,还包括自己的技术经验。并学会如何分门别类地总结自己的经验,并使之系统化、理论化,还应努力汲取别人的宝贵经验。为此,在工作过程中应当把点滴的体会都记录下来,并定期进行整理。这样做不仅有益今后的工作,而且可以提高自己的理论水平和逻辑推理能力,在工作中可以取得越来越大的自由度。设备的电路图、安装图和故障诊断表是最需要的技术资料。应当注意广泛搜集这类资料,尤其是最新的资料。

1. 理论是维修的基础

电子产品的种类繁多,但不管哪种产品的电路都可以归纳为几种类型。例如,按基本功能分,可大致分为放大、整流、开关和振荡 4 种。还有如缓冲、滤波、整形以及分频、倍频等。必须很好地掌握基本电路的工作原理和维修方法。

2. 实践是提高技术的根本途径

能从整机故障的现象很快确定故障元器件的位置,例如,一个经验丰富的电视机修理人员,通过一定的观察图像步骤,便可知道哪个元器件坏了,快速排除故障。检修电子产品需要熟练的工作经验。检修电子产品要从错综复杂的故障现象中辨别出是什么故障,故障辨清后,又要从众多的元器件中找出损坏的元器件。但任何复杂的事物都具有一定规律,问题是如何认识这种规律。对于初学者,当具备了一定的基本知识之后,关键在于实践,经过一定的实践,掌握了一定的检修方法,积累一定的经验,就由被动变为主动。

3. 细心操作是电气工程人员的保证

在工作中,由于操作不小心而引起人为故障的例子很多,既浪费时间,还可能损坏元器件。初学者在学修过程中,要养成分析问题的习惯,也要养成细心的习惯。例如,当焊开元器件进行检查时,一定要使这个元器件恢复到原位;在替换元器件时,焊点一定要焊牢;更换变压器、晶体管和集成电路等元器件时,要记下各引线的连接点,安装时不可接反、接错。这些看来似乎是小事,但做好了就可以收到事半功倍之效,做得不好就要走弯路。

5.6.2　元器件修理方法

1. 基本检修方法

检修电子产品的方法就是如何判断故障部位和排除故障。电子设备的故障是多种多样的,有些故障可以从表面判断;有些故障需要略加检查,作些简单修理就可以恢复正常工作;有些故障必须反复检查才能发现;有些故障需借助专门仪器检查才能发现。一般的电子产品都有几十、几百个元器件,甚至成千上万个元器件,靠检查每个元器件来发现其中的故障是很困难的。因此,必须掌握基本的检查方法。

1) 直接检查法

直接检查法是一种初步检修法,根据故障现象先察看一下有关部位和元器件,有时能够将故障找出来。用眼睛观察到设备的某个元器件发焦,某处元器件引线脱落,焊点松动,元器件相碰以及印制电路板锈蚀、断裂等;在接通电源检查时,有跳火、冒烟等。除了眼看以外,有些故障还可以用耳听、鼻嗅、手摸等辅助方法检查,如有异常声音、异味、元器件烫手等。

2) 电压检查法

电路正常工作的重要条件之一是各级电路加有正常的工作电压、电路中工作电压失常,就无法正常工作,出现故障。因此,许多故障都与工作电压是否正常有关,电压检查法主要利用万用表或晶体(电子)管电压表测量电源电压、电路中各级电压,以及各级电路中的晶体管的发射结的电压,集电极—发射极间的电压及其相关的阻容元器件上的电压等,判断电路的工作状态,查找故障部位和损坏的元器件。

3) 信号注入检查法

有些电子设备,如收音机、电视机和示波器等,为了判断其故障情况,要使用相应频率的信号发生器产生的信号,注入到电路中,用以检查有关放大器的工作情况。如果在电路最前级注入信号,而无输出(声音、图像),需逐次向后移动注入信号的级,直到有输出为止,故障就在此处的前级。

在无信号发生器的情况下,为了方便地判断出故障部位,有经验的维修人员可用指头贴住螺钉旋具的金属部分,用刀口去触碰电路中除接地或旁路接地的各点,这相当于在该点注入一个干扰信号。这种方法也称"干扰法"。用干扰法检查故障,一般由电路的末级向前级依次注入干扰信号。如果检修的是收音机电路,被触点以后的电路工作正常,扬声器里有"喀喀"声。越往前级越响。如果触碰各点均无声,则故障多半在末级;如果从后向前注入干扰信号,到某一级无声,故障就在此级。

4) 代替法

在检修时,如发现可疑的元器件,可用一个好元器件代替它试一下,如果故障消除了,则证明所怀疑元器件的确是坏的。有的大设备,可以用备用的单元电路或电路板替换有故障的单元的电路或电路板。这种方法叫"代替法"。

5) 阻值测量法

顾名思义,阻值测量法就是测量元器件的阻值或两点间的电阻大小。使用这种方法时应当注意以下几点:

(1) 测量时一定要先关闭电源;否则很容易损坏万用表。

(2) 关闭电源后应对所有的滤波电容器进行放电。

(3) 测量电路中的元器件时,应注意其他元器件是否会影响测量的准确性。如果有影响,应把元器件的一端从电路板上焊下来。

阻值测量法常用来检查电路是通还是断、两点间是否短路、电路板是否短路到地。在无法判断电路中的元器件是否损坏时,也常用来作为检测元器件的简单手段。当电压测量法区分不出故障原因是电阻短路还是晶体管的发射极—基极短路时,可以把电阻的一端从电路板上焊下来,再测量电阻的阻值。

6) 专用测试器检查法

专用测试器在检修过程中有 3 种作用。第一种作用是验证被其他方法判为坏的元器件是否真的损坏。第二种作用是用来检查受怀疑的元器件有没有问题。第三种作用是用来测试备用元器件,以避免新换上的元器件有毛病。

有一类专用测试器可以直接测量电路中的元器件的一般参数,被测元器件不必从电路板上焊下来。这类专用测试器叫做"在线元器件测试器"。元器件的专用测试仪器一般都不允许这样使用,测量之前一定要把元器件从电路板上拆下来。为了防止失误,维修人员应当遵循以下的操作原则:

(1) 最好每次只拆下一个元器件。拆下元器件前应记下每个引脚的焊接位置。在引脚数目较多或者对这种元器件的引脚排列方式不太熟悉时,应在每个引脚上贴上胶布,写上记号,或者采取其他方法标记。

(2) 如果不得已必须拆下较多的元器件,一定要给每个元器件分别做上记号。

（3）如果测量结果表明该元器件没有故障,应及时把它焊到电路板上。

（4）应利用元器件拆下来的机会,检查一下印制电路板有没有毛病。

在检修过程中,无论是采用哪一种方法,只要需要拆下元器件,均需记住上述的操作规则。切不要糊里糊涂拆下许多元器件,最后弄不清该如何装回去。这里还要顺便讲一下初学维修的人最容易犯的毛病。初学维修的人往往不懂得首先应找出哪一级电路出故障,然后再仔细检查这级电路中哪个元器件有毛病。他们的做法是按照故障诊断表列出的每一项可能的故障原因,把有关的元器件一齐拆下来测量,看看哪个出了毛病。等到测量完毕后,才发现弄不清每个元器件应如何焊回去。

专用测试仪器很贵,而且不同的元器件须使用不同的测试仪器。所以,维修人员应当多掌握一些简易的测试方法,学会自制一些简单的测试器,不要过份依赖专用测试仪器。一般来说,电压测量法和电阻测量法是能够判断出绝大多数的元器件故障的。在难以确定元器件是否有问题时(如无法测量晶体管的高频特性),可以用元器件拆换法来解决疑难问题。这样就不必为没有专用测试仪器而犯愁。

2. 逐步接近法

电子产品的检修方法很多,但没有一种方法对各种情况都是适合的。然而可以找到一种适合大多数情况的方法——逐步接近法。逐步接近法就是用逐级进行分析的方法分析电路故障,它是一种综合性的检修方法,它可以用到上述各种基本检修方法。首先找到出故障的级,然后再找到出故障的元器件。逐步接近法的步骤如下:

（1）初步检查。

（2）熟悉整机。

（3）把故障范围缩小到某一级。

（4）把故障范围缩小到故障元器件。

（5）替换坏的元器件,并检查整机恢复工作的情况。初步检查即直观检查。这种检查似乎相当肤浅,但却不容忽视。在初步检查中花一点力气,可以节约时间并避免混乱,防止扩大故障。尤其重要的是,一旦忽视这种检查就可能出现别的问题。

初步检查包括试做正常操作、电源与外观的检查。开始,先检查整机的所有开关和调整机构。简单地说,要证实问题确实存在,并且问题不是因操作不当而引起的。接着,检查电源的初级,电源线是否为开路? 电池电压是否够用? 接线有无开路处? 熔丝是否烧断? 外观检查包括:寻找有无冒烟、打火或电弧产生,有无拆断现象、松脱的接头,有无烧坏的元器件等,如果有,可以找出故障的原因。如果在初步检查中,未能找出故障原因,维修人员就必须熟悉整机。首先,必须了解设备的输入和输出以及整机的框图。一般电子设备的技术说明书都提供框图。如果没有图样,维修人员应自行绘制。框图是由原理图简化而来的。它说明整机有几级以及级与级之间的连接。在检修过程中,原理图是重要的。除框图外,维修人员还应了解每一级的正常输入和输出。一些工厂产品提供的维修框图和原理图标出各级间的正常蓄电池或波形。但许多情况下,维修人员必须自己对各级进行分析,并确定其正常蓄电池或波形。在被检修设备的输入端加上额定的输入信号,维修人员逐级检查其输出情况,输入正常而输出异常的一级就是故障级。然后,就要判别这个故障级中损坏的元器件,并予以更换。最后复查一下设备整机的工作是否恢复正常。简而言之,检修电器产品包括把故障缩小到某一级、分析各级的情况以及在故障级中找出损坏的元器件。

5.6.3 元器件修理寻迹电路

故障寻迹器可以为检修收音机、录音机及扩音机等音响设备提供方便。当音响设备的直流工作点正常，但故障表现为无声、音轻、声音失真、噪声大等一系列复杂情况时，往往单凭万用表就很难判断了，但故障寻迹器可以顺利找到故障原因。图 5.44 是修理故障寻迹器的电路。从探头拾取的高频或低频信号，经 C_1 耦合到 VT_1 的基极，VT_1 本身不仅对信号具有放大作用，还具有对高频信号的检波作用，检波后的残余高频信号经 C_2 旁路到地。由于高频扼流圈 GZL 对低频信号所呈现的阻抗很小，因此，无论是检波后的信号还是从探头直接输入的低频信号都能顺利地进入下一级。

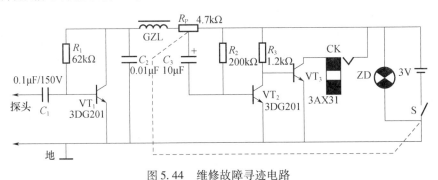

图 5.44　维修故障寻迹电路

5.6.4 元器件常见故障

由元器件组成的装置，在长期使用过程中，可能出现以下故障。

1. 开关（按钮）的故障

由于开关或按钮经常使用，反复操作，发生自然损坏、接触不良、接线脱落等，使电器装置无法工作。检查发现上述故障，可用钳子、旋具把松动的接线、螺母拧紧，脱落的导线用电烙铁重新焊接即可。损坏严重不能继续维修使用的，可按原型号换新的。

2. 熔丝（体）熔断

熔丝（体）的熔断是一切电器装置、产品常见的故障，导致整机无电不能工作。产生原因是内部出现短路或开关过程冲击电流过大。熔丝（体）熔断后，换上同规格容量大小相同的熔丝（体）即可。但一定不能用铜丝或铁丝来代替。

3. 电池夹生锈霉变

现代的电子装置日趋微型化，交、直流两用或用电池供电。特别是用电池供电的，时间长了，电池流出腐蚀液体，使电池夹生锈霉变，电路接触不良或不通电。要注意定期更换电池，对生锈霉变的电池夹可用砂纸、小刀和除锈剂把锈除掉，使之光亮如初，接触良好。

4. 弹簧弹失、螺母松动

在电子装置中，弹簧弹失、螺母松动、脱落的现象时有发生，影响整机的工作且不好寻找。这时可用一块永久磁铁帮助寻找，很快把它吸住。然后用扳手或钳子把它拧紧。

5. 内部元器件损坏

内部元器件出现损坏，可用万用表检查元器件的参数、工作点电压是否符合正常值。还可以用同规格型号的元器件换上。

6. 空气潮湿

电子装置由于空气潮湿,使印制电路板、变压器等受潮、发霉或绝缘性能降低,甚至损坏。此时,应排除湿气后将其加温。

7. 元器件失效

某些元器件失效。例如,电解电容器的电解液干枯,导致电解电容器的失效或损耗增加而发热。此时应更换元器件。

8. 接插件接触不良

如印制电路板插座簧片弹力不足;断电器触点表面氧化发黑,造成接触不良,使控制失灵。检查或更换插接件,使之良好接触。

9. 元器件布局不当

元器件由于排布不当、相碰而引起短路;有的是连接导线焊接时绝缘外皮剥除过多或因过热而后缩,也容易和别的元器件或机壳相碰引起短路。拉开元器件间的距离,使之不能相碰。

10. 线路设计不合理

线路设计不合理,允许元器件参数的变动范围过窄,以至元器件参数稍有变化机器就不能正常工作。修改设计或调整元器件参数。

5.6.5　发光二极管的检修

故障现象:发光二极管不亮,或损坏。

故障原因:使用不当,性能发生变化。

修理方法:有些单色发光二极管损坏后是可以修复的。用导线通过限流电阻将待修的无光或光暗的单色发光二极管接到电源上,左手持尖嘴钳子夹住单色发光二极管正极引脚的中部,右手持烧热的电烙铁在发光二极管正极引脚的根部加热,待引脚根部的塑料开始软化时,右手稍用力把引脚往内压,并注意观察效果,对于不亮的单色发光二极管,可以看到开始发光;对于发光微弱的单色发光二极管,则能看到亮度逐渐增加。操作时,只要适当控制电烙铁加热的时间及对引脚所施加力的大小,就可以使单色发光二极管的发光强度 J 恢复到接近同类正品管的水平。

5.6.6　扬声器的检修

(1)故障现象:纸盆破裂、脱边。

故障原因:振动、碰坏。

修理方法:可将纸盆破裂处或脱边处的尘土清除干净,薄薄地涂上一层万能胶,将其粘牢。如果脱落,涂上万能胶后,要用手检查纸盆音圈是否在中心位置,碰不碰内部磁钢,有没有噪声,待调整好以后,用铁夹子将边缘夹住,防止移位,晾干后即可使用。

(2)故障现象:纸盆破损、边缘损坏。

故障原因:振动、碰坏。

修理方法:将损坏处清洁干净,薄薄涂上一层万能胶,从报废扬声器的旧纸盆上剪下一块贴在破损处,待胶液晾干后即可使用。

(3)故障现象:引线霉断或振断。

故障原因:受潮霉变或摔在地上。

修理方法：如果断裂处不在纸盆根部，用电烙铁将其焊接上即可。如果断裂在纸盆根部，可以在原引线处穿一小孔，用一根细的多股软线的芯线从小孔中穿过，并和引线焊牢，芯线另一端焊在扬声器引线的焊片上。焊好后将小孔和焊接处用万能胶封好，待晾干后即可正常使用。

5.6.7　电容器的检修

（1）一般电容故障现象：电容开路、击穿、漏电、通电后击穿。

故障原因：

① 元器件开路。电容器开路后，没有电容器的作用。不同电路中电容器出现开路故障后，电路的具体故障现象不同，如滤波电容开路后出现交流声、耦合电容开路后无声等。

② 元器件击穿。电容器击穿后，失去电容器的作用，电容器两根引脚之间为通路，电容器的隔直作用消失，直流电路出现故障，从而影响交流工作状态。

③ 元器件漏电。电容器漏电时，导致电容器两极板之间绝缘性能下降，两极板之间存在漏电阻，有直流电流通过电容器，电容器的隔直性能变差，电容器的容量下降。当耦合电容器漏电时，将造成电路噪声大。这是小电容器中故障发生率比较高的故障，而且故障检测困难。

④ 通电后击穿。电容器加上工作电压后击穿，断电后它又表现为不击穿，万用表检测时它不表现击穿的特征，通电情况下测量电容两端的直流电压为零或者很低，电容性能变坏。

修理方法：

① 电容内部开路，换元器件；电容外部连线开路，重新焊好。

② 电容器击穿，换新。

③ 电容器漏电，换新。

④ 通电后击穿，换新。

（2）电解电容器的检修。

电解电容器是固定电容器中的一种，它的故障特征与固定电容故障特征有许多相似之处，由于电解电容器的特殊性，电解电容的故障特征又有许多不同之处。在电路中，电解电容器的故障率较高。

故障现象：电容器两极短路。

故障原因：

① 未通电，击穿，电容器内部短路。

② 未通电正常，通电后击穿，电容器外部连线短路。

修理方法：

① 更换新元器件。

② 电容器外部连线短路，检查短路点，断开。

5.6.8　电感器的检修

故障现象：线圈被烧断而开路或因线圈的导线太细在引脚处断线。

故障原因：

① 在电源电路中的线圈因电流太大而烧断,可能是滤波电感器先发热,严重时烧成开路,此时电源的电压输出电路将开路,无直流电压输出。

② 电路中的线圈开路之后,无信号输出。

③ 磁芯松动而引起的电感量不正常,线圈所在电路不能正常工作,信号的损耗增大或无信号输出。

④ 线圈受潮后,线圈的 Q 值下降,引起信号的损耗增大。

修理方法:

① 发现有烧焦或变形的痕迹,不需要对电感器做进一步检查,及时更换新线圈。

② 拆下外壳后进行检查,引线断时可以重新焊上。先刮去引线上的绝缘漆,并在刮去漆的导线头上搪上焊锡,然后去焊引线头。焊点要小,避免虚焊和假焊,也不要去碰伤其他引线上的绝缘漆。

③ 对于磁芯损坏的电感器,可以从相同的旧电感器上拆下一个磁芯换上。

④ 对于磁芯松动的电感器,可以更换橡皮筋。

5.6.9　耳机的检修

故障现象 1:时而有声,时而无声。

故障原因:

① 耳机在使用过程中经常弯折。

② 耳机根部折断。

③ 焊接线接触不良。

修理方法:

① 将折断的引出线剪断,用旋具从耳机后盖引出线下部将后盖翘起并盖好。

② 将耳机残留的引出线用电烙铁拆焊,并从线孔中拉出。

③ 剥去剪断的引出线的绝缘层,从线孔中穿进去,分别焊在两引出线片上,将后盖盖好并压紧。

故障现象 2:耳机插头接线处,有时有声,有时无声。

故障原因:

① 耳机引出线的另一个断线部位是耳机插头接线处。

② 焊接线接触不良。

修理方法:

① 对于不可拆的一次性插头,只能将插头带断线部位一起剪去,重新换插头。

② 对于可拆插头,可将断线剪去,将引出线重新焊好。

故障现象 3:耳机无声。

故障原因:一般是耳机音圈引出线断开所致,用万用表进行检测时,其阻值为无穷大。

维修方法:把后盖打开,找到断线处,用电烙铁重新焊好即可。

5.6.10　可调电容器的检修

(1) 故障现象:松动、漏电。

故障原因:

① 用手轻轻旋动转轴,应感觉十分平滑,不应感觉有时松时紧、有卡滞现象。

② 检查动片与定片间有无碰片或漏电现象,方法如图 5.45 所示。

③ 漏电。

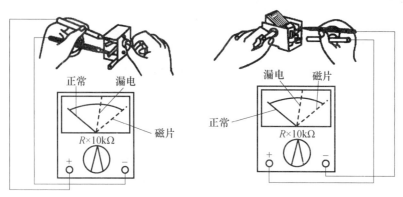

图 5.45　故障检查方法

维修方法:

① 将转轴向前、后、上、下、左、右等各个方向推动时,转轴不应有松动的现象。

② 将万用表置于 $R \times 10\mathrm{k}\Omega$ 挡,一只手将两个表笔分别接可调电容器的动片和定片的引出端,另一只手将转轴缓缓旋动几个来回,万用表指针都应在无穷大位置不动。在旋动转轴的过程中,如果指针有时指零,说明动片和定片之间存在碰片点;如果旋到某一角度,万用表读数不为无穷大而是一定值,说明可调电容器动片与定片之间存在漏电现象。

对于双联可调或多联可调电容器,可用同样的方法检测其他组动片与定片之间有无碰片或漏电现象。

(2) 故障修理。可调电容器易出现的故障主要是动片和定片之间碰片、漏电、静电感应、动片松动、动片定位失灵不起作用等,可根据不同情况进行适当修理。

① 密封可调电容器的薄膜介质,在长期使用中易产生静电感应,调台时出现"咔咔"声,一般可用酒精清洗。但因酒精挥发性强,清洗后又会在薄膜上积累静电子,调台时仍会产生噪声。较好的解决办法是,将塑料外罩取下,采用洁净的润滑剂,边旋转转轴边喷射,能在较长时间内避免静电感应引起的噪声。

② 密封可调电容器发生动片和定片之间相碰,导致短路故障,主要是由于层间损坏所致,只要将密封可调电容器打开,将 4 个固定柱上的螺母卸下再将损坏的薄膜片取下,换上好的(可从同类型报废的可调电容器中取下薄膜使用)即可。

③ 空气可调电容器,如果使用时间过长,片间会积累灰尘和油污,或者动片和定片受腐蚀引起表层氧化、起皮,沾上脏物,加上受潮,使定片和动片之间绝缘电阻下降,导致不能正常使用。对于这种情况,将薄钢片插入片间将灰尘、油污清除干净即可。

5.6.11　熔断器的检修

(1) 故障现象:电动机起动瞬间熔断器熔体熔断。

故障原因:

① 熔体电流等级选择过小。

② 被保护的电路中有短路或接地点。

③ 安装熔体时有机械损伤。

④ 有一相电源发生断路。

修理方法：

① 选择合适的熔体进行更换。

② 检查线路，找出故障点并排除。

③ 重新安装新的熔体。

④ 检查熔断器及被保护电路，找出断路点并排除。

（2）故障现象：熔体未熔断，但电路不通。

故障原因：

① 熔体或连接线接触不良。

② 紧固螺钉松脱。

修理方法：

① 旋紧熔体或将接线接牢。

② 找出松动处将螺钉或螺母旋紧。

（3）故障现象：短路保护动作误差过大。

故障原因：

① 熔体电流选择不合适。

② 熔体发生氧化腐蚀损伤。

③ 熔体四周介质温度与被保护对象四周介质温度相差过大。

修理方法：

① 计算负载后重新选择合适的熔体进行更换。

② 更换熔体。

③ 调换熔断器位置，使之与被保护对象介质温度相一致。

5.6.12　电位器的检修

（1）故障现象：碳膜已磨损严重。

故障原因：动片触点和簧片经常磨损。

修理方法：打开电位器的外壳，用尖嘴钳将动片触点的簧片向里侧弯曲一些，使触点离开原已磨损的轨迹而进入新的轨迹。采用这种方法处理后的电位器效果良好。

（2）故障现象：电位器转动噪声大。

故障原因：电位器内部的碳膜摩擦。

修理方法：用纯酒精清洗碳膜，转动转柄，试听噪声大小情况，直到转到噪声消失为止。

5.6.13　晶体二极管的检修

故障现象：晶体二极管出现开路、击穿、正向电阻增大、性能变差。

故障原因：

（1）元件开路。指二极管正、负极之间已经断开，二极管正向和反向电阻均为无穷大。二极管开路后，电路处于开路状态，造成二极管的负极没有电压输出。可能是内部断路或外部连线断路。

（2）元件击穿。元件击穿指二极管正、负极之间已经通路，正、负向电阻一样大或十分接近。二极管击穿时并不一定表现为正、负极之间阻值为零，会有一些阻值。二极管击穿后,负极将没有正常信号电压输出,有的出现电路过电流故障。

（3）正向电阻增大。正向电阻增大指二极管的正向电阻太大,信号在二极管上的压降增大,造成二极管负极输出信号下降。二极管会因为发热而损坏。正向电阻变大后,二极管的单向导电性变差。

（4）性能变差。性能变差指二极管并没有出现开路或击穿等明显故障现象,但是二极管性能变差后不能很好地起到作用,或是造成电路的工作稳定性差,或是造成电路的输出信号电压下降。

修理方法:

① 内部开路,更换元件;外部原因造成开路,排除。

② 更换元件。

③ 更换元件。

④ 更换元件。

5.6.14　晶体管的检修

故障现象:晶体管出现开路、击穿、噪声增大、性能变差。

故障原因:

① 开路。可以是集电极与发射极之间、基极与集电极之间、基极与发射极之间开路,各种电路中晶体管开路后具体故障现象不同,但是有一点相同,电路中有关点的直流电压大小发生了改变。

② 击穿。主要是集电极与发射极之间击穿。晶体管发生击穿故障后,电路中的有关点直流电压发生改变。

③ 噪声大。晶体管在工作时要求它的噪声很小,一旦晶体管本身噪声增大,放大器将出现噪声大故障。晶体管发生此故障时,一般不影响电路中的直流电路工作。

④ 性能变坏。如穿透电流增大、电流放大倍数变小等。晶体管发生这一故障时,直流电路一般也不受其影响。

修理方法:

① 内部开路,更换元器件;外部原因造成开路,排除。

② 更换元器件。

③ 消除噪声。

④ 更换元器件。

5.6.15　集成电路的检修

故障原因:

① 烧坏。由过电压或过电流引起。集成电路烧坏时从外表上一般看不出什么明显的痕迹,严重时集成电路上可能出现小洞、裂纹之类的痕迹。

② 增益变小。集成电路基本丧失放大能力。

③ 噪声增大。集成电路虽然能够放大信号,但是噪声也很大,信噪比下降,影响了信号的正常放大和处理。

④ 引脚折断。电路引脚断的原因往往是人为的,如拨动集成电路引脚不当所为。

修理方法:更换集成块。

5.6.16　蜂鸣器的检修

故障现象 1:完全无声。

故障原因:

① 电磁蜂鸣器完全无声,多为线圈开路造成的。

② 线圈使用的导线很细,必须小心地拆除。在找到断线头时,可将断线重新焊接好,然后绕到骨架上。断线头的焊接处一定要用绝缘纸包起来,并与其他线匝隔开。

③ 线圈断开多是进水或受潮引起的。

修理方法:

① 将线圈首尾端焊到骨架的焊线脚上,再把所有部件安装复原。用碰焊在原铆接处将铁芯、总支架、簧片、上支架焊接在一起。但要注意铁件热传递会损坏其他塑料制件,所以在焊接时应先拆卸轴承、旋钮,并保证焊接时间尽可能短,等焊接处冷却后再装上塑料轴承和旋钮。

② 如果焊接没有把握,可用强力胶进行胶接,或买一个同型号的电磁蜂鸣器替换。

③ 要进行防潮处理。用环氧树脂胶在线圈外表涂一层并密封起来。

故障现象 2:声音较小。

故障原因:

① 从原理上讲,是扬声器(或压电扬声器)发出的声音功率不足造成的。通常有两种情况:一是加到扬声器上的信号功率不足,以至驱动扬声器时发出的声音较小;二是加到扬声器上的信号功率足够而产生较小的声音。前者属于电路的故障,而后者属于扬声器的故障。

② 电路故障多为电源电压下降,干电池供电时间过长(或供电电源个别元件失效)。

③ 电子电路中晶体管的放大倍数下降,也是造成信号功率不足的原因。

④ 扬声器故障。压电式扬声器在长期的发音振动中,陶瓷片会破裂碎落,从而出现音频振动量不足,使声音变小。陶瓷片上很薄的镀银层长期受潮氧化脱落。

修理方法:

① 更换电池。

② 检查稳压电源中的电源变压器、整流二极管、滤波电容器的好坏。

③ 若发现了损坏的元器件,应选用放大倍数大的同型号晶体管来替换。

④ 更换扬声器。

5.7　印制电路板的设计与制作

印制电路板(Printed Circuit Board,PCB)是电子产品中的重要组件之一,从家用电器、通信电子设备、武器装备到宇宙飞船,任何一台电子设备都离不开印制电路板。各领域电子设备的电子器件相互之间的电气连接,必须使用印制电路板来实现。因此,掌握印制电路板的设计与制作方法是非常必要的。

5.7.1　印制电路板概述

印制电路板是指在绝缘基板上,有选择地加工安装孔、连接导线和装配电子元器件的焊盘,以实现元器件间的电气连接的组装板。根据印制电路板的导电板层不同,可将其分为单层板、双层板和多层板 3 种类型。单层板是绝缘基板上仅有一面导电图形的印制电路板。单层板采用玻璃纤维和纸等增强材料加工制成,多用于安装分立元器件。双层板绝缘基板的两面都有导电图形,通常选用环氧树脂板或玻璃布板加工而成。双层板多用于安装集成元件,不同层面的导电图形通过金属化孔工艺连接,适合于比较复杂的电路,是制作印制电路板较为理想的选择,也是目前应用最为广泛的印制电路板结构。多层板是具有二层或三层以上导电图形和绝缘材料层压合而成的印制电路板。其导电形式和双面板的一样,通过金属化孔工艺来实现不同层面电路的互相连接。多层板增设了屏蔽层、接地散热层,使电路的信号失真减小。局部过热现象减轻,提高了电子设备整机工作的可靠性。印制电路板在设计时应满足一定的设计要求:

1)正确性

正确性是印制电路板设计中最基本、最重要的指标。设计要准确实现电路原理图的连接关系,避免出现短路和断路的问题。

2)可靠性

印制电路板的可靠性直接影响产品的质量。设计者的水平高低、元器件的分布是否合理、导线的规范与否以及各种干扰源都可能影响印制电路板工作的可靠性。所以,仅仅线路连接正确的印制电路板不一定可靠性好。

3)合理性

从制造、检验、装配、调试到整机装配、调试,再到最后的使用,都要求印制电路板的设计具有合理性。

4)经济性

板子尺寸尽量小,连接用直焊导线,表面涂敷用最便宜的材料,选择价格最低的加工厂等,都可以让印制电路板的造价下降,但是,这些廉价的选择可能会造成工艺性、可靠性变差,使得维修费增加,总体的经济性不合算。因此,经济性是一个不难达到,又不易达到,但又必须达到的目标。

以上 4 条要求既相互矛盾,又相辅相成。不同用途、不同要求的产品,其侧重点不同。具体产品具体对待,综合考虑以求最佳,是对设计者综合能力的要求。

5.7.2 印制电路板的设计原则

印制电路板设计的主要内容是把电子元器件在一定的制板面积上合理地布局,设计出最合理的电气连接线路,绘制一张不交叉的图样。印制电路板在设计时,布局尤为重要。如果印制电路板的布局不合理,就可能产生各种干扰。因此,在设计印制电路板时要满足基本的布局要求,保证电路的电气性能;有利于产品的生产、使用和维护;印制导线尽可能短。同时,设计印制电路板的布局应按照信号流的走向进行设计。

1. 元器件的布局规则

1)元器件的安装方式

元器件在印制电路板上的安装方式有立式安装和卧式安装两种,如图 5.46 所示。立式安装时元器件与印制电路板呈垂直状态,因此要求元器件体积小、质量轻,立式安装时元器件占用面积小,适合元器件排列密集、紧凑的设计;卧式安装时元器件与印制电路板呈平行状态;元器件稳定性强,板面排列整齐,元器件跨距增大,对于印制导线的绘制有很大帮助。

所以,应根据实际情况选择合适的安装方式。

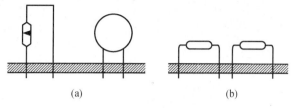

图 5.46　元器件的安装方式

(a)立式;(b) 卧式。

2) 元器件的排列方式

元器件在印制电路板上的排列与产品种类和性能有关,常用的方式有不规则排列和规则排列两种。不规则排列又称为随机排列,元器件的轴线方向任意,如图 5.47 所示。不规则排列看似杂乱无章。但元器件不受位置与方向的限制,使得印制导线布置时很方便,同时可以缩短元器件布线长度,使板面印制导线减少,对高频电路和低频电路的设计很有好处。规则排列元器件的轴线方向与板子的四边垂直或平行,如图 5.48 所示,这种方式下元器件排列很规范,板子美观、整齐,安装、调试及维修较为方便,但是由于元器件排列受到方向或位置的限制,因此导线布置要复杂一些,导线会相应增加。这种排列常用于板面宽、元器件种类少、数量多的低频电路。

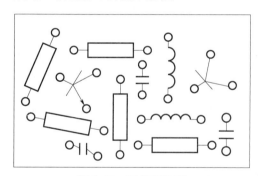

图 5.47　不规则排列

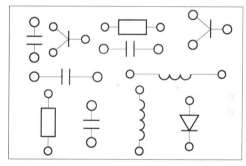

图 5.48　规则排列

3) 元器件的一般布局规则

元器件应当均匀、整齐、紧凑地排列在印制电路板上,尽量减少和缩短各个单元电路之间以及每个元器件之间的引线连接。元器件在布局时应遵循以下原则:

(1) 在保证电气性能优良的情况下,元器件在印制电路板上应分布均匀、疏密一致。

(2) 相邻元器件之间要保持一定的散热距离,以免元器件之间相互干扰。

(3) 发热元器件应安放在有利于散热的位置,必要时单独放置或安装散热器,以降低对邻近元器件的影响。热敏感元器件要远离高温区域,或采用热屏蔽结构。

(4) 大而重的元器件应尽可能安置在印制电路板靠近固定端的位置,并降低其重心,以提高力学强度和耐振、耐冲击的能力,减少印制电路板的负荷和变形。

(5) 布置元器件时不能上下交叉,图 5.49 所示为不正确的布设方法。

(6) 元器件两端焊盘的跨距应稍大于元器件的轴向尺寸,引线不要齐根弯折,应该留出一定的距离,以免损坏元器件引线。如图 5.50 所示,图 5.50(a)所示为正确的引脚弯折方式。图 5.50(b)所示为错误的引脚弯折方式。

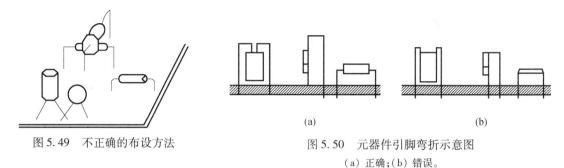

图 5.49　不正确的布设方法

图 5.50　元器件引脚弯折示意图
(a)正确;(b)错误。

(7)元器件的安装高度要尽量低,一般元器件和引线离开板面不要超过 5mm,过高则在承受振动和冲击时,其稳定性较差。

2. 印制电路板的焊盘及导线设计

1)焊盘

(1)焊盘的形状。

焊盘的形状有很多种,应根据不同的设计选用不同形状的焊盘。岛形焊盘如图 5.51 所示,常用于元器件的不规则排列,特别是在元器件采用立式不规则安装时更为常用。电视机、收音机等家用电器产品几乎都采用这种焊盘。圆形焊盘如图 5.52 所示,焊盘与引线孔为一个同心圆,焊盘的外径一般为引线孔径的 2~3 倍,多在元器件规则排列中使用,双面板也多采用这种类型的焊盘。方形焊盘如图 5.53 所示,元器件体积大、数量少并且导线简单的印制电路板多采用方形焊盘,在一些手工制作的印制电路板中也常用这种类型的焊盘。椭圆焊盘如图 5.54 所示。这种焊盘有足够的面积增强抗剥能力,利于中间走线,常用于双列直插式元器件或插座类元器件。

图 5.51　岛形焊盘

图 5.52　圆形焊盘

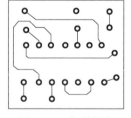
图 5.53　方形焊盘

图 5.54　椭圆焊盘

(2)引线孔。

引线孔具有电气连接和机械固定的双重作用。孔太小不利于安装,同时焊锡也不能润湿金属孔;孔太大又容易形成气孔等焊接缺陷。由于引线孔是钻在焊盘中心的,因此孔径应该比所焊接的元器件引脚直径大 0.2~0.4mm。

(3)焊盘外径。

在选择焊盘时应考虑焊盘的抗剥能力。单面板焊盘外径应大于引线孔 1.5mm,即焊盘外径为 D,引线孔为 d,则一般焊盘外径 $D \geqslant (d + 1.5)$(单位:mm)。对于双面板而言,其焊盘外径 $D \geqslant (d + 1.0)$(单位:mm),同时,参考表 5.7 所示数据进行选择。

表 5.7　引线孔与焊盘外径对照表

指　标	数　据						
引线孔径/mm	0.5	0.6	0.8	1.0	1.2	1.6	2.0
最小焊盘直径/mm	1.5	1.5	2	2.5	3.0	3.5	4.0

2）导线

（1）导线的宽度。

印制导线的宽度是由该导线的工作电流决定的，表 5.8 所列为印制导线宽度与最大工作电流的关系。从表 5.8 可以看出，导线宽度不同，允许通过的电流也不同，因此不同的电流要选择不同的导线宽度。一般的经验是：电源线和地线在板面允许的条件下尽量宽一些，一般要大于 1mm，对于长度超过 100mm 的导线，即使工作电流不大，也应适当加宽导线宽度以减少导线压降对电路的影响；一般在信号获取和处理电路中，可以不考虑导线宽度；一般安装密度不大的印制电路板，印制导线宽度以不小 0.5mm 为宜，对于手工制作的印制电路板，应不小于 0.8mm。

表 5.8　导线宽度与最大工作电流的关系

指　标	数　据						
导线宽度/mm	1	1.5	2	2.5	3	3.5	4
导线面积/mm^2	0.05	0.075	0.1	0.125	0.15	0.175	0.2
导线电流/A	1	1.5	2	2.5	3	3.5	4

（2）导线间距。

导线的最小间距主要是由最恶劣情况下导线之间的绝缘电阻和击穿电压决定的。一般导线间距都等于导线宽度，但不小于 1mm。导线间距越小，分布电容就越大，电路稳定性就越差。印制电路板基板的种类、制造质量及表面涂敷都会影响导电体间安全工作电压。表 5.9 所列为安全工作电压、击穿电压和导线间距的关系。

表 5.9　安全工作电压、击穿电压和导线间距之间的关系

参　数	数　值				
导线间距/mm	0.5	1.0	1.5	2.0	3.0
工作电压/V	100	200	300	500	700
击穿电压/V	1000	1500	1800	2100	2400

（3）导线走向。

印制电路板的布线是根据原理图的设计要求来进行的，导线的走向要在设计过程中考虑常见导线的走向，如图 5.55 所示。在设计导线的过程中，要注意：导线以短为佳；走线平滑自然，最好是圆弧，避免急拐弯和尖角，拐角不得小于 90°，因为内角太小在制板时难以腐蚀，而且过尖的外角铜箔处容易剥离或翘起；当导线通过两个焊盘或两条导线中间时，要保持安全距离。

（4）导线布局的一般原则。

① 电源线和地线走线最长，在设计时需要首先考虑。一般将公共地线布置在印制电路板的最边缘，便于印制电路板在机架上的固定和连接。导线和印制电路板的边缘要有一定

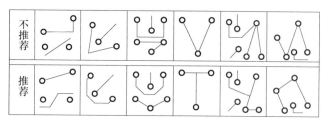

图 5.55　导线的走向

的距离,一般不小于板的厚度。

② 按照信号流向进行布线,同时要确保走线简捷。

③ 单面印制电路板的有些导线有时要绕着走或平行走,这样导线就会比较长,不仅使得引线电感增大,而且导线之间、电路之间的寄生耦合也增加了。若有个别导线不能绕着走或平行走,则可以利用跨接线来避免导线交叉,其跨接线的绘制方法如图 5.56 所示。

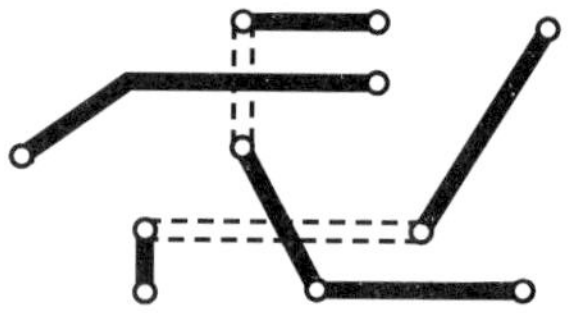

图 5.56　跨接线的绘制方法

3. 印制电路板的抗干扰设计

电子设备工作时,常会受到各种因素的干扰。电子设备的小型化使得干扰源与敏感单元靠得很近,干扰传播路径缩短,可干扰机会增大。电磁干扰是指在电子设备或系统工作过程中出现的一些与有用信号无关的,并且对电子设备或系统性能或信号传输有害的电气变化现象。电磁干扰主要有 3 个因素,即电磁干扰源、干扰传播途径、敏感设备。干扰传播途径包括辐射耦合、干扰耦合和传导耦合 3 种。电磁干扰因素如图 5.57 所示。

图 5.57　电磁干扰的 3 个要素

电磁干扰根据干扰的耦合模式划分为静电干扰、磁场耦合干扰、漏电耦合干扰、共阻抗干扰、电磁辐射干扰等。为了避免电磁干扰,使电子产品能够正常、可靠地工作,并达到预期的功能,电子设备必须具有较高的抗干扰能力。常用的抑制电磁干扰的方法有以下几种:

1) 避免印制导线之间的寄生耦合

两条相距很近的近似平行导线,它们之间的分布参数可以等效为相互耦合的电感和电容,如图 5.58 所示,当信号从一条线中通过时,另一条线内也会产生感应信号。感应信号的大小与原始信号的频率及功率有关,感应信号便是分布参数产生的干扰源。

为了抑制这种干扰,制板前要分析原理图,区别强弱信号线,使弱信号线尽量短,同时避免与其他信号线平行靠近;布线越短越好。同时按照信号流向布线,避免迂回穿插,要远离干扰源,尽量远离电源线、高电平线;不同回路的信号线要尽量避免相互平行布设,双面板两面的印制导线走向要尽量互相垂直,尽量避免平行布设。这些措施有利于减少分布参数造成的干扰。

2) 减小磁性元器件对印制导线的干扰

扬声器、电磁铁、永磁式仪表等产生的恒定磁场和高频变压器、继电器等产生的交变磁

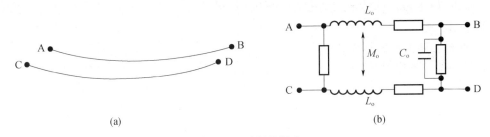

图 5.58　平行线效应

(a) 印制电路板上两条近似平行线；(b) 等效电路。

场,对周围的印制导线均会产生干扰。注意分析磁性元器件的磁场方向,减少印制导线对磁力线的切割,这样可以排除这类干扰。

3) 导线屏蔽

高频导线的屏蔽,通常是在其外表面套上一层金属丝的编织网。中心导线称为芯线,套在外表面的金属网称为屏蔽层,芯线与屏蔽层之间衬有绝缘材料,屏蔽层外面还有一层绝缘套管,用于保护屏蔽线。

地线干扰及抑制,为了构成电信号的通路,防止设备外壳带电而造成人身危害,一般电子设备的外壳、插件、插箱、底板等都与地相连。连接地的导线称为地线,地线设置不合理,各电路之间就会造成地线干扰,其干扰分为两种,即地阻抗干扰和地环路干扰。因此,在印制电路板的设计过程中,地线的设计十分重要。基本的接地方法如下:

(1) 一点接地。

一点接地是将电子设备中各个单元的信号地线接到一个点上,这是消除地线干扰的基本原则。串联式一点接地因各个单元共用一条地线,故容易引起共阻抗干扰。图 5.59 所示为并联式一点接地方式,将每个单元电路的单独地线连接到同一个接地点上,低频时可以有效地避免各个单元之间的共阻抗耦合和低频接地环路的干扰。在实际设计印制电路板时,应将这些接地元器件尽可能地就近接到公共地线的一段或一个区域内,也可以接到一个分支地线上。

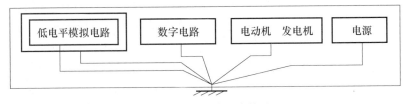

图 5.59　并联式一点接地

(2) 多点接地。

多点接地是指设备或系统中设计多个接地平面,使接地引线的长度最短的接地方式。其优点是,电路构成比单点接地的简单,接地线上出现高频驻波现象的可能性显著减少。

(3) 大面积接地。

在高频电路中将所有能用面积均布设为地线,可以有效地减小地线中的感抗,从而削弱在地线上产生的高频信号。这种布线方式中,元器件一般都采用不规则排列,并按照信号流

129

向依次布设,以求最短的传输线和最大面积接地,同时,大面积接地还可以对电场干扰起到屏蔽的作用。

4. 印制电路板的散热设计

电子设备在工作时,输入功率只有一部分作为有用功输出,还有很多电能将转化成热能,使得电子设备的元器件温度升高。但是元器件允许的工作温度都是有限的,如果实际温度超过了元器件的允许温度,则元器件的性能就会出现问题,甚至烧毁。因此,在设计印制电路板时,应该考虑发热元器件、怕热元器件及热敏元器件的分布和布线方式。印制电路板散热设计的从本原则是:有利于散热、远离热源。

（1）尽量不要把多个发热元器件放在一起。装在印制电路板上的发热元器件应该布置在通风较好的位置,以便有利于元器件通过机壳上的通风孔散热,同时还要考虑使用散热器或小风扇进行散热处理。

（2）怕热元器件及热敏元器件应该尽量远离热源或设备上部。电路长期工作引起温度升高,会影响这些元器件的工作状态和性能。

（3）发热元器件不宜贴着印制电路板安装,应该留有一定的散热空间,避免印制电路板受热过度而损坏。

5.7.3 Protel 99SE CAD 软件的功能和应用

电子设计自动化（Electronic Design Automatic, EDA）是在电子线路计算机辅助设计（Computer Aided Design, CAD）技术基础上发展起来的计算机设计软件系统。电子设计自动化技术是现代电子工程领域的一门新技术,也是现代电子工业中不可缺少的一项技术,它提供了基于计算机和信息技术的电路系统设计方法。使用电子设计自动化技术,电子线路的设计人员能在计算机上完成电路的功能设计、逻辑分析、性能分析、时序测试及印制电路板的自动设计。

Protel 是当今电子行业广泛使用的电子设计自动化软件之一,其功能实用、界面友好、操作简便,一经推出为大家所接受,成为个人计算机平台上流行的电子设计自动化软件之一。

1. Protel 99SE 的组成

Protel 99SE 是应用于 Windows 平台下的电子设计自动化设计软件,采用设计库管理模式,可以进行联网设计,具有很强的数据交换能力和开放性及三维模拟功能,是一个全 32 位的设计软件,可以完成电路原理图设计、印制电路板设计等工作,可以设计一个 32 个信号层、16 个电源—地层和 16 个机械加工层。该软件已不是单纯的印制电路板设计工具,而是一个系统工具。Protel 99SE 包含原理图设计系统、印制电路板设计系统、电路仿真系统和可编程逻辑器件设计系统 4 个功能模块。

1）原理图设计系统

原理图设计系统（Advanced Schematic 99SE）主要用于对电路原理图进行编辑和设计,其中包括设计一电路原理图的原理图编辑器,用于修改、生成元器件的元器件库编辑器及各种电路原理图的报表生成器。

原理图设计系统支持层次化设计,利用 Advanced Schematic 99SE 可以轻松、高效地设计原理图,尤其是对于复杂的设计,可以将整个电路按照其特性及复杂程度划分成多个适当的子电路（块）,子电路间相互的连接关系可以使用项目的方式进行,用户只需要设计好单张原理图就可以了,从原理图生成块或者从块生成原理图都很方便。

此外,Protel 99SE 自带了丰富的元器件库,对于元器件库中没有的元器件,用户还可以利用元器件库编辑器自行设计。

2）印制电路板设计系统

印制电路板设计系统（Advanced PCB 99SE）主要用于对印制电路板进行编辑和设计,其中包括设计印制电路板编辑器,用于生成、修改元器件封装的元器件封装编辑器,印制电路板组件管理器,以及产生印制电路板的各种报表和输出 PCB。

印制电路板设计系统具有超强的自动布局、布线功能,可以实现印制电路板的最优化设计。此外,支持 NC Drill 和 Pick & Place 等文件格式,并且支持 Windows 平台上的所有输出外设,可以输出高分辨率的光绘文件（Gerber 文件,真正的印制电路板就是根据此文件而制作生成的）,并且可以对其进行显示、编辑等操作。

3）电路仿真系统

电路仿真系统（Advanced SIM 99SE）是一个功能强大的数/模（D/A）混合信号电路仿真器,与电路原理图设计环境完全集成,能够提供连续的模拟信号和离散的数字信号仿真,支持包括模拟元器件和数字元器件的混合电路设计。只需在仿真用的元器件库中放置所需的元器件,连接好原理图,加上激励源,然后单击"仿真"按钮即可自动执行仿真操作。

4）可编程逻辑器件设计系统

可编程逻辑器件设计系统（Advanced PLD 99SE）是一个集成的可编程逻辑器件开发环境,可以使用电路原理图作为设计前端。全面支持各大厂家生产的元器件,能提供符合工作标准（JEDEC）的输出。它可将相同的逻辑功能做成物理上不同的元器件,以便根据成本、供货渠道自由选择元器件的制造商。

2. 启动 Protel 99SE 的编辑器

都希望自己设计电路原理图（SCH）、电路板（PCB）,同时希望从原始 SCH 到 PCB 自动布线、再到成品 PCB 电路板的设计周期可以缩短到 1 天以内,因为现在的 EDA 软件已经达到了较为全面的水平。由于电子很注重实践,不曾亲自设计过 PCB 电路板的电子工程师,几乎是不可想象的。

本书编写的宗旨是为了给渴望快速了解和操作 Protel 的初学者们一个机会,可以让读者省走很多不必要的弯路及快速建立信心,提高学习效率。一是画原理图（SCH）,二是学会创建 SCH 零件,三是把原理图转换成电路板（PCB）,四是对 PCB 进行自动布线,五是学会创建 PCB 零件库,六是学会一些常用的 PCB 高级技巧。

本书涉及软件版本:本书采用的样板软件是 Protel 99SE 汉化版,99SE 是 Protel 家族中目前最稳定的版本,功能强大。采用了 ∗.DDB 数据库格式保存文件,所有与工程相关的 SCH、PCB 等文件都可以在同一 ∗.DDB 数据库中并存,非常科学,利于集体开发和文件的有效管理。一个优点就是自动布线引擎很强大。在双面板的前提下,可以在很短的时间内自动布通任何的超复杂线路。

关于软件的语言:采用的是主菜单汉化版,有少量的深层对话框是英文的,重要的细节部分都在教程中做了中文注释。大家不要太急于求成,学会了自动布线,就会对设计 PCB 信心大增,最终可以设计出自己理想的 PCB 板。

（1）从建立一个 ∗.DDB 文件开始,如图 5.60 所示,先建立一个文件。

（2）定义新建 ∗.DDB 的选项.GIF,如图 5.61 所示。

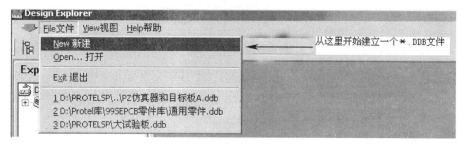

图 5.60　建立 DDB 文件

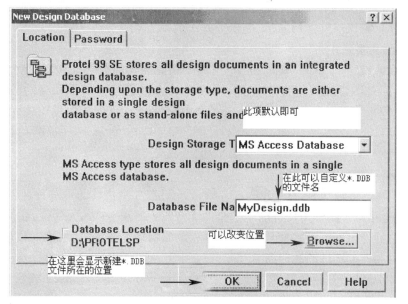

图 5.61　定义 DDB 文件命名

（3）所有新建的文件一般放置在主文件夹中,如图 5.62 所示。

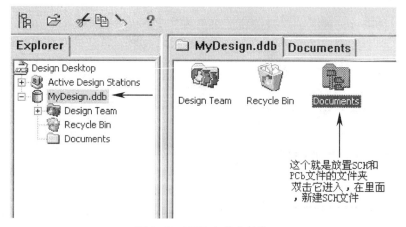

图 5.62　DDB 文件夹结构

（4）进入并新建 ∗.SCH,如图 5.63 所示。

（5）新建一个 ∗.SCH 文件(注意看一下那些中文的文字注释),如图 5.64 所示。

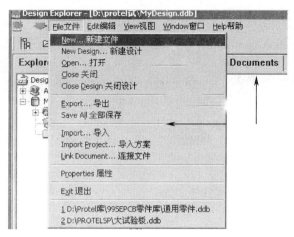

图 5.63　新建 SCH 文件 1

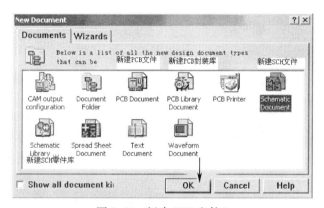

图 5.64　新建 SCH 文件 2

（6）添加新的零件库 . GIF, 如图 5.65 所示。

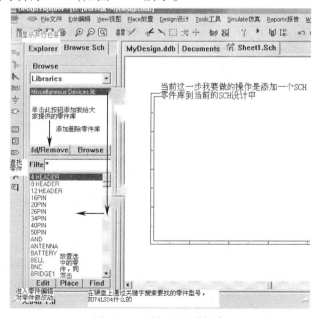

图 5.65　添加新的零件库

（7）具体的添加方法如图 5.66 所示。

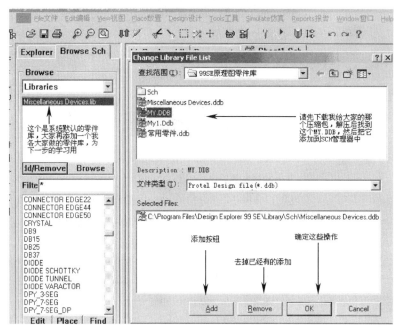

图 5.66　新零件库添加方法

（8）画一个好看的 SCH 格式的原理图（首先要去掉网格），需要执行如图 5.67 所示操作。

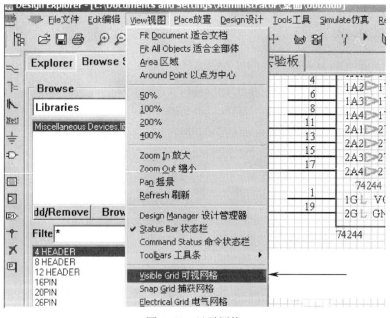

图 5.67　显示网格

为前面添加好的 SCH 零件库做一个简单的 SCH 格式原理图，然后进行自动布线。

（9）调出 SCH 零件并且进行属性设置，如图 5.68 所示。

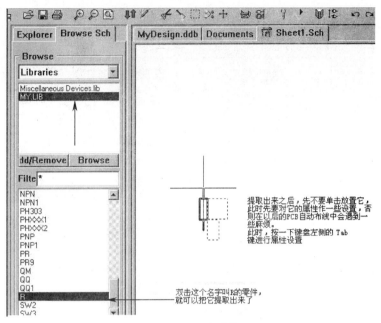

图 5.68　选取零件

① 要正确地设置 SCH 零件的属性,如图 5.69 所示。

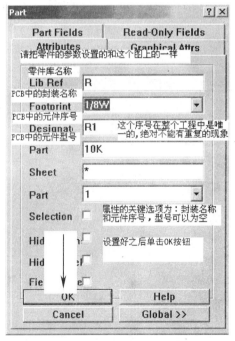

图 5.69　设置 SCH 零件属性

② 必须学会网络标号的使用,SCH 不是单纯的画图板。

(10) 电源地的设置,如图 5.70 所示。

(11) 连线工具如图 5.71 所示,和网络标号左右一样,更直观一些,它属于使用频率很高的工具。

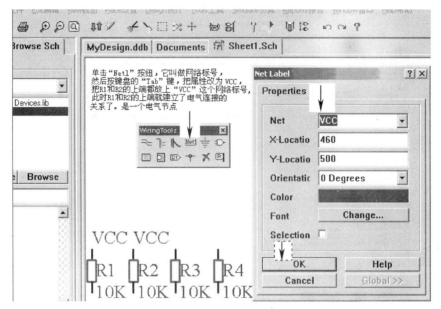

图 5.70 设置网络标号

图 5.71 连线工具

现在就可以画一个简单的电子电路原理图了,包括了电源、负载、电气连接,下面介绍如何把它快速地变成 PCB 电路板。

(1) 在 Documents 目录下新建一个 ∗.PCB 文件(这样做的目的是使 ∗.SCH 和 ∗.PCB 在同一目录下),如图 5.72 所示。

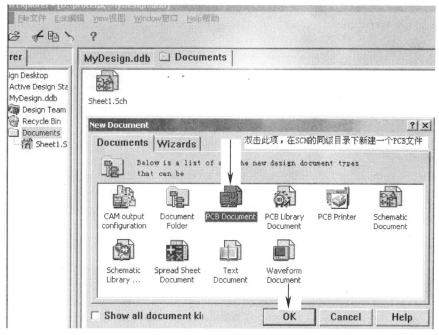

图 5.72　新建 PCB 文件

（2）选择添加自动布线要用到的封装库，如图 5.73 和图 5.74 所示。

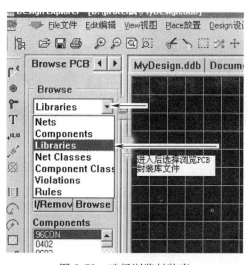

图 5.73　选择浏览封装库

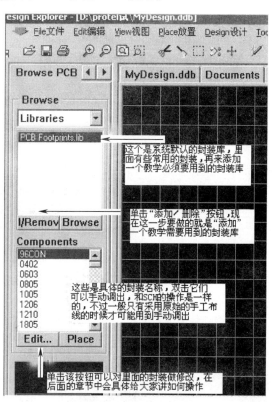

图 5.74　添加用到的封装库

（3）添加封装库如图 5.75 所示。

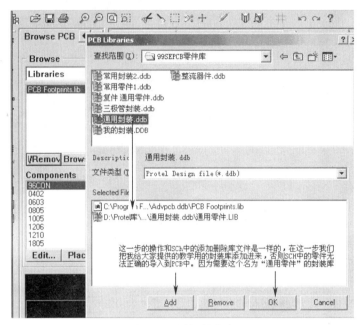

图 5.75　添加封装库

图 5.76 是添加后的效果。

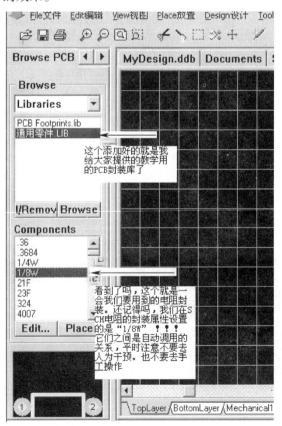

图 5.76　添加封装库后的效果

（4）要把尺寸单位转换一下（图5.77）。

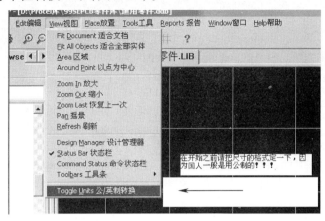

图5.77　公英制转换

至此准备工作就做好了，可以进入 SCH 到 PCB。

① SCH 中包含的零件如图5.78所示。

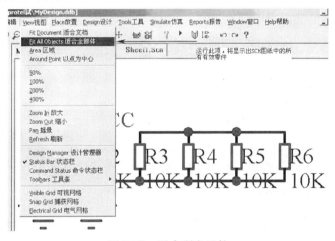

图5.78　适合所有元件

② 具体什么功能很重要，如图5.79所示。

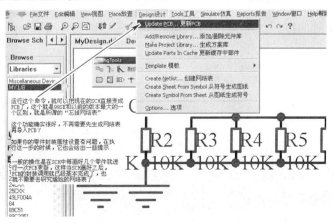

图5.79　用 SCH 更新 PCB

③ 如果遇到这个问题,说明 SCH 的里面还存在小的问题,注意看中文注释,如图 5.80 ~ 图 5.82 所示。

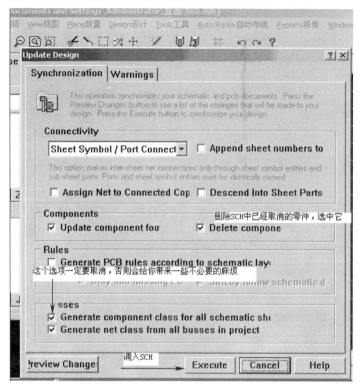

图 5.80　用 SCH 更新 PCB 时的设置

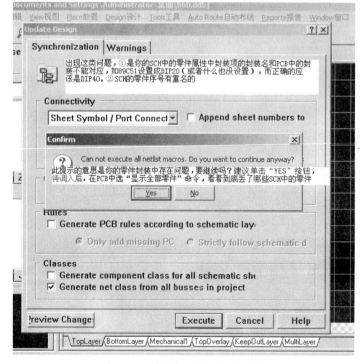

图 5.81　封装存在问题时的提示

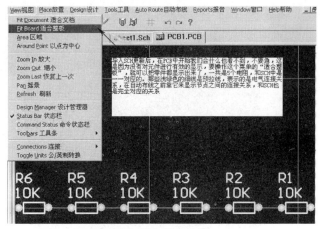

图 5.82　适合整板

④ 一些常用的技巧（如要旋转元件，只需用鼠标按住元件再按键盘上的“空格键”即可），如图 5.83 所示。

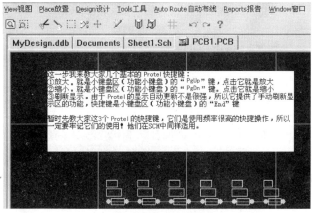

图 5.83　快捷键

⑤ 画一个 PCB 的外形框，如图 5.84 所示。

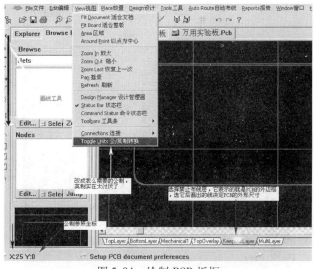

图 5.84　绘制 PCB 板框

⑥ 作一个自己要的外形框,然后把 PCB 零件封装移动到里面去,如图 5.85 所示。

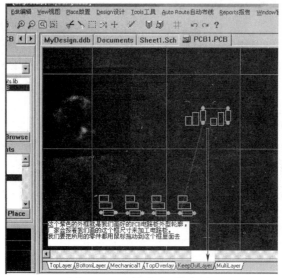

图 5.85　元件移动到板框中

至此,就可以进入自动布线的操作了。

(1) 先看一下尺寸是否合适,如图 5.86、图 5.87 所示。

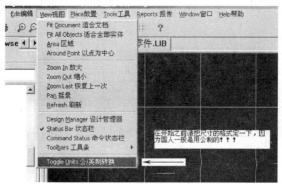

图 5.86　公英制单位转换

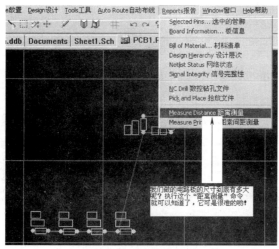

图 5.87　距离测量

（2）对元件进行布局，用鼠标拖动元件即可，按下键盘的"空格键"可以翻转元件。

（3）自动布线之前要校验一下，如图5.88所示。

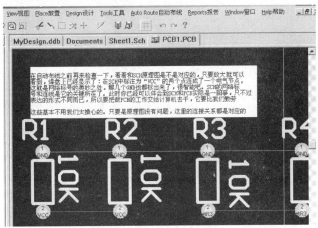

图 5.88　错误校验

（4）开始自动布线，如图5.89所示。

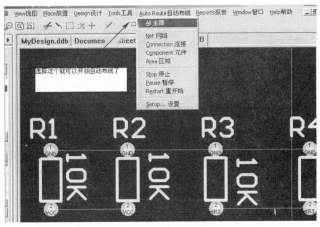

图 5.89　自动布线

自动布线之前的设置如图5.90所示。

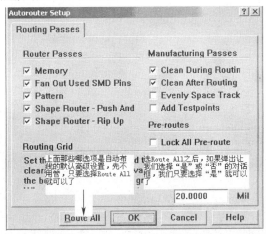

图 5.90　自动布线前的设置

143

（5）自动布线完成，如图 5.91 所示。

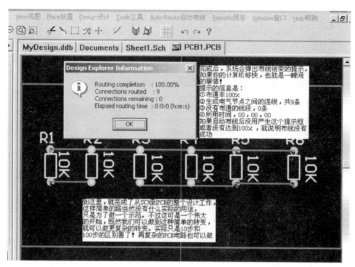

图 5.91　自动布线完成后

有时候系统自带的零件库用起来会觉得不方便，只有学会自己做 SCH 零件才能驾轻就熟，学会自己做 PCB 封装才是最终目的。下面就开始做 SCH 零件。

（1）先打开 SCH 文件，选中教学提供的 SCH 零件库，然后单击"Edit"按钮，进入 SCH 零件编辑器，如图 5.92 所示。

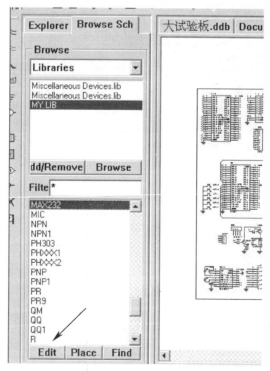

图 5.92　SCH 零件编辑器

（2）在这个现有的库中新建一个 SCH 零件，如图 5.93 所示。

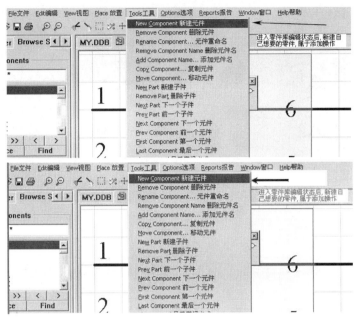

图 5.93 新建 SCH 零件

（3）先以做一个 SCH 电阻零件为例说明一下。请注意看图 5.94 中所有的中文注释。

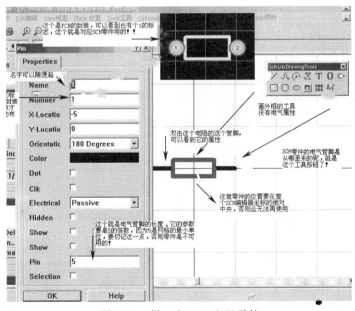

图 5.94 做一个 SCH 电阻零件

（4）注意:SCH 零件管脚的电气连接有效点是有一定规律的。仔细看一下图 5.95,注意阅读中文注释。

（5）用这个方法可以给零件库中的零件改名字,如图 5.96 所示。

（6）最后是保存你的所有劳动成果,要提取你的新零件需要重新启动 Protel 99SE,如图 5.97 所示。

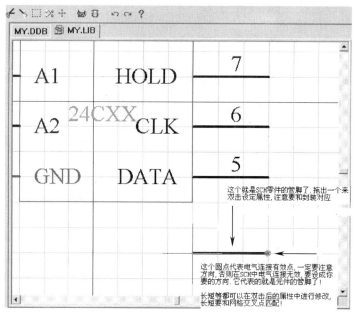

图 5.95　SCH 电阻零件引脚绘制

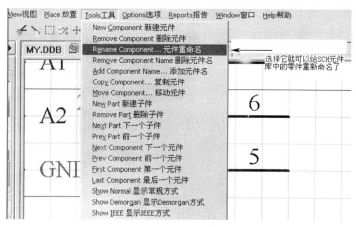

图 5.96　"元件"选择

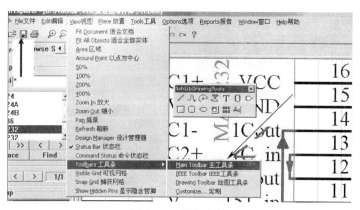

图 5.97　保存文件

以上是学习如何来做 SCH 零件,下面再来学习如何做一个 PCB 封装。

(1) 打开在前面已经做过的 PCB,选择我给大家提供的那个封装库,然后单击"Edit"按钮进入 PCB 封装编辑器,如图 5.98 所示。

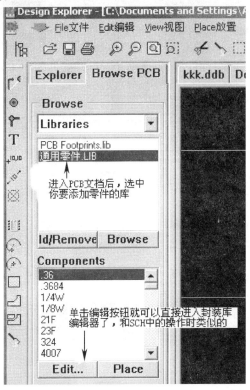

图 5.98　PCB 封装编辑器

(2) 先把制式转换一下,改为公制,如图 5.99 所示。

图 5.99　将公英制转换为公制

(3) 新建一个 PCB 封装,如图 5.100 所示。

(4) 之后会出现图 5.101 所示对话框,这是一个傻瓜精灵,单击"Cancel"按钮取消(做一个自己的封装)。

注意:在做之前一定要把封装的起始位置定位成绝对中心;否则做好后的封装无法正常调用,如图 5.102 所示。

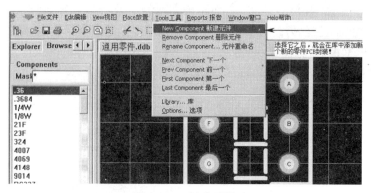

图 5.100　新建元件

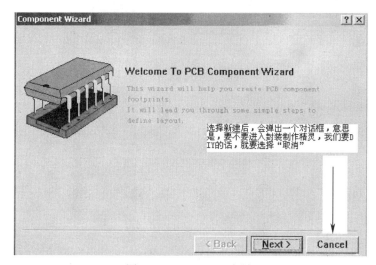

图 5.101　PCB 配置向导

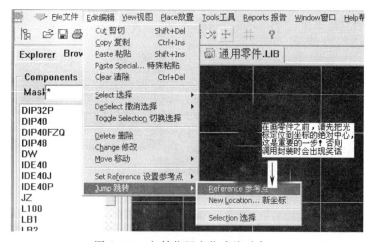

图 5.102　起始位置定位成绝对中心

（5）如果对默认的封装名不满意,可以定义一个自己喜欢的,如图 5.103 所示。
设置网格的标准,如图 5.104 所示。

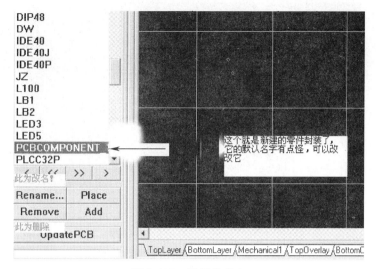

图 5.103　设置参考点

图 5.104　设置网格标准

（6）选择"库"命令后的弹出对话框,如图 5.105 和图 5.106 所示。

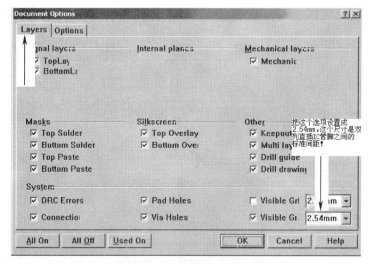

图 5.105　设置网格标准对话框

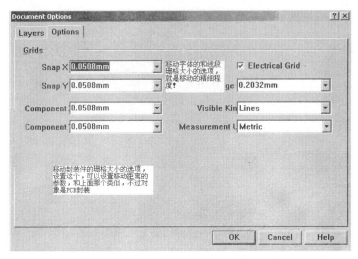

图 5.106　文件选项中设置网格大小

（7）开始做封装（注意中文注释、焊盘的名称），如图 5.107 所示。

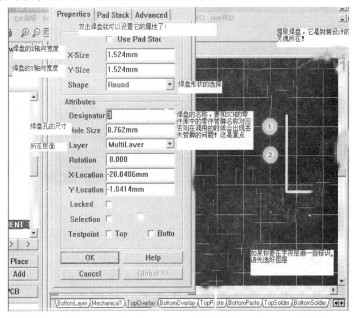

图 5.107　新建元件封装

如图 5.108 所示，选择"距离测量"命令可以知道所做封装的尺寸是不是精确的。

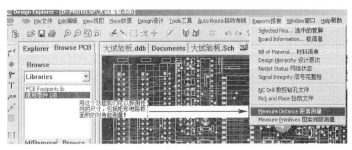

图 5.108　距离测量

下面是 SCH 中的一些高级设置和操作技巧。

① 对 SCH 的操作环境做一下合理的设置,如图 5.109 和图 5.110 所示。

图 5.109　选择 SCH 环境选项命令

图 5.110　SCH 环境选项常见设置

② 对一些单方向 3 脚零件的反转技巧操作,如图 5.111 所示。

粗看起来,这两个二极管没有什么特别,不过仔细看就会发现它们是彼此反向的,这个效果用"鼠标按住+空格键"是做不到的,它是怎么实现的呢,那就是"鼠标按住+(Ctrl+X)"。操作一下吧,很实用的一个技巧

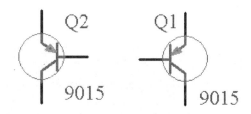

图 5.111　元件翻转

③ Protel 本身也带有非常丰富的元件库,图 5.112 是关于如何自动搜索出元件的。

图 5.112 查找元件

④ 关闭 Protel 99SE 时的技巧。如果你的计算机配置一般,分步关闭可以避免死机和丢失你的成果,关键操作是右击,选择快捷菜单中的"Close"命令,如图 5.113 所示。

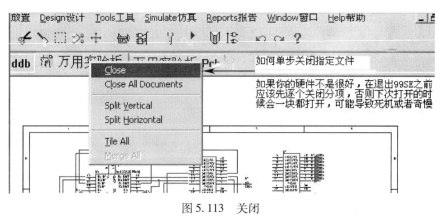

图 5.113 关闭

⑤ 这是科学管理文件的典范,如果你的内存不是非常大,注意不要打开太多的并行任务,如图 5.114 所示。

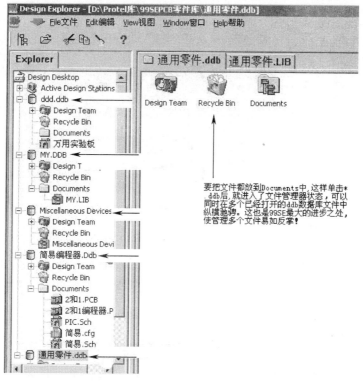

图 5. 114　DDB 文件管理示例

⑥ 文件做好后就会发现 DDB 的文件个头很大,同时可能最需要里面的部分文件,具体做法是:先导出,然后再用压缩软件压缩,如图 5. 115 所示。

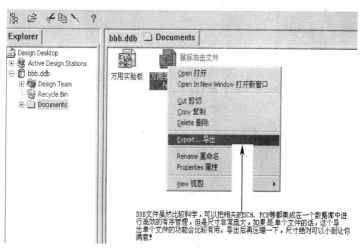

图 5. 115　导出文件

⑦ 这是一个很有用的功能,注意那些白色的线,如图 5. 116 所示。

⑧ 变白的方法如图 5. 117 所示。

⑨ 仔细看这里,将学会给 PCB 补泪滴的具体操作,如图 5. 118 所示。

⑩ 给 PCB 做覆铜,如图 5. 119 所示。

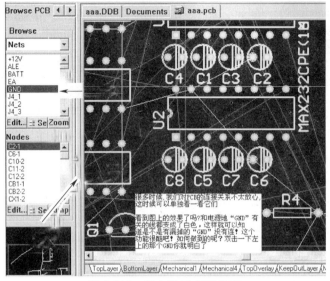

图 5.116　突出显示 GND 网络

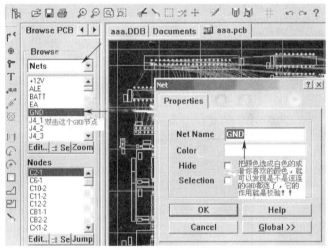

图 5.117　加亮显示 GND

图 5.118　补泪滴

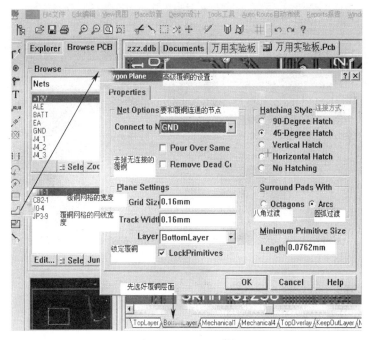

图 5.119　PCB 覆铜

⑪ 打印出中空的焊盘,这是一个关于热转印制作 PCB 板的操作,如图 5.120 所示。

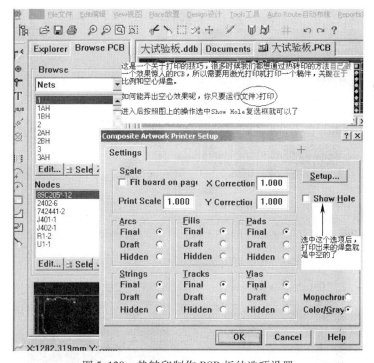

图 5.120　热转印制作 PCB 板的选项设置

⑫ 在 PCB 中找到要找的封装,如图 5.121 和图 5.122 所示。

⑬ 在 PCB 文件中加上漂亮的汉字,如图 5.123 所示。

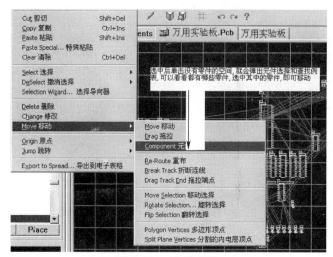

图 5.121　查找封装

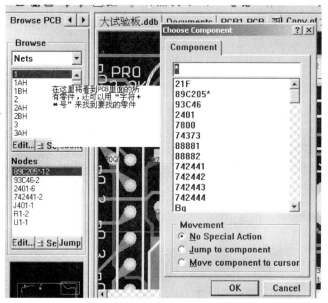

图 5.122　根据名称查找封装

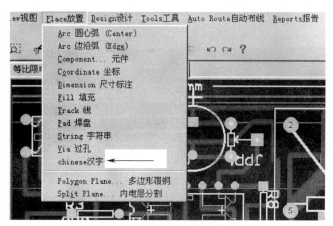

图 5.123　PCB 上加汉字

a. 安装好 Protel 99SE,运行主菜单下的"放置"→"汉字"命令。

b. 在弹出的对话框中进行相应的设置:设置要输入的汉字;设置汉字所在的图层;设置字体和字号大小;选择文字为空心的还是实心的效果;设置好以后单击"好"按钮,如图 5.124 所示。这样系统就已经记下了你的设置,以备随时调用。

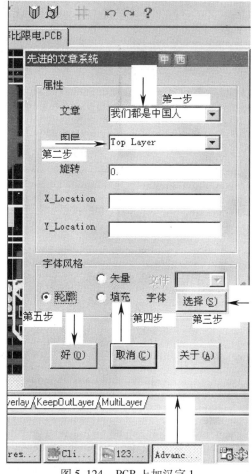

图 5.124　PCB 上加汉字 1

c. 此时再次运行主菜单下的"放置"→"汉字"命令,把鼠标停在要加汉字的地方几秒,就会出现你刚才设置好的汉字的虚影,如图 5.125 所示。此时点击会将汉字定位,右击则会取消此次操作。

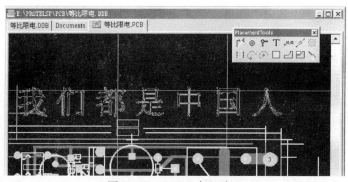

图 5.125　PCB 上加汉字 2

至此,设置的方法已介绍完。

5.7.4 印制电路板的制作

1. 印制电路板制造工艺流程

对于印制电路板设计者而言,印制电路板的工艺相当重要,如果设计不符合工艺要求,将大大降低产品的生产效率,甚至会导致设计的产品根本无法投入生产。随着印制电路板制造工艺技术的不断发展,目前使用最为广泛的是铜箔蚀刻法制造印制电路板,即将设计完成的图形通过图形转移在敷铜板上形成防蚀图形,然后用化学剂蚀刻掉不需要的铜箔,从而获得导电图形。印制电路板的制造过程一般要经过几十个工序。图 5.126 所示为最典型的双面板制造工艺流程。

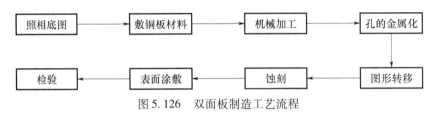

图 5.126　双面板制造工艺流程

1)照相底图

照相底图是制造印制电路板的依据。印制电路板设计完成后,即可制成照相底图。相底图要求按照 2∶1、4∶1 或 8∶1 的比例放大,这样照相底图反映出的制图公差才能减小到比较理想的程度,保证绘图的精度。

2)机械加工

印制电路板的外形和各种用途孔,如引线孔、机械安装孔、定位孔等都是通过机械加工完成的,其加工方法通常有冲、钻、剪、铣、锯等,根据加工零件形式,可以把印制电路板的加工分为外形加工和孔加工。

3)孔的金属化

对于多层印制电路板而言,为了把内层印制导线引出和互连,需要将印制导线的孔金属化。孔的金属化是在孔内电镀一层金属,形成一个金属筒,与印制导线连接起来的一种技术。孔的金属化工艺就是在孔内壁表面化学沉铜后,通过全板电镀铜或图形电镀来实现层间可靠连接的工艺。

4)图形转移

图形转移是指将照相底片转移到印制电路板上的工艺。常用的方法有光化法和丝网漏印法,前者精密度较高,后者精密度较低。

5)蚀刻

广义上讲,在敷铜箔印制电路板的生产中,凡是用化学或电化学的方法去铜的过程都是蚀刻。狭义上讲,蚀刻就是将涂有抗蚀剂并经过感光显影后的印制电路板上的未感光部分铜箔腐蚀掉,在印制电路板上留下所需电路图形的过程。蚀刻方法有摇动浸蚀法和高压喷淋法。蚀刻质量的基本要求就是能够将抗蚀层以外的所有铜层完全去除干净。

6)表面涂敷

如果印制电路板制造后立即装配,则可以不进行表面处理。对储存时间较短的印制电路板,可涂敷预焊剂,但最好的方法是在印制导线制成后再进行表面处理。印制电路板表面涂敷层是指阻焊层以外可供电气连接或电气互连的可焊性涂镀层和保护层。

2. 手工制作印制电路板的方法

在产品研制阶段或创作活动中,往往需要制作少量的印制电路板,作为产品性能分析试验或制作成样机,这时就需要手工制作印制电路板。简单、易行的制作方法有描图蚀刻法和贴图蚀刻法两种。

1）描图蚀刻法

描图蚀刻法是一种常用的制板方法,由于最初使用调和漆作为描绘图形的材料,所以又称为漆图法。其具体步骤如下:

（1）下料。按照实际设计尺寸裁剪敷铜板,去掉四周毛刺。

（2）拓图。用复写纸将已经设计好的印制电路板布线草图拓印在敷铜板的铜箔面上。印制导线用单线,焊盘用小圆点表示。拓制双面板时,板与草图应该由 3 个不在一条直线上的点定位。

（3）钻孔。拓图后检查焊盘与导线是否有遗漏。然后在板上打样冲眼,以便冲眼定位打焊盘孔,打孔时注意钻床转速。应该选取高速,钻头应该磨锋利。进刀不宜过快,以免将铜箔挤出毛刺,并且注意保持导线图形的清晰,清除孔的毛刺时不要用砂纸。

（4）描图。用稀稠适宜的调和漆将图形及焊盘描好。描图时应该先描焊盘。方法可用适当的硬导线蘸漆。漆料要蘸得适中,描线用的漆稍稠;描点时注意与孔同心,大小尽量均匀。焊盘描完后可描印制导线图形。

（5）修图。描好的图在漆未全干时应该及时进行修补,可以使用直尺和小刀,沿着导线边沿修整,修补断线或缺损图形时要保证图形的质量。

（6）蚀刻。蚀刻液一般使用三氯化铁水溶液,其质量分数为 28% ~ 42%。将描修好的印制电路板完全淹没到溶液中,蚀刻印制图形。

（7）去膜。用热水泡后即可将漆膜剥落,未擦净处可用稀料清洗。

（8）清洗漆膜。用碎布蘸上去污粉反复在印制电路板板面上擦拭,去掉铜箔氧化膜,露出铜的光亮本色。为使印制电路板更加美观,应该固定顺着一个方向擦拭。擦后用水冲洗、晾干。

（9）涂助焊剂。冲洗晾干后应该立即涂助焊剂。

2）贴图蚀刻法

贴图蚀刻法除了利用不干胶膜直接在铜箔上贴出导线图形代替描图外,其余步骤同描图蚀刻法。由于胶带边缘整齐,焊盘也可用工具冲击,故贴成的图质量较高,蚀刻后揭去胶带即可使用。

第2篇　模拟电子技术基础实验和综合实验

第6章　模拟电子技术基础实验

实验6.1　单管放大电路的研究

一、实验目的

（1）学习放大电路静态工作点的测量及调试方法,分析静态工作点对放大电路性能的影响。

（2）研究放大电路的动态性能指标;掌握电压放大倍数、输入电阻、输出电阻及最大不失真输出电压的测试方法。

（3）进一步熟悉常用电子仪器仪表的使用。

二、实验原理

图6.1所示为共射极单管放大器的实验电路。图中可变电阻 R_W 是为调节晶体管静态工作点 Q 而设置的。

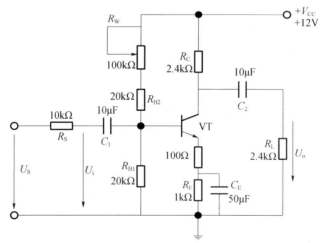

图6.1　共射极单管放大电路

1. 电路处于静态时

偏置电路中采用 R_{B1} 和 R_{B2} 组成的分压电路,并在发射极中接有电阻 R_E ,同时并联交流旁路电容 C_E ,以稳定放大器的静态工作点,避免温度漂移。

在电路中,当流过偏置电阻 R_{B1} 和 R_{B2} 的电流远大于晶体管 VT 的基极电流 I_B 时(一般 5 ~ 10 倍),则它的静态工作点可用下式估算(图 6.2),即

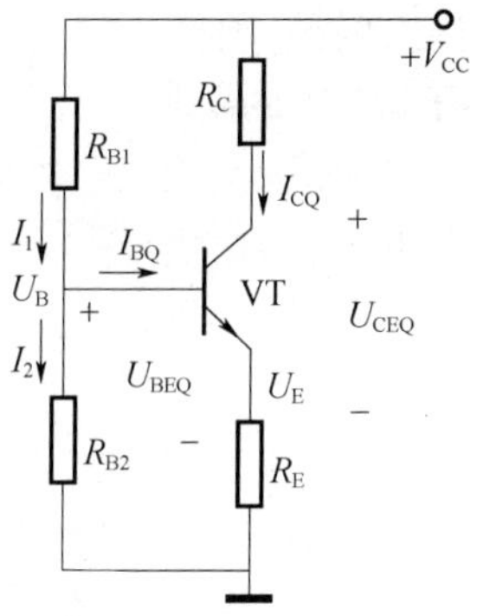

$$U_B = \frac{R_{B2}}{R_{B1} + R_{B2}} V_{CC}$$

$$I_{CQ} \approx I_{EQ} = \frac{U_E}{R_E} = \frac{U_B - U_{BEQ}}{R_E}$$

$$I_{BQ} = \frac{I_{CQ}}{\beta}; U_{BE} \approx 0.7V$$

$$U_{CEQ} \approx U_{CC} - I_{CQ}(R_C + R_E)$$

图 6.2　直流通路及静态工作点估算

当在放大器的输入端加入动态小信号 U_i 后,通过电压放大电路,其输出端便可得到一个与 U_i 相位相反,幅值被放大了的输出信号 U_0。

电压放大倍数为

$$A_V = -\beta \frac{R_C /\!/ R_L}{r_{be} + (1 + \beta) R_E}$$

其中:

$$r_{be} = 300 + (1 + \beta)\frac{26}{I_E}$$

输入电阻为

$$R_i = R_{B1} /\!/ R_{B2} /\!/ [r_{be} + (1 + \beta) R_E]$$

输出电阻为

$$R_o = R_C$$

由于电子元器件性能的分散性比较大,因此在设计和制作晶体管放大电路时,离不开测量和调试技术。在设计前应测量所用元器件的参数,为电路设计提供必要的依据,在完成设计和装配以后,还必须测量和调试放大电路的静态工作点和各项性能指标。因此,除了学习放大电路的理论知识外,还必须掌握必要的测量和调试技术。

放大电路的测量和调试一般包括:放大电路静态工作点的测量与调试;消除干扰与自激振荡及放大电路各项动态参数的测量与调试等。

2. 放大电路静态工作点的测量与调试

1) 静态工作点的测量

令输入信号 $U_i = 0$,即将放大器输入端接地,选用量程合适的直流毫安表和直流电压表,分别测量晶体管的集电极电流 I_{CQ} 以及各电极对地的电位 U_B、U_C 和 U_E。实验中为避免断开集电极,一般采用测量电压 U_C 或 U_E,然后计算出 I_C。具体有 $I_C \approx I_E = U_E/R_E$;或 $I_C = \frac{U_{CC} - U_C}{R_C}$。同时也能算出 $U_{BE} = U_B - U_E$,$U_{CE} = U_C - U_E$。

为了减小误差,提高测量精度,应选用内阻较高的直流电压表。

2) 静态工作点的调试

这是指对晶体管集电极电流 I_C(或 U_{CE})的调整与测试。静态工作点是否合适,对放大器的性能和输出波形都有很大影响。如工作点偏低,放大器在加入交变信号以后易产生截止失真,即 U_0 的正半周被缩顶(一般截止失真不如饱和失真明显),如图 6.3(a) 所示;如工

作点偏高,则易产生饱和失真,此时U_o的负半周将被削底,如图6.3(b)所示,这些情况都不符合放大的要求。所以在选定工作点以后还必须进行动态调试,即在放大器的输入端加入一定的输入电压U_i,检查输出电压U_o的大小和波形是否满足要求。如不满足,则应调节静态工作点的位置。

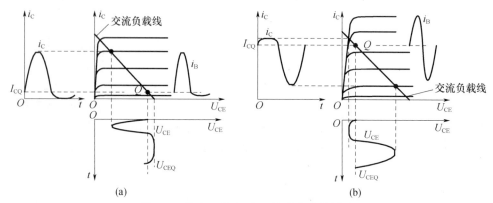

图6.3 静态工作点对U_o波形失真的影响

(a)截止失真;(b)饱和失真。

改变电路参数U_{CC}、R_C、R_B(R_{B1}、R_{B2})、R_E,都会引起静态工作点的变化,如图6.2所示。但通常多采用调节偏置电阻R_{B1}的方法来改变静态工作点,如减少R_{B1},则可使静态工作点提高等。实验电路如图6.1所示。

注:工作点"偏高"或"偏低"不是绝对的,而是相对输入信号的幅度而言,如输入信号幅度很小,即使工作点较高或较低也不一定会出现失真。因此,产生波形失真是信号幅度与静态工作点的设置配合不当所致。如需满足较大信号幅度的要求,静态工作点最好尽量靠近交流负载线的中点,即恒流线性放大区的中部;否则易发生饱和或截止失真。

3)放大器动态指标测试

其包括电压放大倍数、输入电阻、输出电阻、最大不失真输入、输出电压(动态范围)和通频带等。

(1)电压放大倍数A_u的测量。

调整放大器到合适的静态工作点后接入动态电压小信号U_i,在输出电压U_o不失真的情况下,用交流毫伏表测出U_i和U_o的有效值,则

$$A_u = \frac{U_o}{U_i}$$

(2)输入电阻R_i的测量。

按图6.4所示电路在被测放大器的输入端与信号源之间串入一已知电阻R_S,在放大器正常工作的情况下,用交流毫伏表测出U_S和U_i,则根据输入电阻的定义可得:$R_i = \dfrac{U_i}{I_i} = \dfrac{U_i}{\dfrac{U_R}{R_S}} =$

$\dfrac{U_i}{U_S - U_i} R_S$

测量时应注意下列几点:

① 由于电阻R_S两端没有电路公共接地点,所以测量R_S两端电压U_R时必须分别测出U_S

和 U_i,然后按 $U_R = U_S - U_i$ 求出 U_R 值。

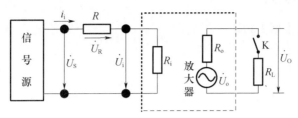

图 6.4　输入、输出电阻测量电路

② 电阻 R_S 的值不宜取得过大或过小,以免产生较大的测量误差,通常取 R_S 与 R_i 为同一数量级为好。

（3）输出电阻 R_o 的测量。

由输出电阻的定义可得

$$R_o = \frac{\dot{U}_o}{\dot{I}_o}\Bigg|_{R_L = \infty, U_S = 0}。$$

R_o 的测量方法一般有 3 种:

① 当已知放大电路的微变等效电路时,利用戴维南定理法求解:将信号源 $\dot{U}_s$ 短路,断开负载 R_L,从开路端口往里看（图 6.5）;或加压求流得出,在输出端加电压 $\dot{U}$,求出由 $\dot{U}$ 产生的电流 $\dot{I}$,则输出电阻为 $R_o = \frac{\dot{U}}{\dot{I}} = R_C$。

② 当不知放大电路的微变等效电路时,测出开路电压和短路电流,即 $R_i = \frac{u_{oc}}{i_{sc}}$。

③ 当不知放大电路的微变等效电路时,如图 6.4 所示;采用戴维南定理的两次测压法测出等效输出电阻 R_o 即 $R_o = \left(\frac{u_{oc}}{u} - 1\right)R_L$　其中:u_{oc} 是开路电压;u 是当负载为 R_L 时的负载电压。在测试中应注意,必须保持 R_L 接入前后输入信号的大小不变。

（4）最大不失真输出电压 U_{opp} 的测量（最大动态范围）。

为得到最大动态范围,应将静态工作点调在交流负载线的中点。为此在放大器正常工作情况下,逐步增大输入信号的幅度,并同时调节 R_W 来改变静态工作点,用示波器观察输出电压 u_o 的波形,当输出波形同时出现削底和缩顶现象,如图 6.6 所示,说明静态工作点已调在交流负载线的中点。之后反复调整输入信号 u_i,使波形输出幅度最大,且无明显失真时,用交流毫伏表测出输出电压的有效值 U_o,则动态范围为 $\sqrt{2}U_o$;或用示波器可直接读出 U_{opp} 值。

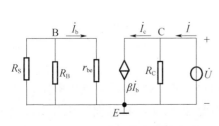

图 6.5　放大电路的微变等效电路

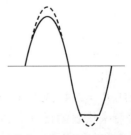

图 6.6　静态工作点正常时输入信号太大引起的失真

三、实验设备与器件

（1）函数信号发生器 1 台。
（2）双踪示波器 1 台。
（3）交流毫伏表 1 台。
（4）模拟实验箱 1 台。
（5）数字万用表 1 块。

四、实验内容

1. 静态工作点调试

实验电路如图 6.1 所示。函数信号发生器输出调为零（或不接信号源），接通 +12V 直流供电电源。调节 R_W，使 $I_C = 2.0\text{mA}$（即 $U_E = 2.0\text{V}$），用直流电压表测量 U_B、U_C、U_E 及用万用电表测量 R_{B1} 的值。记入表 6.1 中，与预习计算值比较。

表 6.1　静态工作点数据记录表　　　　　　　条件：$I_C = 2\text{mA}$

测　量　值				计　算　值		
U_B/V	U_C/V	U_E/V	$R_{B1}/\text{k}\Omega$	I_B/mA	U_{BE}/V	U_{CE}/V

注意：
① 静态时的被测量为直流量，用万用表的直流挡，并注意正确选用量程。
② 测量 R_{B1} 阻值时，应在不通电的条件下且将 R_{B1} 的两端与线路断开后才能测量。

2. 动态性能的研究

1）定性观察放大现象

调节正弦函数信号发生器输出频率为 1kHz、10mV 的正弦信号，接入放大电路的输入端，即放大器输入电压 $u_i \approx 10\text{mV}$。

2）测量电压放大倍数

同时用双踪示波器观察放大器的动态输入电压 u_i、输出电压 u_o 波形，比较二者的幅度及相位关系，体会放大效果。在波形不失真的条件下，用交流毫伏表或示波器测量下述两种情况下的 u_o 值，记入表 6.2 中。

表 6.2　电压放大倍数数据记录表　　　　$I_C = 2.0\text{mA}, u_i = $ _____ mV

$R_C/\text{k}\Omega$	$R_L/\text{k}\Omega$	u_o/V	A_u（估算）	A_u（实测计算）	u_i、u_o 波形
2.4	∞				
2.4	2.4				
1.2	∞				

3）测量输入电阻

置 $R_C = 2.4\text{k}\Omega$，$R_L = 2.4\text{k}\Omega$，$I_C = 2.0\text{mA}$。输入 $f = 1\text{kHz}$ 的正弦信号，在输出电压 u_o 不失真的情况下，用交流毫伏表测出 u_s、u_i 和 u_L，保持 u_i 不变，断开 R_L，测量输出电压 u_o，记入表 6.3 中，计算出 R_i 和 R_o。

表 6.3　输入、输出电阻测量数据记录表　　　　$I_C = 2.0\text{mA}, R_C = 2.4\text{k}\Omega, R_L = 2.4\text{k}\Omega$

u_s/mV	u_i/mV	R_i/kΩ		u_L/V	u_o/V	R_o/kΩ	
		估算值	实测计算值			估算值	实测计算值

3. 选作内容

1）观察静态工作点对电压放大倍数的影响

置 $R_C = 2.4\text{k}\Omega, R_L = \infty, u_i = 10\text{mV}$，调节 R_W，用示波器监视输出电压 u_o 波形，在 u_o 不失真的条件下，测量数组 u_o 值，记入表 6.4 中。

表 6.4　数据记录表　　　　$R_C = 2.4\text{k}\Omega, R_L = \infty, u_i = $ _____ mV

u_o/V					
A_u（实测计算）					

2）观察静态工作点对输出波形失真的影响

置 $R_C = 2.4\text{k}\Omega, R_L = \infty, u_i = 0$，调节 R_W，使 $I_C = 2.0\text{mA}$，测出 U_{CE} 值，再逐步加大输入信号，使输出电压 u_o 足够大但不失真。然后保持输入信号不变，分别增大和减小 R_W，使波形出现不同的失真，绘出 u_o 的波形，并测出失真情况下的 I_C 和 U_{CE} 值，记入表 6.5 中。每次测 I_C 和 U_{CE} 值时都要将信号源的输出旋钮旋至零（简单的方法是直接断开信号源）。

表 6.5　数据记录表　　　　$R_C = 2.4\text{k}\Omega, R_L = \infty, u_i = $ _____ mV

I_C/mA	U_{CE}/V	u_o/V	失真情况	工作状态
2.0				

3）测量最大不失真输出电压

置 $R_C = 2.4\text{k}\Omega, R_L = 2.4\text{k}\Omega$，按照实验原理中所述方法，同时调节输入信号的幅度和电位器 R_W，用示波器和交流毫伏表测量 U_{opp} 及 U_o 值，记入表 6.6 中。

表 6.6　数据记录表　　　　$R_C = 2.4\text{k}\Omega, R_L = 2.4\text{k}\Omega$

I_C/mA	u_{im}/mV	u_{om}/V	U_{OPP}/V

五、预习思考与注意事项

1. 预习思考

（1）阅读教材中有关单管放大电路的内容并估算实验电路的性能指标。假设：3DG6 的 $\beta = 100, R_{B1} = 60\text{k}\Omega, R_{B2} = 20\text{k}\Omega, R_c = 2.4\text{k}\Omega$。估算放大器的静态工作点、电压放大倍数 A_u、输入电阻 R_i 和输出电阻 R_o。

（2）估算当其余电路参数不变时，使 u_o 波形不失真的 R_{B1} 的阻值范围。

（3）掌握放大电路的静态工作点、A_u、R_i、R_o 的测量方法。

2. 注意事项

（1）三极管是有源器件，所以工作时必须加直流稳压电源。

（2）测量上偏置电阻时需要断电（被测电阻不能带电测量）、断连接（被测电阻不能有并联电阻）。

（3）函数信号发生器、示波器应与实验电路共地。

（4）放大电路的输入电压 U_i 和输出电压 U_o 不属于同数量级,测量时要特别注意转换仪表量程。

六、实验报告的要求

（1）列表整理测量结果,并把实测的静态工作点、电压放大倍数、输入电阻、输出电阻之值与理论计算值比较（取一组数据进行比较）,分析产生误差原因。

（2）总结 R_c、R_L 及静态工作点对放大器电压放大倍数、输入电阻、输出电阻的影响。

（3）讨论静态工作点变化对放大器输出波形的影响。

（4）测试中,如果将函数信号发生器、交流毫伏表、示波器中任一仪器的两个测试端子接线换位（即各仪器的接地端不再连在一起）,将会出现什么问题?

（5）在测试 A_u,R_i 和 R_o 时怎样选择输入信号的大小和频率? 为什么信号频率一般选 1kHz,而不选 100kHz 或更高?

实验6.2 负反馈放大器

一、实验目的

加深理解放大电路中引入负反馈的方法和负反馈对放大器各项性能指标的影响。

二、实验原理

负反馈在电子电路中有着非常广泛的应用,虽然它使放大器的放大倍数降低,但能在多方面改善放大器的动态指标,如稳定放大倍数,改变输入、输出电阻,减小非线性失真和展宽通频带等。因此,几乎所有的实用放大器都带有负反馈。

负反馈放大器有4种组态,即电压串联、电压并联、电流串联及电流并联。

本实验以电压串联负反馈为例,分析负反馈对放大器各项性能指标的影响。

（1）图6.7所示为带有负反馈的两级阻容耦合放大电路,在电路中通过 R_f 把输出电压 u_o 引回到输入端,加在晶体管 VT_1 的发射极上,在发射极电阻 R_{f1} 上形成反馈电压 u_f。根据反馈的判断法可知,它属于电压串联负反馈。

其主要性能指标如下:

① 闭环电压放大倍数,即

$$A_{uF} = \frac{A_u}{1 + A_u F_u}$$

其中 $A_u = U_o/U_i$ 是基本放大器（无反馈）的电压放大倍数,即开环电压放大倍数。其中 $1 + A_u F_u$ 为反馈深度,它的大小决定了负反馈对放大器性能改善的程度。

② 反馈系数,即

$$F_u = \frac{R_{F1}}{R_F + R_{F1}}$$

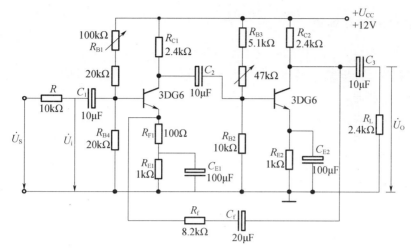

图 6.7　带有电压串联负反馈的两级阻容耦合放大电路

③ 输入电阻,即

$$R_{if} = (1 + A_\mu F_\mu) R_i$$

式中　R_i——基本放大器的输入电阻。

④ 输出电阻,即

$$R_{of} = \frac{R_o}{1 + A_{uo} F_\mu}$$

式中　R_o——基本放大器的输出电阻;

　　　A_{uo}——当负载开路时的电压放大倍数。

(2) 本实验还需要测量基本放大器的动态参数,怎样实现无反馈而得到基本放大器呢? 不能简单地断开反馈支路,而是要去掉反馈作用,但又要把反馈网络的影响(负载效应)考虑到基本放大器中去。为此:

① 在画基本放大器的输入回路时,因为是电压负反馈,所以可将负反馈放大器的输出端交流短路,即令 $U_o = 0$,此时 R_f 相当于并联在 R_{F1} 上。

② 在画基本放大器的输出回路时,由于输入端是串联负反馈,因此需将反馈放大器的输入端(VT$_1$ 管的射极)开路,此时 $R_f + R_{F1}$ 相当于并接在输出端。可近似认为 R_f 并接在输出端。

根据上述规律,就可得到所要求的图 6.8 所示的基本放大器。

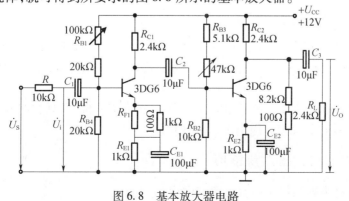

图 6.8　基本放大器电路

三、实验设备与器件

（1）模拟实验箱。

（2）函数信号发生器。

（3）双踪示波器。

（4）交流毫伏表。

（5）数字万用表。

（6）负反馈放大电路板及电阻。

四、实验内容

1. 测量静态工作点

按图 6.8 所示连接基本放大实验电路，取 $U_{CC} = +12V$，$u_i = 0$，用数字万用表的直流电压挡分别测量第一级、第二级的静态工作点，记入表 6.7 中。

表 6.7　静态工作点测量记录表　　$I_{C1} = 2mA$，$I_{C2} = 2mA$

级别	U_B/V	U_E/V	U_C/V	I_C/mA
第一级				
第二级				

2. 测试基本放大器的各项性能指标

按基本放大实验电路图 6.8 所示接线。

测量中频电压放大倍数 A_u 输入电阻 R_i 和输出电阻 R_o。

（1）以 $f = 1kHz$，$U_s \approx 5mV$ 正弦信号输入放大器，用示波器监视输出波形 u_o，在 u_o 不失真的情况下，用交流毫伏表测量 U_s、U_i、U_L，记入表 6.8 中。

表 6.8　基本放大电路的各项性能指标测量、计算表

	测量值				计算值		
基本放大器	u_s/mV	u_i/mV	u_L/V	u_o/V	A_u	$R_i/k\Omega$	$R_o/k\Omega$
负反馈放大器	u_s/mV	u_i/mV	u_L/mV	u_o/mV	A_{uf}	$R_{if}/k\Omega$	$R_{of}/k\Omega$

（2）保持 u_s 不变，断开负载电阻 R_L（注意 R_f 不要断开），测量空载时的输出电压 u_o，并记入表 6.8 中。

3. 观察负反馈对非线性失真的改善

（1）实验电路改接成基本放大器形式，在输入端加入 $f = 1kHz$ 的正弦信号，输出端接示波器，逐渐增大输入信号的幅度，使输出波形开始出现失真，记下此时的波形和输出电压的幅度。

（2）再将实验电路改接成负反馈放大器形式，增大输入信号幅度，使输出电压幅度的大小与（1）相同，比较有负反馈时输出波形的变化。

五、预习思考与实验注意事项

（1）复习教材中有关负反馈放大器的内容。

（2）按实验电路图 6.8 估算放大器的静态工作点（取 $\beta_1 = \beta_2 = 100$）。

（3）怎样把负反馈放大器改接成基本放大器？为什么要把 R_f 并接在输入和输出端？

（4）计算基本放大器的 A_u、R_i 和 R_o；估算负反馈放大器的 A_{uf}、R_{if} 和 R_{of}，并验算它们之间的关系。

（5）如按深度负反馈估算，则闭环电压放大倍数 A_{uf} 为多少？和测量值是否一致？为什么？

（6）如输入信号存在失真，能否用负反馈来改善？

（7）怎么判断放大器是否存在自激振荡？如何进行消振？

六、实验报告要求

（1）将基本放大器和负反馈放大器动态参数的实测值和理论估算值列表进行比较。

（2）根据实验结果，总结电压串联负反馈对放大器性能的影响。

实验 6.3　集成运算放大器的基本应用（模拟运算电路）

一、实验目的

（1）通过对集成运算放大器的理论学习及使用，了解其主要参数指标及实际应用时应考虑的一些问题。

（2）研究并掌握由集成运算放大器组成的比例、求和和积分、微分等基本运算电路的功能。

（3）掌握在深度负反馈条件下，对集成运放的主要性能的影响，电压放大倍数、输入电阻、输出电阻的测试。

二、实验设备与器件

（1）函数信号发生器 1 台。

（2）双踪示波器 1 台。

（3）交流毫伏表 1 块。

（4）模拟实验箱 1 台。

（5）数字万用表 1 块。

（6）μA741 及电阻电容等若干。

三、实验原理

集成运放最早应用于信号的运算，它可对信号完成加、减、乘、除、对数、微分、积分等基本运算，所以称为运算放大器。目前集成运放的应用几乎渗透到电子技术的各个领域，除运算外，还可以对信号进行处理、变换和测量，也可以用来产生正弦信号和各种非正弦信号，成为电子系统的基本功能单元。

实验中常采用的集成运放 LM741、μA741（或 F007），引脚排列如图 6.9 所示。它是 8 脚双列直插式组件，②脚和③脚为反相和同相输入端，⑥脚为输出端，⑦脚和④脚为正、负电源端，①脚和⑤脚为失调调零端，两脚之间可接入一只几十 kΩ 的电位器，并将滑动触点接到负电源端,⑧脚为空脚。集成运放工作时需要由同样大小的正、负电源供电,其值由 $\pm12\text{VDC}$ 至 $\pm18\text{VDC}$,而一般使用 $\pm15\text{VDC}$ 的供电电压。μA741 运算放大器的输入电压经差动放大后,输出电压有线性区及非线性区,电压传输特性曲线如图6.10所示。

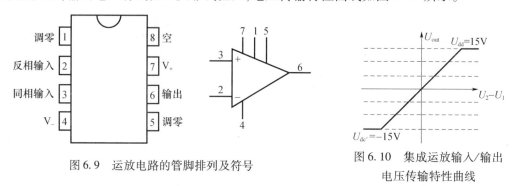

图 6.9　运放电路的管脚排列及符号　　　图 6.10　集成运放输入/输出
电压传输特性曲线

在使用集成运算放大器时,用性能指标来衡量其质量的优劣,为正确使用集成运必须了解其主要参数指标的含义。

1. 集成运放的主要参数指标

1）输入失调电压 U_{IO}

理想运放组件,当动态输入信号为零时,其输出也为零。但由于运放内部输入级差动电路的参数不完全对称等各种原因,使输出电压往往不为零。这种零输入时输出不为零的现象称为集成运放的失调。输入失调电压 U_{IO} 是指输入信号为零时,输出端测得的电压折算到同相输入端的数值。其值反映了电路的不对称程度和调零的难易,在 $1\sim10\text{mV}$ 范围,要求越小越好。该电压是为了使输出电压为零而在输入端加的补偿电压(去掉外接调零电位器)。

2）输入失调电流 I_{IO}

它是指当输入信号为零时,运放的两个输入端的基极偏置电流之差,$I_{IO}=|I_{B1}-I_{B2}|$。其值的大小反映了运放内部差动输入级两个晶体管 β 的失配度,由于 I_{B1}、I_{B2} 本身的数值很小(μA 级),因此它们的差值通常不是直接测量的。

3）差模开环电压放大倍数 A_{ud}

A_{ud} 表示集成运放本身在无外加反馈的开环状态下的差模放大倍数,定义为

$$A_{ud}=\frac{U_o}{U_{id}}=\frac{U_o}{u_+-u_-}$$

它体现了集成运放的电压放大能力,对于集成运放而言,希望 A_{ud} 越大且电路越稳定,运算精度也越高。目前高增益集成运放的 A_{ud} 可高达140dB(一般在 $10^4\sim10^7$ 之间),理想集成运放认为 A_{ud} 为无穷大。

4）共模抑制比 K_{CMRR}

集成运放的差模电压放大倍数 A_{ud} 与共模电压放大倍数 A_{uc} 之比称为共模抑制比:

$$K_{CMRR}=|A_{ud}/A_{uc}|\quad\text{或}\quad K_{CMRR}=20\lg|A_{ud}/A_{uc}|\;(\text{dB})$$

电路对称性越好,运放对共模干扰信号的抑制能力越强,输出端共模信号越小,即 K_{CMRR} 越大,是综合衡量集成运放的放大能力和对共模输入信号的抑制能力、抗温漂、抗干扰的能力,希望其值越大越好,一般应大于80dB。理想集成运放的 K_{CMR} 为无穷大。

5）最大共模输入电压范围 U_{icm}

它是指集成运放所能承受的最大共模输入电压,超出这个范围,运放的 K_{CMRR} 会大大下降,输出波形产生失真,有些运放还会出现"自锁"现象以及永久性的损坏。

6）最大输出电压动态范围 U_{opp}

集成运放的动态范围与电源电压、外接负载及信号源频率有关。当改变 U_i 幅度,观察 U_o 削顶失真开始时刻,从而确定 U_o 的不失真范围,就是运放在某一定电源电压下可能输出的电压峰峰值 U_{opp}。

2. 集成运放在使用时应考虑的一些问题

（1）输入信号选用交、直流量均可,但在选取信号的频率和幅度时,应考虑运放的频响特性和输出幅度的限制。

（2）调零。为提高运算精度,在做实验前,应首先对直流输出电压进行调零,即保证输入为零时,输出也为零。当运放有外接调零端子时,可按组件要求在调零端接入调零电位器 R_W,将输入端接地,用直流电压表测量输出电压 U_o,细心调节 R_W,使 U_o 为零（即失调电压为零）。如运放没有调零端子,可按图 6.11 所示电路进行调零。

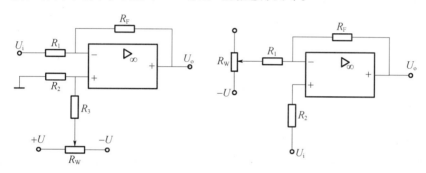

图 6.11　调零电路

一个运放如不能调零,大致有以下原因:

① 组件正常,但电路接线有错误。

② 组件正常,但负反馈不够强（R_F/R_1 太大）,为此可将 R_F 短路,观察是否能调零。

③ 组件正常,但由于它所允许的共模输入电压太低,可能出现自锁现象,因而不能调零。为此可将电源断开后,再重新接通,如能恢复正常,则属于这种情况。

④ 组件正常,但电路有自激振荡现象,应进行消振。

⑤ 组件内部损坏,应更换好的集成块。

（3）消振。一个集成运放自激时,表现为即使输入信号为零,也会有输出,使各种运算功能无法实现,严重时还会损坏器件。在实验中,可用示波器监视输出波形。为消除运放的自激,常采用以下措施:

① 若运放有相位补偿端子,可利用外接 RC 补偿电路,产品手册中有补偿电路及元件参数提供。

② 电路布线、元器件布局应尽量减少分布电容的大小。

③ 在正、负电源进线与地之间接上几十 μF 的电解电容和 0.01~0.1μF 的陶瓷电容相并联,以减小电源引线的影响。

3. 集成运算放大器的特性

集成运放是一种具有高电压放大倍数的直接耦合多级放大电路。由其电压传输特性可知,集成运放的工作区分为线性区和非线性区,由于集成运放的 A_{ud} 非常大,运放的线性范围很小,实际中无法使用,必须在输出与输入之间加深度负反馈才能扩大输入信号的线性范围。当外部接入不同的线性或非线性元器件组成输入和负反馈电路时,便可以灵活地实现各种特定的函数关系。在线性应用方面,可组成比例、加法、减法、积分、微分、对数等模拟运算电路。

1)理想运算放大器特性

通常情况下将各项技术指标理想化,满足下列条件的集成运算放大器称为理想运放:

- 开环电压增益 $A_{ud} = \infty$。
- 输入阻抗 $R_i = \infty$。
- 输出阻抗 $R_o = 0$。
- 带宽 $f_{BW} = \infty$。
- 失调与漂移均为零等。

2)理想运放在线性应用时的两个重要特性

输出电压 U_o 与输入电压之间满足关系式 $U_o = A_{ud}(U_+ - U_-)$

由于 $A_{ud} = \infty$,而 U_o 为有限值,因此,$U_+ - U_- \approx 0$,即 $U_+ \approx U_-$,称为"虚短"。

由于 $R_i = \infty$,故流进运放两个输入端的电流可视为零,即 $I_{IB} = 0$,称为"虚断"。这说明运放对其前级吸取电流极小。

上述两个特性是分析理想运放应用电路的基本原则,可简化运放电路的计算。

四、实验内容

实验前熟悉集成运放组件及管脚排列、电源电压极性及数值,切忌正、负电源接反,输出端短路;否则将会损坏集成元器件。本实验中输入信号 u_i 建议均取用 $f = 100\text{Hz}$,$u_i = 0.5\text{V}$ 的正弦波。可用毫伏表或万用表交流电压挡测量 u_i 的有效值,也可通过示波器直接读出其峰—峰值或有效值。

1. 反相比例运算电路

按图 6.12 所示连接实验电路,接通 ±12V 电源,输入端对地短路,进行调零和消振。图中同相输入端接入平衡电阻 R_2,通常取 $R_2 = R_1 // R_F$。注意在以下各实验中要根据 R_1、R_F 的取值调整平衡电阻的大小,以保证其输入端的电阻平衡,减小输入级偏置电流引起的运算误差,从而提高差动电路的对称性,由此提高共模抑制比。

1)电压放大倍数 A_{uf} 的测量。

选择不同的反馈电阻 R_F 及平衡电阻 R_2,测量输入信号电压 u_i 及相应的输出电压 u_o,计算 A_{uf},并用示波器观察 U_o 和 U_i 的相位关系记入表 6.9 中。

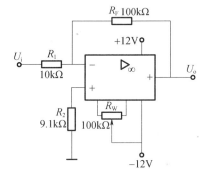

图 6.12 反相比例运算电路

表 6.9 数据记录表

$R_F/\text{k}\Omega$	u_i/V	u_o/V	A_{uf}		u_i 波形	
			理论计算值	实测值		
100					u_o 波形	
10						

2）请分析判断该电路采用的反馈组态，并分析该反馈对电路的影响，试着分析计算 R_{if} 及 R_{of}。

2. 同相比例运算电路

按图 6.13 所示连接实验电路，实验步骤同内容 1，将结果记入表 6.10 中。

将图 6.13 中的 R_1 断开，得电路图 6.14，重复上述实验步骤，将结果记入表 6.10 中。

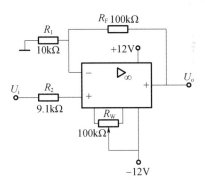
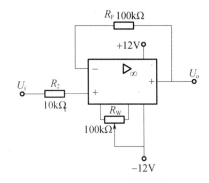

图 6.13　同相比例运算电路　　　　　图 6.14　电压跟随器

当 $R_1 \to \infty$ 时，$u_o = u_i$，即得到图 6.14 所示的电压跟随器。图中 $R_2 = R_F$，用以减少漂移和起保护作用。一般 R_F 取 $10\text{k}\Omega$，R_F 太小起不到保护作用，太大则影响跟随性。

表 6.10　数据记录表　　　　　　　$f = 100\text{Hz}, U_i = 0.5\text{V}$

$R_F/\text{k}\Omega$	u_i/V	u_o/V	A_{uf} 理论计算值	实测值	u_i 波形	
100					u_o 波形	
10						
R_1 断开						

3. 反相加法运算电路

按图 6.15 所示连接实验电路，接电源、调零和消振。

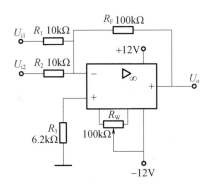

图 6.15　反相加法运算电路

在实验箱上调节出大小合适的直流电压信号作为输入信号 U_{i1}、U_{i2}，注意直流信号幅度以确保集成运放工作在线性区。用万用表测量输入电压 U_{i1}、U_{i2} 及输出电压 U_o，记入表 6.11 中。

173

表6.11　数据记录表

参　　量	反　相　加　法	减　法　运　算
U_{i1}		
U_{i2}		
U_o		
A_{uf}		

4. 差分运算电路

按图6.16所示连接实验电路。

差分运算电路,采用直流输入信号,实验步骤同内容3,测量结果记入表6.11中。

5. 积分运算电路

实验电路如图6.17所示。在进行积分运算之前,首先应对运取调零。为了便于调节,将图中 K_1 闭合,即通过电阻 R_2 的负反馈作用帮助实现调零。但在完成调零后,应将 K_1 打开,以免 R_2 的接入造成积分误差。K_2 的设置一方面为积分电容放电提供通路,同时可实现积分电容初始电压 $u_{c(0)} = 0$,另外,可控制积分起始点,即在加入信号 u_i 后,只要 K_2 一打开,电容就将被恒流充电,电路也就开始进行积分运算。显然,RC 的数值越大,达到给定的 U_o 值所需的时间就越长。积分输出电压所能达到的最大值受集成运放最大输出范围的限制。

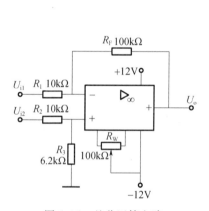

图6.16　差分运算电路

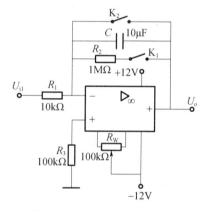

图6.17　反相积分运算电路

(1) 闭合 K_1,断开 K_2,对运放输出进行调零。

(2) 调零完成后,再打开 K_1,闭合 K_2,使 $u_{c(0)} = 0$。

(3) 预先调好电压 $u_i = 0.5V$,$f = 200Hz$ 的方波信号作为输入信号,接入实验电路,再打开 K_2,然后观察输出信号并记录大小和波形。

五、预习思考与实验注意事项

(1) 复习集成运放线性应用部分内容,并根据实验电路参数计算各电路输出电压的理论值。

(2) 在反相加法器中,如 U_{i1} 和 U_{i2} 均采用直流信号,并选定 $U_{i2} = -1V$,当考虑到运算放大器的最大输出幅度($\pm 12V$)时,$\mid U_{i1} \mid$ 的大小不应超过多少伏?

(3) 在积分电路中,如 $R_1 = 100k\Omega$,$C = 4.7\mu F$,求时间常数。假设 $u_i = 0.5V$,问要使输

出电压 u_o 达到 5V,需多长时间(设 $U_{c(0)} = 0$)?

(4)为了不损坏集成块,实验中应注意下列事项。

① 实验前要看清运放组件各管脚的位置:切忌正、负电源极性接反和输出端短路;否则将会损坏集成块。

② 实验前应先测量一下电阻的阻值,与理论值一致再接到电路中,便于误差分析。

③ 运放的输出端绝不允许对地短路,以防短路而损坏运放。

④ 验证反相、同相、加减运算等比例实验时,u_o 必须小于电源电压值。

⑤ 输入信号不能过大;否则会造成器件损坏或产生阻塞现象。

六、实验报告要求

(1)整理实验数据,画出波形图(注意波形间的相位关系)。

(2)将理论计算结果和实测数据相比较,分析产生误差的原因。

(3)分析讨论实验中出现的现象和问题。

实验 6.4　集成运算放大器的基本应用(有源滤波器)

一、实验目的

(1)熟悉用运放、电阻和电容组成有源低通滤波、高通滤波和带通、带阻滤波器。

(2)学会测量有源滤波器的幅频特性。

二、实验原理

由 RC 元件与运算放大器组成的滤波器称为 RC 有源滤波器,其功能是让一定频率范围内的信号通过,抑制或急剧衰减此频率范围以外的信号。可用在信息处理、数据传输、抑制干扰等方面,但因受运算放大器频带限制,这类滤波器主要用于低频范围。根据对频率范围的选择不同,可分为低通(LPF)、高通(HPF)、带通(BPF)与带阻(BEF)等 4 种滤波器,它们的幅频特性如图 6.18 所示。

具有理想幅频特性的滤波器是很难实现的,只能用实际的幅频特性去逼近理想的。一般来说,滤波器的幅频特性越好,其相频特性越差;反之亦然。滤波器的阶数越高,幅频特性衰减的速率越快,但 RC 网络的节数越多,元件参数计算越繁琐,电路调试越困难。任何高阶滤波器均可以用较低的二阶 RC 有源滤波器级联实现。

1. 低通滤波器(LPF)

低通滤波器是用来通过低频信号,衰减或抑制高频信号。

图 6.19(a)所示为典型的二阶有源低通滤波器。它由两级 RC 滤波环节与同相比例运算电路组成,其中第一级电容 C 接至输出端,引入适量的正反馈,以改善幅频特性。

图 6.19(b)所示为二阶低通滤波器幅频特性曲线。

2. 电路性能参数

$A_{up} = 1 + \dfrac{R_f}{R_1}$,二阶低通滤波器的通带增益。

$f_0 = \dfrac{1}{2\pi RC}$,截止频率,它是二阶低通滤波器通带与阻带的界限频率。

$Q = \dfrac{1}{3 - A_{up}}$,品质因数,它的大小影响低通滤波器在截止频率处幅频特性的形状。

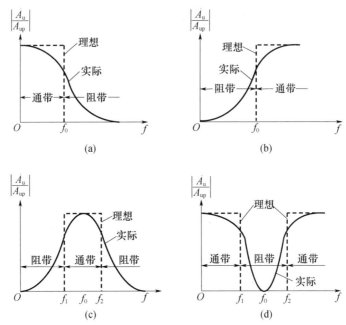

图 6.18　4 种滤波电路的幅频特性示意图

(a)低通;(b)高通;(c)带通;(d)带阻。

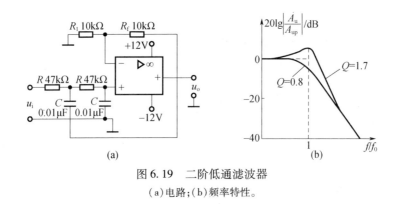

图 6.19　二阶低通滤波器

(a)电路;(b)频率特性。

3. 高通滤波器(HPF)

与低通滤波器相反,高通滤波器用来通过高频信号,衰减或抑制低频信号。

只要将图 6.19 所示低通滤波电路中起滤波作用的电阻、电容互换,即可变成二阶有源高通滤波器,如图 6.20(a)所示。高通滤波器性能与低通滤波器相反,其频率响应和低通滤波器是"镜像"关系;仿照 LPH 分析方法,不难求得 HPF 的幅频特性。

电路性能参数 A_{up}、f_0、Q 各量的含义同二阶低通滤波器。

图 6.20(b)所示为二阶高通滤波器的幅频特性曲线,可见,它与二阶低通滤波器的幅频特性曲线有"镜像"关系。

4. 带通滤波器(BPF)

这种滤波器的作用是只允许在某一个通频带范围内的信号通过,而比通频带下限频率低和比上限频率高的信号均加以衰减和抑制。

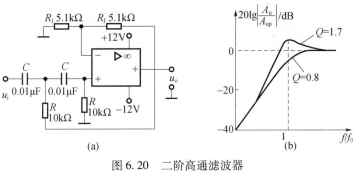

图 6.20　二阶高通滤波器

(a)电路;(b)幅频特性。

典型的带通滤波器可以从二阶低通滤波器中将其中一级改成高通而成,如图 6.21(a)所示。

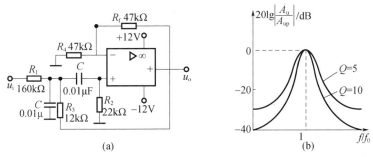

图 6.21　二阶带通滤波器

(a)电路;(b)幅频特性。

电路性能参数如下。

通带增益,即

$$A_{up} = \frac{R_4 + R_f}{R_4 R_1 CB}$$

中心频率,即

$$f_0 = \frac{1}{2\pi}\sqrt{\frac{1}{R_2 C^2}\left(\frac{1}{R_1} + \frac{1}{R_3}\right)}$$

通带宽度,即

$$B = \frac{1}{C}\left(\frac{1}{R_1} + \frac{2}{R_2} + \frac{R_f}{R_3 R_4}\right)$$

选择性,有

$$Q = \frac{\omega_0}{B}$$

此电路的优点是改变 R_f 和 R_4 的比例就可改变频宽而不影响中心频率。

5. 带阻滤波器(BEF)

如图 6.22(a)所示,这种电路的性能和带通滤波器相反,即在规定的频带内,信号不能通过(或受到很大衰减或抑制),而在其余频率范围,信号则能顺利通过。

在双 T 网络后加一级同相比例运算电路,就构成了基本的二阶有源 BEF。

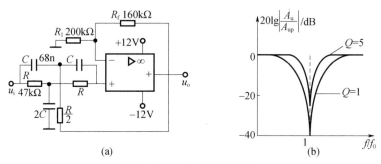

(a)   (b)

图 6.22 二阶带阻滤波器
(a)电路;(b)频率特性。

电路性能参数如下。

通带增益,即

$$A_{up} = 1 + \frac{R_f}{R_1}$$

中心频率,即

$$f_0 = \frac{1}{2\pi RC}$$

阻带宽度,即

$$B = 2(2 - A_{up})f_0$$

选择性,即

$$Q = \frac{1}{2(2 - A_{up})}$$

三、实验设备与器件

(1)模拟实验箱。

(2)函数信号发生器。

(3)双踪示波器。

(4)交流毫伏表。

(5)μA741×1,电阻器、电容器若干。

四、实验内容

1. 二阶低通滤波器

实验电路如图 6.19(a)所示。

(1)粗测。接通 ±12V 电源。u_i 接函数信号发生器,令其输出为 $U_i = 1V$ 的正弦波信号,在滤波器截止频率附近改变输入信号频率,用示波器或交流毫伏表观察输出电压幅度的变化是否具备低通特性,如不具备则应排除电路故障。

(2)在输出波形不失真的条件下,选取适当幅度的正弦输入信号,在维持输入信号幅度不变的情况下,逐点改变输入信号频率。测量输出电压,记入表 6.12 中,描绘频率特性曲线。

表 6.12　二阶低通滤波器测量记录

f/Hz	
U_o/V	

2. 二阶高通滤波器

实验电路如图 6.20(a)所示。

（1）粗测。输入 $U_\text{i}=1\text{V}$ 正弦波信号，在滤波器截止频率附近改变输入信号频率，观察电路是否具备高通特性。

（2）测绘高通滤波器的幅频特性曲线，记入表 6.13 中。描绘频率特性曲线。

表 6.13　二阶高通滤波器测量记录

f/Hz	
U_o/V	

3. 带通滤波器

实验电路如图 6.21(a)所示，测量其频率特性。记入表 6.14 中。

（1）实测电路的中心频率 f_0。

（2）以实测中心频率为中心，测绘电路的幅频特性。

表 6.14　带通滤波器测量记录

f/Hz	
U_o/V	

4. 带阻滤波器

实验电路如图 6.22(a)所示。

（1）实测电路的中心频率 f_0。

（2）测绘电路的幅频特性，记入表 6.15 中。

表 6.15　带阻滤波器的测量记录

f/Hz	
U_o/V	

五、预习思考与注意事项

（1）复习教材有关滤波器内容。

（2）分析图 6.19 至图 6.22 所示电路，写出它们的增益特性表达式。

（3）计算图 6.19、图 6.20 的截止频率，图 6.21、图 6.22 的中心频率。

（4）画出上述 4 种电路的幅频特性曲线。

六、实验报告要求

（1）整理实验数据，画出各电路实测的幅频特性。

（2）根据实验曲线，计算截止频率、中心频率、带宽及品质因数。

（3）总结有源滤波电路的特性。

实验 6.5 集成运算放大器的基本应用(电压比较器)

一、实验目的

(1)掌握电压比较器的电路构成及特点。
(2)学会测试比较器的方法。

二、实验原理

电压比较器是集成运放非线性应用电路,它将一个模拟量电压信号和一个参考电压相比较,在二者幅度相等的附近,输出电压将产生跃变,相应输出高电平或低电平。比较器可以组成非正弦波形变换电路及应用于模拟与数字信号转换等领域。

图 6.23 所示为一最简单的电压比较器,U_R 为参考电压,加在运放的同相输入端,输入电压 U_i 加在反相输入端。

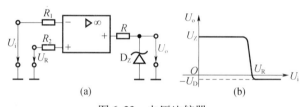

图 6.23 电压比较器

(a)电路;(b)传输特性。

当 $U_i < U_R$ 时,运放输出高电平,稳压管 D_Z 反向稳压工作。输出端电位被其钳位在稳压管的稳定电压 U_Z,即 $U_0 = U_Z$。

当 $U_i > U_R$ 时,运放输出低电平,D_Z 正向导通,输出电压等于稳压管的正向压降 U_D,即 $U_o = -U_D$ 因此,以 U_R 为界,当输入电压 U_i 变化时,输出端反应出两种状态,即高电位和低电位。

表示输出电压与输入电压之间关系的特性曲线,称为传输特性。图 6.23(b)所示为图 6.23(a)比较器的传输特性。

常用的电压比较器有过零比较器、具有滞回特性的过零比较器、双限比较器(又称窗口比较器)等。

1. 过零比较器

图 6.24 所示为加限幅电路的过零比较器,D_z 为限幅稳压管。信号从运放的反相输入端输入,参考电压为零,从同相端输入。当 $U_i > 0$ 时,输出 $U_o = -(U_Z + U_D)$,当 $U_i < 0$ 时,$U_o = +(U_Z + U_D)$。其电压传输特性如图 6.24(b)所示。

过零比较器结构简单,灵敏度高,但抗干扰能力差。

2. 滞回比较器

图 6.25 所示为具有滞回特性的过零比较器,过零比较器在实际工作时,如果 u_i 恰好在过零值附近,则由于零点漂移的存在,U_o 将不断由一个极限值转换到另一个极限值,这在控制系统中,对执行机构将是很不利的。为此,就需要输出特性具有滞回现象。如图 6.25 所示,从输出端引一个电阻分压正反馈支路到同相输入端,若 U_o 改变状态,Σ 点也随着改变电

位,使过零点离开原来位置。

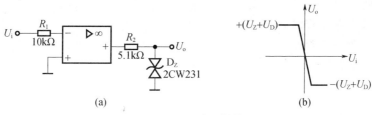

图 6.24　过零比较器

(a)过零比较器;(b)电压传输特性。

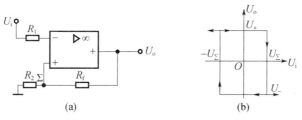

图 6.25　滞回比较器

(a)电路;(b)传输特性。

当 u_0 为正(记做 U_+) 　$U_\Sigma = R_2 / R_1 + R_2 \cdot U_+$,则当 $U_i > U_\Sigma$ 后,u_0 即由正变负(记做 U_-),此时 U_Σ 变为 $-U_\Sigma$。故只有当 U_i 下降到 $-U_\Sigma$ 以下,才能使 u_0 再度回升到 U_+,于是出现图 6.25(b)所示的滞回特性。$-U_\Sigma$ 与 U_Σ 的差别称为回差。改变 R_2 的数值可以改变回差的大小。

3. 窗口(双限)比较器

简单的比较器仅能鉴别输入电压 u_i 比参考电压 u_R 高或低的情况,窗口比较电路是由两个简比较器组成,如图 6.26 所示,它能指示出 U_i 值是否处于 $u_R{}^+ \sim u_R{}^-$ 之间。如果 $u_R{}^- < u < u_R{}^+$,窗口比较器的输出电压 u_0 为高电平 u_{oH};如果 $u_i < u_R{}^-$ 或 $u_i > u_R{}^+$,则输出电压 u_0 为低电平 u_{oL}。

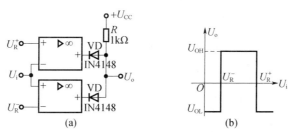

图 6.26　由两个简单比较器组成的窗口比较器

(a)电路;(b)传输特性。

三、实验设备与器件

(1)模拟实验箱。

(2)函数信号发生器。

(3)双踪示波器。

（4）数字万用表。

（5）交流毫伏表。

（6）运算放大器 μA741 ×2。

（7）稳压管 2CW231 ×1。

（8）开关二极管 IN4148 ×2。

（9）电阻器等。

四、实验内容

1. 过零比较器

实验电路如图 6.24 所示。

（1）接通 ±12V 电源。

（2）改变 u_i 幅值,测量传输特性曲线。

（3）u_i 输入 500Hz、幅值为 2V 的正弦信号,观察 u_i、u_o 波形并记录。

2. 反相滞回比较器

实验电路如图 6.27 所示。

（1）按图接线,u_i 接 +5V 可调直流电源,测出 u_o 由 $+u_{omcx} \rightarrow -u_{omcx}$ 时 u_i 的临界值。

（2）同上,测出 u_o 由 $-u_{omcx} \rightarrow +u_{omcx}$ 时 u_i 的临界值。

（3）u_i 接 500Hz,峰值为 2V 的正弦信号,观察并记录 $u_i \rightarrow u_o$ 波形。

（4）将分压支路 100kΩ 电阻改为 200kΩ,重复上述实验,测定传输特性。

3. 同相滞回比较器

实验线路如图 6.28 所示。

（1）参照反相滞回比较器,自拟实验步骤及方法。

（2）将结果与反相滞回比较器进行比较。

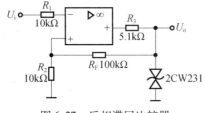

图 6.27　反相滞回比较器

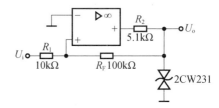

图 6.28　同相滞回比较器

五、预习思考与注意事项

（1）复习教材有关比较器的内容。

（2）画出各类比较器的传输特性曲线。

（3）若要将图 6.26 所示的窗口比较器的电压传输曲线高、低电平对调,应如何改动比较器电路。

六、实验报告要求

（1）整理实验数据,绘制各类比较器的传输特性曲线。

（2）总结几种比较器的特点并阐明它们的应用。

实验 6.6　集成运算放大器的基本应用（波形发生器）

一、实验目的

（1）学习用集成运放构成正弦波、方波和三角波发生器。
（2）学习波形发生器的调整和主要性能指标的测试方法。

二、实验原理

由集成运放构成的正弦波、方波和三角波发生器有多种形式，本实验选用最常用的、线路比较简单的几种电路加以分析。

1. *RC* 桥式正弦波振荡器（文氏电桥振荡器）

图 6.29 所示为 *RC* 桥式正弦波振荡器。其中 *RC* 串、并联电路构成正反馈支路，同时兼作选频网络，R_1、R_2、R_W 及二极管等元件构成负反馈和稳幅环节。调节电位器 R_W，可以改变负反馈深度，以满足振荡的振幅条件和改善波形。利用两个反向并联二极管 VD_1、VD_2 正向电阻的非线性特性来实现稳幅。VD_1、VD_2 采用硅管（温度稳定性好），且要求特性匹配，才能保证输出波形正、负半周对称。R_3 的接入是为了削弱二极管非线性的影响，以改善波形失真。

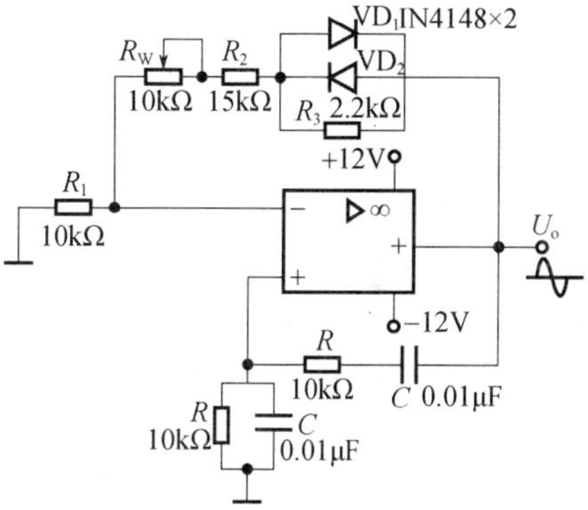

电路的振荡频率为

图 6.29　*RC* 桥式正弦波振荡器

$$f_0 = 1/2\pi RC$$

起振的幅值条件为

$$R_f/R_1 \geqslant 2$$

其中：$R_f = R_W + R_2 + (R_3 /\!/ r_0)$

式中　r_0——二极管正向导通电阻。

调整反馈电阻 R_f（调 R_w），使电路起振且波形失真最小。如不能起振，则说明负反馈太强，应适当加大 R_f。如波形失真严重，则应适当减小 R_f。

改变选频网络的参数 *C* 或 *R*，即可调节振荡频率。一般采用改变电容 *C* 作频率量程切换，而调节 *R* 作量程内的频率细调。

2. 方波发生器

由集成运放构成的方波发生器和三角波发生器，一般均包括比较器和 *RC* 积分器两大部分。图 6.30 所示为由滞回比较器及简单 *RC* 积分电路组成的方波—三角波发生器。它的特点是线路简单，但三角波的线性度较差。主要用于产生方波，或对三角波要求不高的场合。

电路振荡频率为

$$f_0 = \frac{1}{2R_f C_f \ln\left(1 + \dfrac{2R_2}{R_1}\right)}$$

其中：$R_1 = R_1' + R_W'$ $R_2 = R_2' + R_W''$

方波输出幅值为

$$U_{om} = \pm U_Z$$

三角波输出幅值为

$$U_{cm} = \frac{R_2}{R_1 + R_2} U_Z$$

调节电位器 R_W（即改变 R_2/R_1），可以改变振荡频率，但三角波的幅值也随之变化。如要互不影响，则可通过改变 R_f（或 C_f）来实现振荡频率的调节。

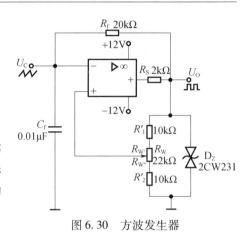

图 6.30　方波发生器

3. 三角波和方波发生器

如把滞回比较器和积分器首尾相接形成正反馈闭环系统，如图 6.31 所示，则比较器 A_1 输出的方波经积分器 A_2 积分可得到三角波，三角波又触发比较器自动翻转形成方波，这样即可构成三角波和方波发生器。图 6.32 所示为方波和三角波发生器输出波形。由于采用运放组成的积分电路，因此可实现恒流充电，使三角波线性大大改善。

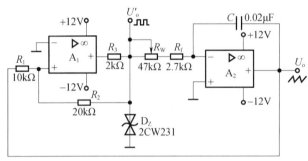

图 6.31　三角波和方波发生器

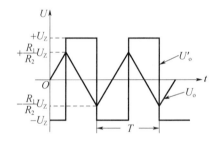

图 6.32　方波和三角波发生器输出波形

电路振荡频率为

$$f_0 = \frac{R_2}{4R_1 (R_f + R_W) C_f}$$

方波幅值为

$$U'_{om} = \pm U_Z$$

三角波幅值为

$$U_{om} = \frac{R_1}{R_2} U_Z$$

调节 R_W 可以改变振荡频率，改变比值：R_1/R_2 可调节三角波的幅值。

三、实验设备与器件

（1）模拟实验箱。

（2）双踪示波器。

（3）交流毫伏表。

（4）集成运算放大器 μA741 ×2。

（5）二极管 IN4148 ×2。

（6）稳压管 2CW231 ×1。

（7）电阻器、电容器若干。

四、实验内容

1. RC 桥式正弦波振荡器

按图 6.29 所示连接实验电路。

（1）接通 ±12V 电源，调节电位器 R_w 使输出波形从无到有，从正弦波到出现失真。描绘 u_o 的波形，记下临界起振、正弦波输出及失真情况下的 R_w 值，分析负反馈强弱对起振条件及输出波形的影响。

（2）调节电位器 R_w，使输出电压 u_o 幅值最大且不失真，用交流毫伏表分别测量输出电压 U_o、反馈电压 U^+ 和 U^-，分析研究振荡的幅值条件。

（3）用示波器或频率计测量振荡频率 f_0，然后在选频网络的两个电阻 R 上并联同一阻值电阻，观察记录振荡频率的变化情况，并与理论值进行比较。

（4）断开二极管 VD_1、VD_2，重复内容（2），将测试结果与（2）进行比较，分析 VD_1、VD_2 的稳幅作用。

＊（5）RC 串并联网络幅频特性观察。

将 RC 串并联网络与运放断开，由函数信号发生器注入 3V 左右正弦信号，并用双踪示波器同时观察 RC 串并联网络输入、输出波形，保持输入幅值（3V）不变，从低到高改变频率，当信号源达某一频率时，RC 串并联网络输出将达最大值（约 1V），且输入、输出同相位。此时的信号源频率 $f = f_0 = 1/2\pi RC$。

2. 方波发生器

按图 6.30 所示连接实验电路。

（1）调节 R_w，致使输出为方波。用双踪示波器观察并描绘方波 u_o 及三角波 u_c 的波形（注意对应关系），测量其幅值及频率并记录之。

（2）改变 R_w 动点的位置，观察 u_o、u_c 幅值及频率变化情况。把动点调至最上端和最下端，测出频率范围并记录之。

（3）将 R_w 恢复至中心位置，将一只稳压管短接，观察 u_o 波形，分析 D_z 的限幅作用。

3. 三角波和方波发生器

按图 6.31 所示连接实验电路

（1）将电位器 R_w 调至合适位置，用双踪示波器观察并描绘三角波输出 u_o 及方波输出 u_o'，测其幅值、频率及 R_w 值并记录之。

（2）改变 R_w 的位置，观察对 u_o、u_o' 幅值及频率的影响。

（3）改变 R_1（或 R_2），观察对 u_o、u_o' 幅值及频率的影响。

五、预习思考与注意事项

（1）复习有关 RC 正弦波振荡器、三角波及方波发生器的工作原理，并估算图 6.29 至图 6.31 所示电路的振荡频率。

（2）设计实验表格。

（3）为什么在 RC 正弦波振荡电路中要引入负反馈支路？为什么要增加二极管 VD_1 和 VD_2？它们是怎样稳幅的？

（4）电路参数变化时对图 6.29 至图 6.31 产生的方波和三角波频率及电压幅值有什么影响？（或者：怎样改变图 6.30、图 6.31 所示电路中方波及三角波的频率及幅值？）

（5）在波形发生器各电路中，"相位补偿"和"调零"是否需要？为什么？

（6）怎样测量非正弦波电压的幅值？

六、实验报告要求

1. 正弦波发生器

（1）列表整理实验数据，画出波形，把实测频率与理论值进行比较。

（2）根据实验分析 RC 振荡器的振幅条件。

（3）讨论二极管 VD_1、VD_2 的稳幅作用。

2. 方波发生器

（1）列表整理实验数据，在同一坐标纸上，按比例画出方波和三角波的波形图（标出时间和电压幅值）。

（2）分析 R_w 变化时，对 u_o 波形的幅值及频率的影响。

（3）讨论 D_Z 的限幅作用。

3. 三角波和方波发生器

（1）整理实验数据，把实测频率与理论值进行比较。

（2）在同一坐标纸上，按比例画出三角波及方波的波形，并标明时间和电压幅值。

（3）分析电路参数变化（R_1、R_2 和 R_w）对输出波形频率及幅值的影响。

实验 6.7 直流稳压电源（一）

一、实验目的

（1）研究单相桥式整流、电容滤波电路的特性。

（2）了解串联型晶体管稳压电源主要技术指标的测试方法。

二、实验原理

电子设备一般都需要直流电源供电。这些直流电除了少数直接利用干电池和直流发电机外，大多数是采用把交流电（市电）转变为直流电的直流稳压电源。

直流稳压电源由电源变压器、整流、滤波和稳压电路四部分组成，其原理框图如图 6.33 所示。电网供给的交流电压（220V、50Hz）经电源变压器降压后，得到符合电路需要的交流电压 u_2，然后由整流电路交换成方向不变、大小随时间变化的脉动的电压 U_3，再用滤波器滤去其交流分量，就可得到比较平直的直流电压 U_4。但这样的直流输出电压，还会随交流电网电压的波动或负载的变动而变化。在对直流供电要求较高的场合，还需要使用稳压电路，以保证输出直流电压更加稳定。

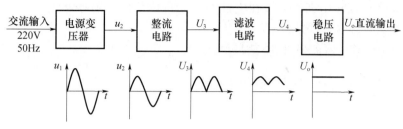

图 6.33　直流稳压电源框图

三、实验仪器设备与器件

（1）模拟实验箱　1 台。

（2）双踪示波器　1 台。

（3）数字万用表　1 台。

（4）整流二极管、电容器　若干。

四、实验内容

1. 整流滤波电路测试

（1）按图 6.34 所示连接实验电路。取降压输出 14V 作为整流电路输入电压 u_2。取 $R_L = 240\Omega$，不加滤波电容，测量直流输出电压 U_L 及纹波电压 $\tilde{U}_L$，并用示波器观察 u_2 和 U_L 波形，记入表 6.16 中。

（2）取 $R_L = 240\Omega$，$C = 47\mu F$，重复内容（1）的要求，记入表 6.16 中。

（3）取 $R_L = 240\Omega$，$C = 470\mu F$，重复内容（1）的要求，记入表 6.16 中。

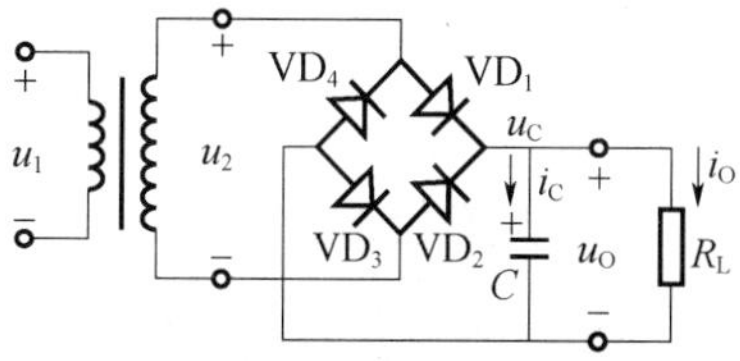

图 6.34　整流滤波电路

（4）取 $R_L = 120\Omega$，$C = 470\mu F$，重复内容（1）的要求，记入表 6.16 中。

表 6.16　数据记录表

电 路 形 式		U_L/V	$\tilde{U}_L/V$	U_L 波形
$R_L = 240\Omega$	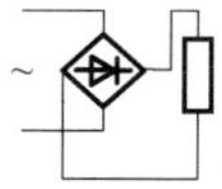			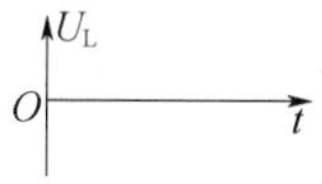
$R_L = 240\Omega$ $C = 47\mu F$	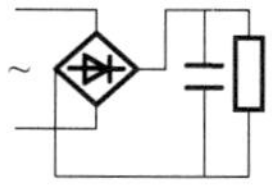			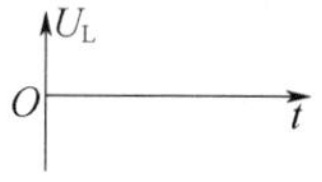
$R_L = 240\Omega$ $C = 470\mu F$	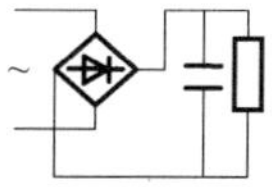			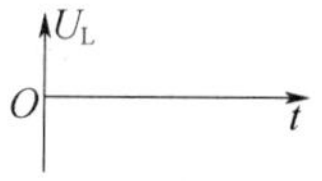
$R_L = 120\Omega$ $C = 470\mu F$	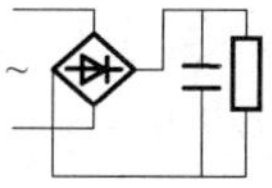			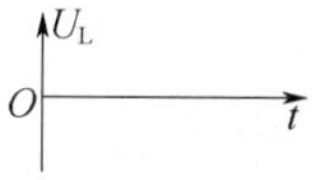

注意：①每次改接电路时，必须切断工频电源。

187

②在观察输出电压 U_L 波形的过程中,Y 轴灵敏度旋钮位置调好以后,不要再变动;否则将无法比较各波形的脉动情况。

③在实验中注意电容的极性,不能接反。

五、预习要求及思考与实验注意事项

1. 预习要求与思考

(1)复习教材中有关直流稳压电源部分知识,在桥式整流电路中输入电压和输出电压有什么数量关系?

(2)了解二极管和整流桥的结构及工作原理。

(3)熟悉直流稳压电源的组成和工作原理。

(4)在桥式整流电路中,如果某个二极管短路、开路或接反将会出现什么问题?

(5)能用双踪示波器同时观察输入、输出波形吗? 为什么?

(6)电容的大小和直流输出大小有什么关系?

(7)负载的大小和直流输出的大小有什么关系?

(8)对负载电阻在容量上有什么要求?

2. 注意事项

(1)正确连接线路,检查无误后再接通交流电源。

(2)滤波电容有正、负极性之分,不可接错;否则会造成电容损坏。

(3)整流电路和稳压器的输出端都绝不允许短路,以免烧坏元器件。

(4)整流电路输入端与输出端不共地,不能同时用双踪示波器观测交流输入和整流输出波形,以免造成短路。

六、实验报告要求

(1)对表 6.16 所测的结果进行全面分析,总结桥式整流、电容滤波电路的特点。

(2)分析讨论实验中出现的故障及排除方法。

实验 6.8 直流稳压电源(二)

一、实验目的

(1)通过理解串联型晶体管稳压电源的工作原理,掌握集成稳压器的特点和性能指标的测试方法。

(2)了解集成稳压器扩展性能的方法及使用。

二、实验原理

1. 稳压器

直流稳压电路的作用是将不稳定的直流电调整变换成稳定且可调的直流电压。按调整器件的工作状态可分为线性稳压电路和开关型稳压电路两大类。本书中着重学习前者,但随着自关断电力电子器件和电力集成电路的迅速发展,开关电源已得到越来越广泛的应用。典型的串联型稳压电路如图 6.35 所示,电路由取样环节、基准环节、比较放大部分、调整环

节等组成。电路的采样电压大小为

$$U_F = \frac{R_2 + R''_P}{R_1 + R_2 + R_P} U_o$$

电路的输出电压为

$$U_o = \frac{R_1 + R_P + R_2}{R_2 + R''_P} U_{PEF}$$

其中：
$$U_{REF} = U_Z$$

$$U_{omin} = \frac{R_1 + R_P + R_2}{R_2 + R_P} U_{REF}, U_{omax} = \frac{R_1 + R_P + R_2}{R_2} U_{REF}$$

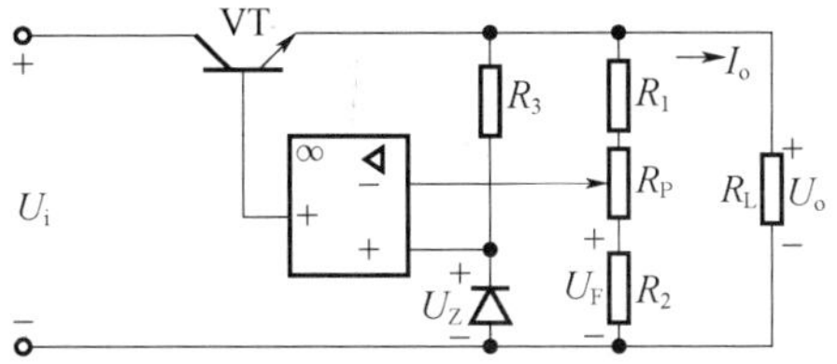

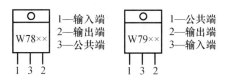

图 6.35　串联型稳压电路

由于集成稳压器具有体积小、外接线路简单、使用方便、工作可靠和通用性强等优点,因此在各种电子设备中应用十分普遍,基本上取代了由分立元件构成的稳压电路。集成稳压器的种类很多,应根据设备对直流电流的要求进行选择,通常串联型三端集成稳压器的应用最为广泛。该稳压器仅有输入端、输出端和公共端 3 个接线端子,其外形和管脚排列如图 6.36 所示,在具体连接电路时要注意其管脚顺序。

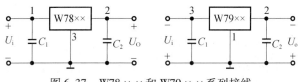

图 6.36　三端稳压器外形及管脚排列

输出电压固定的三端集成稳压器有 W78 × × 和 W79 × × 系列。× × 表示输出电压的标称值,其中:

78 × × 系列,输出正极性电压,如 W7805 输出 +5V、W7812 输出 +12V、W7815 输出 +15V。

79 × × 系列,输出极性负电压,如 W7905 输出 −5V、W7912 输出 −12V、W7915 输出 −15V。

输出电压种类有 5V、6V、8V、9V、10V、12V、15V、18V 和 24V 等多种,在加装散热器的情况下,输出电流可达 1.5 ~ 2.2A。通常 78L 系列稳压器的输出电流为 0.1A,78M 系列稳压器的输出电流为 0.5A。最高输入电压为 35V,最小输入输出电压差为 2 ~ 3V,输出电压变化率为 0.1% ~ 0.2%。图 6.37 所示为 W78 × × 和 W79 × × 系列稳压器的基本接线。

图 6.37　W78 × × 和 W79 × × 系列接线

除固定输出三端稳压器外,还有可调式三端稳压器 W317,它可通过外接元件对输出电压进行调整,以适应不同的需要。图 6.38 所示为可调输出三端稳压器 W317 的外形及基本接线。

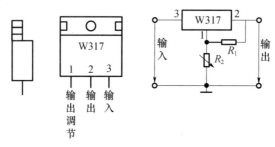

图 6.38　W317 外形及接线

输出电压计算公式:$U_o \approx 1.25(1 + R_2/R_1)$;最大输入电压 $U_{im} = 40V$;输出电压范围 $U_o = 1.2 \sim 37V$。

2. 集成稳压器的性能指标

(1)稳压系数。它是指当负载固定时,输出电压的相对变化量与输入电压的相对变化量之比。反映电网电压波动时对稳压电路的影响。

$$S_r = \left. \frac{\Delta U_o / U_o}{\Delta U_I / U_I} \right|_{\Delta I_o = 0, \Delta T = 0}$$

(2)电压调整率,即

$$S_U = \left\{ \left. \frac{1}{U_o} \frac{\Delta U_o}{\Delta U_I} \right|_{\Delta I_o = 0, \Delta T = 0} \right\} \times 100\%$$

(3)输出电阻。用来反映稳压电路受负载变化的影响。定义为当输入电压固定时,由于负载的变化引起的输出电压变化量与输出电流变化量之比。它反映了直流电源带负载的能力。

$$R_o = \left. \frac{\Delta U_o}{\Delta I_o} \right|_{\Delta U_I = 0, \Delta T = 0}$$

(4)电流调整率,即

$$S_I = \left\{ \left. \frac{\Delta U_o}{U_o} \right|_{\Delta U_I = 0, \Delta T = 0} \right\} \times 100\%$$

(5)输出电压的温度系数,即

$$S_T = \left\{ \left. \frac{1}{U_o} \frac{\Delta U_o}{\Delta T} \right|_{\Delta I_o = 0, \Delta U_I = 0} \right\} \times 100\%$$

(6)纹波电压。稳压电路输出端的交流分量(通常为 100Hz)的有效值或幅值。

(7)纹波电压抑制比。输入、输出电压中的纹波电压之比,即

$$S_{rip} = 20\lg \frac{U_{ipp}}{U_{opp}}$$

W7812 构成的串联型稳压电源见图 6.39。

3. 集成稳压器性能扩展实验

1)能同时输出正、负电压的电路

当需要 $U_{o1} = +15V$,$U_{o2} = -15V$,则可选用 W7815 和 W7915 三端稳压器,这时的 U_i 应

为单电压输出时的 2 倍。图 6.40 所示为正、负双电压输出电路。

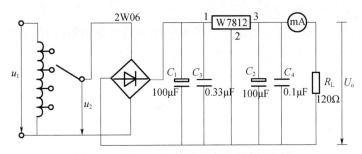

图 6.39　由 W7812 构成的串联型稳压电源

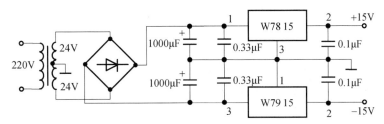

图 6.40　正、负双电压输出电路

2）输出电压扩展电路

当集成稳压器本身的输出电压或输出电流不能满足要求时,可通过外接电路来进行性能扩展。图 6.41 是一种简单的输出电压扩展电路。如 W7812 稳压器的 3、2 端间输出电压为 12V,只要适当选择 R 的值,使稳压管 D_Z 工作在稳压区,则输出电压 $U_o = 12 + U_Z$,可以高于稳压器本身的输出电压。

3）输出电流扩展电路

图 6.42 是通过外接晶体管 VT 及电阻 R 来进行电流扩展的电路。电阻 R 的作用是使功率管在输出电流较大时才能导通。图中 I_3 为稳压器公共端电流,其值很小,可以忽略不计,所以 $I_1 \approx I_2$,则可得

$$I_o = I_2 + I_C = I_2 + \beta I_B = I_2 + \beta(I_1 - I_R) \approx (1 + \beta) I_2 + \beta \frac{U_{BE}}{R}$$

式中　β——三极管的电流放大系数。

设 $\beta = 10, U_{BE} = -0.3V, R = 0.5\Omega, I_2 = 1A$,则可计算出 $I_o = 5A$,可见 I_o 比 I_2 扩大了。

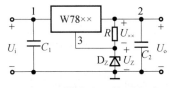

图 6.41　输出电压扩展电路

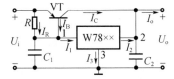

图 6.42　输出电流扩展电路

三、实验设备与器件

（1）模拟实验箱 1 台。

（2）双踪示波器 1 台。

（3）数字万用表 1 块。

（4）桥堆、电阻、电容等 若干。

桥堆 1QC－4B（或 KBP306）由 4 个二极管组成的桥式整流器成品,桥堆内部接线和外部管脚引线如图6.43所示。

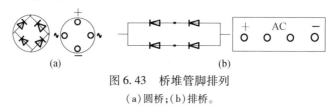

图 6.43　桥堆管脚排列

（a）圆桥;（b）排桥。

四、实验内容

1. 集成稳压器性能测试

按图6.39所示连接实验电路,取负载电阻 $R_L = 120\Omega$。接通工频 14V 电源,测量 U_2 值,测量滤波电路输出电压 U_i（稳压器输入电压）,以及集成稳压器输出电压 U_o,它们的数值应与理论值大致符合;否则说明电路出了故障。如有故障应设法查找故障并加以排除。之后才能进行各项指标的测试。

（1）测试输出电压 U_o 和最大输出电流 I_{omax}

在输出端接负载电阻 $R_L = 120\Omega$,由于 7812 输出电压 $U_o = 12V$,因此流过 R_L 的电流 $I_{omax} = 12/120 = 100(mA)$。这时 U_o 应基本保持不变,若变化较大则说明集成块性能不良。

（2）稳压系数 S_r 的测量

① 保持负载电阻不变。

② 改变 u_2 的值（输出从 14V 改为 17V）时测出对应的 U_i、U_o 值,即可求出 S_r。

（3）输出电阻 R_o 的测量。输出电压 u_2 接 14V,改变 R_L 的值（从 120Ω 改成 240Ω）,测出对应的 U_o 和 I_o 值,求出 ΔU_o 和 ΔI_o,即可得到 R_o 的值。

（4）输出纹波电压的测量。用万用表的交流挡可测出纹波电压或用示波器进行测量。

根据前面各性能指标的定义,自拟方法测试各电量,把测量结果记入自拟表格中,计算出以上各指标。

2. 集成稳压器性能扩展实验

根据实验器材,选取图6.40及图6.42中各元器件,并自拟测试方法与表格,记录实验结果。

五、预习思考与注意事项

（1）复习教材中有关集成稳压器部分内容。

（2）依据实验内容的要求,自拟测试方法及列出所要求的各种表格。

（3）在测量稳压系数 S 和内阻 R_o 时,应怎样选择测试仪表?

（4）稳压电路实验中滤波电容的使用很多,注意各电路中电容值的选取及作用,并注意极性电容不能接错。

六、实验报告要求

（1）整理实验数据,计算 S 和 R_o,并与手册上的典型值进行比较。

（2）分析讨论实验中发生的现象和问题。

实验 6.9　太阳能电池基本特性的测定

一、实验目的

（1）了解太阳能电池的工作原理及其应用。

（2）掌握无光照和有光照时太阳电池伏安特性曲线的测定方法。

（3）学会太阳能电池开路电压、短路电流、功率的测定方法。

（4）熟悉电压、电流的参考方向与真实方向的关系。

二、实验设备

（1）太阳能光伏组件 5W　1 只。

（2）模拟光源　1 个。

（3）电压表　1 只。

（4）电流表　1 只。

（5）太阳能照度计　1 台。

（6）导线　若干。

三、实验原理

1. 太阳电池的基本概念

太阳能电池又称为光伏电池，是一种由于光生伏特效应而将太阳光能直接转化为电能的器件，是一个半导体光电二极管，当太阳光照到光电二极管上时，光电二极管就会把太阳的光能变成电能，产生电流。当许多个电池串联或并联起来就可以成为有比较大的输出功率的太阳能电池方阵了。太阳能电池是一种大有前途的新型电源，具有永久性、清洁性和灵活性三大优点。太阳能电池寿命长，只要太阳存在，太阳能电池就可以一次投资而长期使用；与火力发电、核能发电相比，太阳能电池不会引起环境污染。

太阳能电池根据所用材料的不同，可分为硅太阳能电池、多元化合物薄膜太阳能电池、聚合物多层修饰电极型太阳能电池、纳米晶太阳能电池四大类，其中硅太阳能电池是目前发展最成熟的，在应用中居主导地位。硅太阳能电池分为单晶硅太阳能电池、多晶硅薄膜太阳能电池和非晶硅薄膜太阳能电池 3 种。

单晶硅太阳能电池转换效率最高，技术也最为成熟。在实验室里最高的转换效率为23%，规模生产时的效率为 15%。在大规模应用和工业生产中仍占据主导地位，但由于单晶硅成本高，大幅度降低其成本很困难，为了节省硅材料，发展了多晶硅薄膜和非晶硅薄膜作为单晶硅太阳能电池的替代产品。

多晶硅薄膜太阳能电池与单晶硅比较，成本低廉，而效率高于非晶硅薄膜电池，其实验室最高转换效率为 18%，工业规模生产的转换效率为 10%。因此，多晶硅薄膜电池不久将会在太阳能电地市场上占据主导地位。

非晶硅薄膜太阳能电池成本低、重量轻，转换效率较高，便于大规模生产，有极大的潜力。但受制于其材料引发的光电效率衰退效应，稳定性不高，直接影响了它的实际应用。

2. 太阳能电池的基本特性

用光照射到半导体 PN 结上时，半导体 PN 结吸收光能后，两端产生电动势，这种现象称为光生伏特效应。由于 PN 结耗尽区存在着较强的内建静电场,因而产生在耗尽区中的电子和空穴,在内建静电场的作用下,各自向相反方向运动,离开耗尽区,结果使 P 区电势升高,N 区电势降低,PN 结两端形成光生电动势,这就是 PN 结的光生伏特效应。

1)无光照时太阳能电池正向 $U-I$ 特性

太阳能电池工作原理基于光伏效应。

当光照射到太阳能电池板时,太阳能电池能够吸收光的能量,并将所吸收的光子的能量转换为电能。在没有光照时,可将太阳能电池视为一个二极管,其正向电压与通过的电流 I 的关系为

$$I = I_0(e^{\beta U} - 1)$$

式中　I_0, β——常数。

2)太阳能电池的光照特性

由半导体理论,二极管主要是由能隙为 $E_C - E_V$ 的半导体构成,如图 6.44 所示。E_C 为半导体导电带,E_V 为半导体价电带。当入射光子能量大于能隙时,光子会被半导体吸收,产生电子—空穴对。电子—空穴对会分别受到二极管之内电场的影响而产生光电流。

假设太阳能电池的理论模型是由一个理想电流源(光照产生光电流的电流源)、一个理想二极管、一个并联电阻 R_{sh} 与一个电阻 R_s 所组成,如图 6.45 所示。

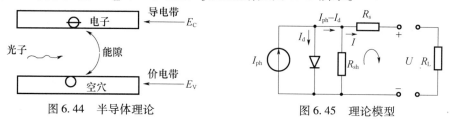

图 6.44　半导体理论　　　　　　　图 6.45　理论模型

在图 6.45 中,I_{ph} 为太阳能电池在光照时该等效电源输出电流,I_d 为光照时通过太阳能电池内部二极管的电流。由基尔霍夫定律得

$$IR_s + U - (I_{ph} - I_d - I)R_{sh} = 0$$

式中　I——太阳能电池的输出电流;

　　　U——输出电压。

由此式可得

$$I\left(1 + \frac{R_s}{R_{sh}}\right) = I_{ph} - \frac{U}{R_{sh}} - I_d$$

假定 $R_{sh} = \infty, R_s = 0$,太阳能电池可简化为图 6.46 所示电路。这里,$I = I_{ph} - I_d = I_{ph} - I_0(e^{\beta U} - 1)$。在短路时,$U = 0, I_{ph} = I_{sc}$;而在开路时,$I = 0, I_{sc} - I_0(e^{\beta U_{oc}} - 1) = 0$,因此有

$$U_{oc} = \frac{1}{\beta}\ln\left[\frac{I_{sc}}{I_0} + 1\right]$$

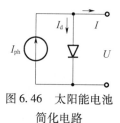

图 6.46　太阳能电池
简化电路

此式即为在 $R_{sh} = \infty$ 和 $R_s = 0$ 的情况下,太阳能电池的开路电压 U_{oc} 和短路电流 I_{sc} 的关系式。其中 U_{oc} 为开路电压,I_{sc} 为短路电流,而 $I_0 、\beta$ 是常数。

3)太阳能电池负载 $I-U$ 特性曲线

当太阳能电池接上负载 R 时,所得到的负载 $I-U$ 特性曲线如图 6.47 所示,负载 R 可

从零变化到无穷大。

3. 太阳能电池的基本技术参数

太阳能电池的基本技术参数有开路电压 U_{oc}、短路电流 I_{sc}、最大输出功率 P_{max}、填充因子 FF 和转换效率 η。

1）开路电压 U_{oc}

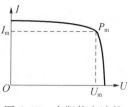

图 6.47　太阳能电池的
$I-U$ 特性曲线

电池不放电时,电池两极之间的电位差称为开路电压。一个基本的带电源、连接导体,负载的电路,如果某处开路,断开两点之间的电压为开路电压。电路开路时可理解为就是在开路处接入了一个无穷大的电阻,不可质疑,这个无穷大的电阻是串联于这个电路中的,根据串联电路中电阻的分压公式,这个无穷大电阻两端的分电压将为电路中的最高电压,即电源电压。所以,线路开路时开路电压一般表现为电源电压。

2）短路电流 I_{sc}

短路电流是由于故障或连接错误而在电路中造成短路时所产生的过电流。短路电流将引起下列严重后果:短路电流往往会有电弧产生,它不仅能烧坏故障元件本身,也可能烧坏周围设备和伤害周围人员。巨大的短路电流通过导体时,一方面会使导体大量发热,造成导体过热甚至熔化,以及绝缘损坏;另一方面巨大的短路电流还将产生很大的电动力作用于导体,使导体变形或损坏。短路也同时引起系统电压大幅度降低,特别是靠近短路点处的电压降低更多,从而可能导致部分用户或全部用户的供电遭到破坏。网络电压的降低,使供电设备的正常工作受到损坏,也可能导致工厂的产品报废或设备损坏,如电动机过热受损等。电力系统中出现短路故障时,系统功率分布的突然变化和电压的严重下降,可能破坏各发电厂并联运行的稳定性,使整个系统解列,这时某些发电机可能过负荷,因此,必须切除部分用户。短路时电压下降的越大,持续时间越长,破坏整个电力系统稳定运行的可能性越大。

3）功率输出 P_{out}

太阳能电池板的输出电压与输出电流的乘积即为太阳能电池板的输出功率,用 $P_{out} = U_{out}I_{out}$ 表示。把测得的不同组数据所获得的输出功率用曲线连接起来就得到太阳能电池板的功率曲线,通过功率曲线还可以大致地估计太阳能电池板的最大输出功率。

4）太阳能电池的填充因子 FF

当负载为 R_m 时,太阳能电池的输出功率最大,它对应的最大功率为

$$P_m P_m = I_m U_m$$

式中　I_m, U_m——分别为最佳工作电流和最佳工作电压。

将开路电压 U_{oc} 与短路电流 I_{sc} 的乘积与最大输出功率 P_m 之比定义为填充因子 FF,有

$$FF = \frac{P_m}{U_{oc}I_{sc}} = \frac{U_m I_m}{U_{oc}I_{sc}}$$

填充因子 FF 为太阳能电池的重要特性参数,FF 越大则输出功率越高。FF 取决于入射光强、材料的禁带宽度、理想系数、串联电阻和并联电阻等。

5）太阳能电池的转换效率 η

太阳能电池转换效率 η 定义为太阳能电池的最大输出功率与照射到太阳能电池的总辐射能 P_{in} 之比,即

$$\eta = \frac{P_m}{P_{in}} \times 100\%$$

四、实验内容

（1）在没有光源且全黑的条件下，即用遮光罩挡光，使太阳能电池无光照，测量太阳能电池正向直流偏压在 0 ~ 3.0V 内变化时的 $I-U$ 特性，测量至少 10 个点，变化明显处测量间隔要小。

① 按图 6.48 所示连接电路。

② 利用测得的正向偏压时 $I-U$ 关系数据，画出 $I-U$ 曲线并求出常数 $\beta = \dfrac{q}{nKT}$ 和 I_0 的值。

（2）太阳能电池板的开路电压 U_{oc} 的测量。

在光强 100mW/cm^2 条件下，测出太阳能电池板的开路电压 U_{oc}。

（3）太阳能电池板的短路电流流 I_{sc} 的测量。

在光强 100mW/cm^2 条件下，测出太阳能电池板的短路电流 I_{sc}。

（4）在不加偏压时，用白色光照射，测量太阳能电池的开路电压 U_{oc}、短路电流 I_{sc} 等基本特性。注意此时光源到太阳能电池距离保持为 20cm。

① 按图 6.49 所示连接电路。

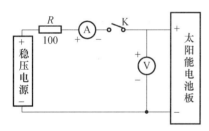 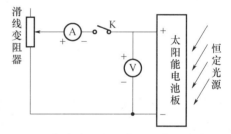

图 6.48　$I-U$ 特性测量电路　　　图 6.49　恒定光源太阳能电池特性实验电路

② 测量电池在不同负载电阻下，I 对 U 变化关系，画出 $I-U$ 曲线图。

③ 用外推法计算短路电流 I_{sc} 和开路电压 U_{oc}。

④ 求太阳能电池的最大输出功率及最大输出功率时负载电阻。

⑤ 计算填充因子 $\text{FF} = \dfrac{P_{\max}}{I_{sc}U_{oc}}$

五、预习、思考与注意事项

（1）实验时，避免太阳光照射太阳能电池。

（2）填充因子可以描述太阳能电池哪方面的特性？

（3）转换效率可以描述太阳能电池哪方面的特性？

（4）实验中所需表格自行设计。

（5）实验前需要做充分的准备：预习实验内容，写出预习报告。无预习报告者不得进入实验室做实验。

（6）在实验连线中、检查实验连线时以及实验结束后拆线时，均应切断电源开关，在断电状态下操作。

六、实验报告

（1）根据实验中测量得到的数据，在坐标纸上绘制对应的伏安特性曲线。

（2）计算短路电流 I_{sc} 和开路电压 U_{oc}。

（3）根据测量结果计算太阳能电池的最大输出功率及最大输出功率时负载电阻。

（4）计算填充因子。

（5）小结实验心得体会。

第7章　模拟电子技术综合实验

实验7.1　变调音频放大器设计

一、实验目的

通过实际电路的搭建,进一步巩固所学理论知识,并通过掌握实际元件的用法将理论与实际相结合。提高对模拟电路的仿真、设计、调试能力,进一步提高对理论课程的学习兴趣。

二、实验设备

(1)模拟电子技术实验箱。

(2)万用表。

(3)示波器。

(4)信号发生器。

三、实验内容

综合运用电子技术基础中模拟电子技术所学基本放大电路、集成运算放大器、有源滤波器、功率放大电路等知识,结合实际集成运算放大器芯片、集成功率放大芯片,设计一个可以改变输入音频音调的音频放大电路,参考系统框图如图7.1所示。

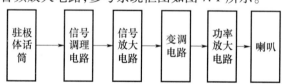

图 7.1　变频音频放大电路参考系统框图

四、实验要求

本实验要求实现从语音输入、放大、变调到功率放大并通过喇叭进行输出的具有完整功能的电路设计和实现。话筒采用驻极体话筒,喇叭采用8Ω纸杯喇叭,其他电路根据具体设计确定。要求:电路简洁,输出音量较大,噪声小,变调明显且可调。另外,电源可采用实验箱提供的直流电源,无需另行设计。

五、实验步骤

(1)分析实验题目,确定系统总体方案。

(2)细化系统总体方案,确定实现每一模块拟采用的电路方案。

(3)根据现有芯片类型确定电路采用的芯片,并查阅相关芯片的使用方法。

(4)采用 Multisim 对每一部分的电路方案进行仿真。

（5）利用实验室现有设备，搭建电路实现实验要求，测试分析结果。

（6）对实验过程中的问题、结果、收获进行总结。

六、参考实验元件清单（表7.1）

表 7.1　元件清单

元件名称	说明	元件名称	说明
驻极体话筒		9013	三极管
LM386	集成功率放大器	常用电阻	
LM324	集成运算放大器	常用电容	
8Ω 喇叭	0.5W	常用电位器	
9015	三极管	常用二极管	

七、设计提示

（1）查阅驻极体话筒的原理、典型电路，仿真时可用电压信号源代替。

（2）信号放大部分可采用集成运算放大器构成各种比例放大电路。

（3）变调部分可采用集成运算放大器构成频率、相位处理电路。

（4）功率放大部分可选用 LM386 或 TDA2030 进行设计。

实验 7.2　简易卡拉 OK 音频放大器设计

一、实验目的

通过实际电路的搭建，进一步巩固所学理论知识，并通过掌握实际元件的用法将理论与实际相结合。提高对模拟电路的仿真、设计、调试能力，进一步提高对理论课程的学习兴趣。

二、实验设备

（1）模拟电子技术实验箱。

（2）万用表。

（3）示波器。

（4）信号发生器。

三、实验内容

综合运用电子技术基础中模拟电子技术所学基本放大电路、集成运算放大器、有源滤波器、功率放大电路等知识，结合实际集成运算放大器芯片、集成功率放大芯片，设计一个带有伴唱功能的简易卡拉 OK 音频放大器，参考系统框图如图 7.2 所示。

四、实验要求

本实验要求实现从语音输入、放大、合成到功率放大，并通过喇叭进行输出的具有完整功能的电路设计和实现。话筒采用驻极体话筒，喇叭采用 8Ω 纸杯喇叭，其他电路根据具体

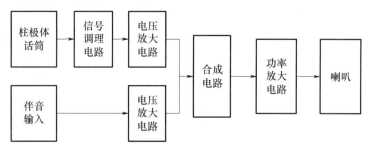

图 7.2　带有伴唱功能的简易卡拉 OK 音频放大器系统框图

设计确定。要求:电路简洁,输出音量较大,噪声小,伴音与声音独立可调。另外,电源可采用实验箱提供的直流电源,无需另行设计。

五、实验步骤

(1) 分析实验题目,确定系统总体方案。

(2) 细化系统总体方案,确定实现每一模块拟采用的电路方案。

(3) 根据现有芯片类型确定电路采用的芯片,并查阅相关芯片的使用方法。

(4) 采用 Multisim 对每一部分的电路方案进行仿真。

(5) 利用实验室现有设备,搭建电路实现实验要求,测试分析结果。

(6) 对实验过程中的问题、结果、收获进行总结。

六、参考实验元件清单(表 7.2)

表 7.2　元件清单

元件名称	说明	元件名称	说明
驻极体话筒		常用电阻	
LM386	集成功率放大器	常用电容	
LM324	集成运算放大器	常用电位器	
8Ω 喇叭	0.5W	常用二极管	

七、设计提示

(1) 查阅驻极体话筒的原理、典型电路,仿真时可用电压信号源代替。

(2) 信号放大部分可采用集成运算放大器构成各种比例放大电路。

(3) 合成部分可采用集成运算放大器构成加法器电路。

(4) 功率放大部分可选用 LM386 或 TDA2030 进行设计。

实验 7.3　简易低频函数发生器的设计

一、实验目的

掌握用集成运放、比较器等构成低频函数发生器的方法,进一步巩固集成运放非线性应用的理论知识,并通过实际电路的搭建将理论与实际相结合。增强对模拟电路的仿真、设计、调试能力,进一步提高对理论课程的学习兴趣。

二、实验设备

(1) 模拟电子技术实验箱。

(2) 万用表。

(3) 示波器。

(4) 毫伏表。

三、实验内容

综合运用电子技术基础中模拟电子技术所学的波形产生与变换电路、集成运算放大器、功率放大器等知识,结合实际集成电路芯片,设计一个可以输出方波、三角波、正弦波的低频函数发生器。参考系统框图如图 7.3 所示。

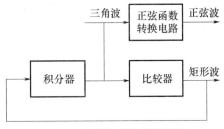

图 7.3　波形发生器系统框图

四、实验要求

基本要求:本实验要求设计实现矩形波、三角波、正弦波的产生电路,可通过按钮选择输出波形的类型,并用指示灯指示,可通过电位器对其频率、幅值进行调整,矩形波还可对占空比进行调整。另外,电源可采用实验箱提供的直流电源,无需另行设计。技术指标如下。

频率范围:20Hz~5kHz 连续可调。

输出幅度:正弦波和三角波 0~5V 连续可调,矩形波 0~12V 连续可调。

扩展要求:具有一定的功率输出;具有输出过载保护功能;更好的技术指标。

五、实验步骤

(1) 分析实验题目,确定系统总体方案。

(2) 细化系统总体方案,确定实现每一模拟采用的电路方案。

(3) 根据现有元件类型确定电路采用的元件,并查阅相关芯片的使用方法。

(4) 采用 Multisim 对每一部分的电路方案进行仿真。

(5) 利用实验室现有设备,搭建电路实现实验要求,测试分析结果。

(6) 对实验过程中的问题、结果、收获进行总结。

六、参考实验元件清单(表 7.3)

表 7.3　元件清单

元件名称	说明	元件名称	说明
LM324	集成运算放大器	常用电阻	
电位器		常用二极管	
双向稳压二极管	5V	三极管	功率输出
常用电容			

七、设计提示

（1）三角波、矩形波电路可由基本运算电路构成。

（2）三角波到正弦波有滤波法、运算法和折线法。

（3）功率输出可由互补对称放大电路实现。

实验 7.4　电容测量电路的设计

一、实验目的

利用所学模拟电路相关知识学会电容值的测量方法，进一步巩固所学的理论知识，加强综合应用的能力，并通过实际电路的搭建将理论与实际相结合，增强模拟电路的仿真、设计、调试能力，进一步提高对理论课程的学习兴趣。

二、实验设备

（1）模拟电子技术实验箱。

（2）万用表。

（3）示波器。

（4）函数发生器。

（5）毫伏表。

三、实验内容

综合运用电子技术基础中模拟电子技术所学的文氏桥振荡电路、运算电路、滤波器的相关知识，设计一个电容值测量电路。参考系统框图如图 7.4 所示。

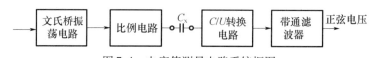

图 7.4　电容值测量电路系统框图

四、实验要求

基本要求：本实验要求设计电路实现对电容值的测量，要求测量范围：$1\,nF \sim 10\,\mu F$。

扩展要求：扩展测量范围。

五、实验步骤

（1）分析实验题目，确定系统总体方案。

（2）细化系统总体方案，确定实现每一模块拟采用的电路方案。

（3）根据现有元件清单确定电路采用的元件参数，并查阅相关元件的使用方法。

（4）采用 Multisim 对每一部分的电路方案进行仿真。

（5）利用实验室现有设备，搭建电路实现实验要求，测试分析结果。

（6）对实验过程中的问题、结果、收获进行总结。

六、参考实验元件清单(表 7.4)

表 7.4　元件清单

元件名称	说明	元件名称	说明
LM324	集成运算放大器	常用二极管	
常用电容		双联电位器	
常用电阻			

七、设计提示

(1) 文氏桥振荡电路用于产生频率为 f_1 的正弦波电压。

(2) 比例运算电路作为缓冲电路。

(3) C/V 转换电路将 C_x 转换为交流电压信号。

(4) 带通滤波电路滤掉其他频率的干扰,输出是幅值与 C_x 成比例的正弦波电压。

(5) 可分挡位测量。

实验 7.5　小功率扩音机的设计

一、实验目的

掌握用集成运放、音频功率放大集成电路等构成小功率扩音机的方法,进一步巩固集成运放、音频功率放大的理论知识,并通过实际电路的搭建将理论与实际相结合。增强对模拟电路的仿真、设计、调试能力,进一步提高对理论课程的学习兴趣。

二、实验设备

(1) 模拟电子技术实验箱。

(2) 万用表。

(3) 示波器。

(4) 毫伏表。

三、实验内容

综合运用电子技术基础中模拟电子技术所学集成运算放大器、功率放大器、滤波器、频率特性等知识结合实际集成电路芯片,设计一个可以将话筒、MP3、CD 机等送出的微弱信号放大,并推动扬声器发声的扩音机电路。参考系统框图如图 7.5 所示。

图 7.5　扩音机电路框图

四、实验要求

基本要求:本实验要求设计实现扩音机电路,通过旋钮可对音量进行调整,声音无明显失真,放大效果明显。另外,电源可采用实验箱提供的直流电源,无需另行设计。技术指标

如下:

负载阻抗:8Ω。

输入阻抗　$R_i > 1k\Omega$。

额定输出功率:P_o,1W。

非线性失真度:r,1%。

输入灵敏度:U_i,10mV。

频率响应:100≫20000Hz(3dB)。

高低音控制特性:1kHz处增益为0dB,100Hz和8kHz处有±12dB的调节范围。

扩展要求:更好的技术指标。考虑便携性采用电池供电。

五、实验步骤

(1)分析实验题目,确定系统总体方案。

(2)细化系统总体方案,确定实现每一模块拟采用的电路方案。

(3)根据现有元件类型确定电路采用的元件,并查阅相关芯片的使用方法。

(4)采用 Multisim 对每一部分的电路方案进行仿真。

(5)利用实验室现有设备,搭建电路实现实验要求,测试分析结果。

(6)对实验过程中的问题、结果、收获进行总结。

六、参考实验元件清单(表7.5)

表7.5　元件清单

元件名称	说明	元件名称	说明
LM386/TDA2030	集成功率放大器	常用多圈电位器	
LM324	集成运算放大器	常用二极管	
8Ω 喇叭	1W	音频插座	
8Ω/2W 负载电阻		三极管	
常用电阻		接线柱	
常用电容			

七、设计提示

(1)根据总的电压增益,分配各级放大器的增益。

(2)话筒的输出信号一般只有 5mV 左右。

(3)功率放大部分可选用 LM386 或 TDA2030 进行设计。

实验7.6　语音滤波器的设计

一、实验目的

掌握语音滤波器的设计方法,进一步巩固滤波器的基础理论知识,并通过实际电路的搭建将理论与实际相结合。增强对模拟电路的仿真、设计、调试能力,进一步提高对理论课程的学习兴趣。

二、实验设备

(1)模拟电子技术实验箱。

(2)万用表。

(3)示波器。

(4)毫伏表。

(5)函数发生器。

三、实验内容

综合运用电子技术基础中模拟电子技术所学有源滤波器:低通、高通、带通、带阻等滤波器知识,结合实际集成电路芯片,设计一个语音滤波器,可将男声和女声混合声音中男声和女声进行分离。参考系统框图如图 7.6 所示。

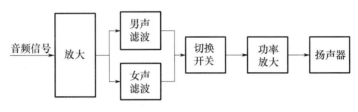

图 7.6　语音滤波器框图

四、实验要求

基本要求:本实验要求设计实现一个语音滤波器,可将男声和女声混合声音中男声和女声进行分离。电源可由实验箱电源提供。

(1)将男声和女声进行混合。

(2)利用滤波器将男声和女声分离出来。

(3)将分离后的声音从扬声器播放出来。

(4)声音无明显失真。

扩展要求:更好的技术指标。

五、实验步骤

(1)分析实验题目,确定系统总体方案。

(2)细化系统总体方案,确定实现每一模块拟采用的电路方案。

(3)根据现有元件类型确定电路采用的元件,并查阅相关芯片的使用方法。

(4)采用 Multisim 对每一部分的电路方案进行仿真。

(5)利用实验室现有设备,搭建电路实现实验要求,测试分析结果。

(6)对实验过程中的问题、结果、收获进行总结。

六、参考实验元件清单(表7.6)

表 7.6   元件清单

元件名称	说明	元件名称	说明
LM324	集成运放	常用电阻	
LM386	功率放大器	常用电容	
单刀双掷的开关		常用电位器	
LED 指示灯		常用三极管	

七、设计提示

(1)注意男声和女声的基音频率。

(2)使用有源带通滤波器。

实验 7.7   三极管筛选电路设计

一、实验目的

掌握根据三极管 β 值对三极管进行筛选的电路设计方法,进一步巩固三极管、数码管、电压比较器等基础理论知识,并通过实际电路的搭建将理论与实际相结合。增强对模拟电路的仿真、设计、调试能力,进一步提高对理论课程的学习兴趣。

二、实验设备

(1)模拟电子技术实验箱。

(2)万用表。

(3)示波器。

(4)毫伏表。

(5)函数发生器。

三、实验内容

综合运用电子技术基础中模拟电子技术所学的三极管、电压比较器、数码管等知识,结合实际集成电路芯片,设计一个三极管筛选电路,可根据要求将三极管进行分类筛选。参考系统框图如图 7.7 所示。

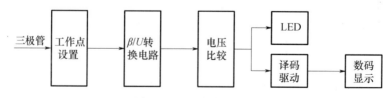

图 7.7   三极管筛选电路

四、实验要求

基本要求:本实验要求根据三极管的 β 值实现三极管筛选,可按 β 值的大小对三极管进行分类。

(1) 若三极管的 $\beta<30$,则 LED 亮,蜂鸣器不发声。

(2) 若 $30<\beta<60$,则蜂鸣器发出间断式的"嘀嘀"声。

(3) 若 $\beta>60$,则蜂鸣器发出连续声响。将分离后的声音从扬声器播放出来。

扩展要求:其他更人性化的功能(如显示 β 值等),更细分的 β 值范围。

五、实验步骤

(1) 分析实验题目,确定系统总体方案。

(2) 细化系统总体方案,确定实现每一模块拟采用的电路方案。

(3) 根据现有元件类型确定电路采用的元件,并查阅相关芯片的使用方法。

(4) 采用 Multisim 对每一部分的电路方案进行仿真。

(5) 利用实验室现有设备,搭建电路实现实验要求,测试分析结果。

(6) 对实验过程中的问题、结果、收获进行总结。

六、参考实验元件清单(表 7.7)

表 7.7　元件清单

元件名称	说明	元件名称	说明
LM324	集成运放	常用电位器	
LM339	电压比较器	常用电阻	
74HC48	7 段译码	常用电容	
7 段数码管		常用电位器	
NE555		常用三极管	
LED 指示灯			

七、设计提示

(1) 三极管应工作于线性区。

(2) 电流变换成电压可由运算完成。

(3) 电压比较可由电压比较器完成。

第 3 篇　数字电子技术基础实验和综合实验

第 8 章　数字电路基础实验

实验 8.1　组合逻辑电路

一、实验目的

（1）掌握组合逻辑电路的功能测试。

（2）验证半加器和比较器的逻辑功能。

（3）学会二进制数的运算规律。

（4）掌握组合逻辑电路设计思路和方法。

二、实验设备及器件

（1）数字电路实验箱 1 台。

（2）万用表 1 只。

（3）74LS00 3 块。

（4）74LS86 1 块。

（5）74LS20 1 块。

三、实验原理

组合逻辑电路的设计就是按照具体逻辑命题设计出最简单的组合电路（图 8.1）。设计组合逻辑电路的一般步骤如下：

（1）分析给定的实际逻辑问题的因果关系，确定输入和输出变量，进行逻辑状态赋值。

（2）根据给定的因果关系，列出真值表。

（3）用卡诺图或代数化简法求出最简的逻辑表达式。

（4）根据表达式，画出逻辑电路图，用标准器件构成电路。

（5）最后，用实验来验证设计的正确性。

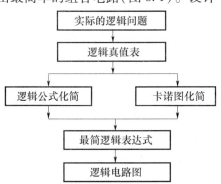

图 8.1　组合逻辑电路的设计流程

四、实验内容

1. 用异或门(74LS86)和与非门(74LS00)组成的半加器电路

根据半加器的逻辑表达式可知,半加器 Y 是 A、B 的异或,而进位 Z 是 A、B 相与,即半加器可用一个异或门和两个与非门组成一个电路,如图 8.2 所示。

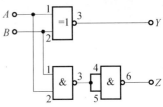

图 8.2　半加器电路

(1)在数字电路实验箱上插入异或门和与非门芯片。输入端 A、B 分别接逻辑开关 K,Y、Z 分别接发光二极管电平显示。

(2)按表 8.1 要求改变 A、B 状态,填表并写出 Y、Z 的逻辑表达式。

表 8.1　半加器真值表

输入		输出	
A	B	Y	Z
0	0		
0	1		
1	0		
1	1		

2. 用两片 74LS00 设计一个能判断 1 位二进制数 A 与 B 大小的比较器

画出逻辑图,用 L_1、L_2、L_3 分别表示 3 种状态,即 $L_1(A>B)$、$L_2(A<B)$、$L_3(A=B)$。A、B 分别接输入信号,L_1、L_2、L_3 分别接至发光二极管电平显示。

设计步骤:

(1)明确逻辑功能,列出真值表。

(2)画出卡诺图,写出逻辑表达式。

(3)根据逻辑表达式画出电路图。

3. 组合逻辑电路的分析

测试图 8.3 所示电路逻辑功能。A、B、C 为输入变量,F 为输出变量。

(1)由图写出输出端 F 的逻辑表达式:$F =$ _____。

(2)对逻辑表达式进行化简:$F =$ _____。

(3)按 F 的最简表达式列出真值表。填入表 8.2 中。

(4)根据真值表确定此电路的功能为:_____

_____。

(5)按图 8.3 在实验箱上连接电路,A、B、C 接实验箱的逻辑电平开关,F 接发光二极管。按表 8.2 改变输入端的逻辑状态,将实测结果填入表 8.2 中。比较实测值和理论值是否一致。

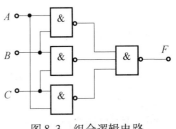

图 8.3　组合逻辑电路

表 8.2　真值表

输入			输出 F	
			理论值	实验值
A	B	C	F	F
0	0	0		
0	0	1		
0	1	0		
0	1	1		
1	0	0		
1	0	1		
1	1	0		
1	1	1		

4. 组合逻辑电路的设计

用与非门设计一个交通报警控制电路。交通信号灯有红、绿、黄 3 种,当 3 种灯分别单独工作或黄、绿灯同时工作时属正常情况,其他情况均属故障,出现故障时输出报警信号。分析过程如下:

(1) 分析问题,确定输入输出变量。

设红、绿、黄灯为控制电路的输入,分别用 A、B、C 表示,灯亮时其值为 1,灯灭时其值为 0;输出报警信号用 F 表示,灯正常工作时其值为 0,灯出现故障时其值为 1。F 即为控制电路的输出信号。

(2) 根据以上分析可列出真值表。

(3) 由真值表写出函数表达式: $F = $ ＿＿＿＿＿＿＿＿＿＿。

(4) 化简后得到最简表达式: $F = $ ＿＿＿＿＿＿＿＿＿＿。

(5) 根据表达式画出电路图。

(6) 按电路图在实验箱连线,测试其逻辑功能。

五、预习、思考与注意事项

(1) 复习组合逻辑电路的设计方法。

(2) 熟悉本实验所用各种集成电路的型号及引脚号。

(3) 接电路时要断开电源;接好电路,确认无误后再接通电源;做完实验后,关掉电源,再拆电路。

六、实验报告

(1) 列写实验任务的设计过程,画出设计的电路图。

(2) 对所设计的电路进行实验测试,记录测试结果。

(3) 组合电路设计体会。

实验 8.2　触发器及其应用

一、实验目的

(1) 掌握基本 RS、JK、D 和 T 触发器的逻辑功能。

（2）掌握集成触发器的逻辑功能及使用方法。

（3）熟悉触发器之间相互转换的方法。

二、实验设备及器件

（1）数字电路实验箱 1 台。

（2）万用表 1 只。

（3）74LS74 1 块。

（4）74LS112 1 块。

（5）74LS00 1 块。

（6）双踪示波器 1 台。

三、实验原理

触发器具有两个稳定状态，用以表示逻辑状态"1"和"0"，在一定的外界信号作用下，可以从一个稳定状态翻转到另一个稳定状态，它是一个具有记忆功能的二进制信息存储器件，是构成各种时序电路的最基本逻辑单元。

1. 基本 RS 触发器

图 8.4 所示为由两个与非门交叉耦合构成的基本 RS 触发器，它是无时钟控制低电平直接触发的触发器。基本 RS 触发器具有置"0"、置"1"和"保持"3

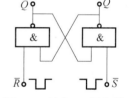

种功能。通常称 $\bar{S}$ 为置"1"端，因为 $\bar{S}=0(\bar{R}=1)$ 时触发器被置"1"；$\bar{R}$ 为置"0"端，因为 $\bar{R}=0(\bar{S}=1)$ 时触发器被置"0"，当 $\bar{S}=\bar{R}=1$ 时状态保持；$\bar{S}=\bar{R}=0$ 时，触发器状态不定，应避免此种情况发生，表 8.3 所列为基本 RS 触发器的功能表。

图 8.4　基本 RS 触发器

基本 RS 触发器，也可以用两个"或非门"组成，此时为高电平触发有效。

表 8.3　RS 触发器功能表

输入		输出	
$\bar{S}$	$\bar{R}$	Q^{n+1}	$\bar{Q}^{n+1}$
0	1	1	0
1	0	0	1
1	1	Q^n	$\bar{Q}^n$
0	0	ϕ	ϕ

2. JK 触发器

在输入信号为双端的情况下，JK 触发器是功能完善、使用灵活和通用性较强的一种触发器。本实验采用 74LS112 双 JK 触发器，是下降边沿触发的边沿触发器。引脚功能及逻辑符号如图 8.5 所示。

JK 触发器的状态方程为

$$Q^{n+1}=J\bar{Q}^n+\bar{K}Q^n$$

J 和 K 是数据输入端，是触发器状态更新的依据，若 J、K 有两个或两个以上输入端时，组成"与"的关系。Q 与 $\bar{Q}$ 为两个互补输出端。通常把 $Q=0$、$\bar{Q}=1$ 的状态定为触发器"0"状态;而把 $Q=1,\bar{Q}=0$ 定为"1"状态。

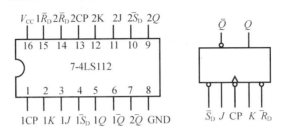

图 8.5 74LS112 双 JK 触发器引脚排列及逻辑符号

下降沿触发 JK 触发器的功能如表 8.4 所列。

表 8.4 JK 触发器功能表

输 入					输 出	
$\bar{S}_D$	$\bar{R}_D$	CP	J	K	Q^{n+1}	$\bar{Q}^{n+1}$
0	1	×	×	×	1	0
1	0	×	×	×	0	1
0	0	×	×	×	ϕ	ϕ
1	1	↓	0	0	Q^n	$\bar{Q}^n$
1	1	↓	1	0	1	0
1	1	↓	0	1	0	1
1	1	↓	1	1	$\bar{Q}^n$	Q^n
1	1	↑	×	×	Q^n	$\bar{Q}^n$

注:×—任意态;↓—高到低电平跳变;↑—低到高电平跳变;$Q^n(\bar{Q}^n)$—现态;$Q^{n+1}(\bar{Q}^{n+1})$—次态;ϕ—不定态

JK 触发器常被用作缓冲存储器、移位寄存器和计数器。

3. D 触发器

在输入信号为单端的情况下,D 触发器用起来最为方便,其状态方程为 $Q^{n+1}=D_n$,其输出状态的更新发生在 CP 脉冲的上升沿,故又称为上升沿触发的边沿触发器,触发器的状态只取决于时钟到来前 D 端的状态,D 触发器的应用很广,可用作数字信号的寄存、移位寄存、分频和波形发生等。有很多种型号可供各种用途的需要选用,如双 D 74LS74、四 D 74LS175、六 D 74LS174 等。

图 8.6 所示为双 D 74LS74 的引脚排列及逻辑符号。功能如表 8.5 所列。

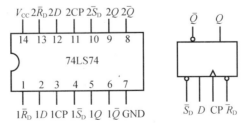

图 8.6 74LS74 引脚排列及逻辑符号

表 8.5 D 触发器功能表

输 入				输 出	
$\bar{S}_D$	$\bar{R}_D$	CP	D	Q^{n+1}	$\bar{Q}^{n+1}$
0	1	×	×	1	0
1	0	×	×	0	1
0	0	×	×	ϕ	ϕ
1	1	↑	1	1	0
1	1	↑	0	0	1
1	1	↓	×	Q^n	$\bar{Q}^n$

四、实验内容

1. 基本 RS 触发器逻辑功能的测试

按图 8.7 所示接线,按表 8.6 所列的要求测试触发器的状态。正确理解 RS 触发器中状态不定和不变的含义。

表 8.6 触发器状态表

$\bar{R}$	$\bar{S}$	Q	$\bar{Q}$	触发器的状态
0	1			
1	0			
1	1			
0	0			

2. D 触发器逻辑功能的测试

1)$\bar{R}_D$、$\bar{S}_D$ 功能测试

按图 8.7(a)所示接线,将 CP、D 端悬空,$\bar{S}_D$、$\bar{R}_D$ 端接逻辑电平开关,按表 8.7 所列的要求读取 Q、$\bar{Q}$ 端的状态。

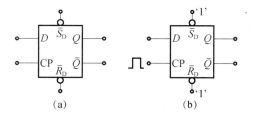

图 8.7 D 触发器功能验证图

表 8.7 D 触发器状态表

$\bar{R}_D$	$\bar{S}_D$	Q	$\bar{Q}$	触发器的状态
0	1			
1	0			

2)D 端功能测试

按图 8.7(b)所示接线,按表 8.8 所列进行测试。

表 8.8　D 触发器逻辑功能表

D	CP	Q^{n+1}	
		$Q^n = 0$	$Q^n = 1$
0	↑		
	↓		
1	↑		
	↓		

3. JK 触发器逻辑功能的测试

1）$\bar{R}_D$、$\bar{S}_D$ 功能测试

按图 8.8（a）所示接线，将 CP、J、K 端悬空，$\bar{S}_D$、$\bar{R}_D$ 端接电平输出器，按表 8.9 所列的要求读取 Q、$\bar{Q}$ 端的状态。

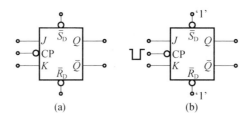

图 8.8　JK 触发器功能验证图

表 8.9　JK 触发器状态表

$\bar{R}_D$	$\bar{S}_D$	Q	$\bar{Q}$	触发器的状态
0	1			
1	0			

2）JK 逻辑功能测试

按图 8.8（b）所示接线，按表 8.10 所列进行测试，结果填入表中。

表 8.10　JK 触发器逻辑功能表

J	K	CP	Q^{n+1}	
			$Q^n = 0$	$Q^n = 1$
0	0	↑		
		↓		
0	1	↑		
		↓		
1	0	↑		
		↓		
1	1	↑		
		↓		

五、预习、思考与注意事项

（1）熟悉所用器件的外引线排列情况。

（2）JK 触发器、D 触发器与 T 触发器之间如何相互转换。

（3）电源电压不得超过 5V，也不得反接，触发器的输出端不得接 +5V 或"地"；否则将损坏器件。

（4）改变接线时，必须先关掉电源。

六、实验报告要求

（1）完成实验中相关数据的记录与处理。

（2）根据 CP 脉冲和触发器状态变化的关系，体会时序逻辑电路的概念。

实验 8.3　计数器及其应用

一、实验目的

（1）通过实验熟悉计数器的工作原理。

（2）掌握常用集成计数器的使用方法。

二、实验设备及器件

（1）数字电路实验箱 1 台。

（2）万用表 1 只。

（3）双踪示波器 1 台。

（4）74LS00　1 块。

（5）74LS161　2 块。

三、实验原理

计数器的基本功能是对输入时钟脉冲进行计数。它也可用于分频、定时、产生节拍脉冲和脉冲序列及进行数字运算等。计数器按脉冲输入方式，分为同步和异步计数器（图 8.9）；按进位体制，分为二进制、十进制和任意进制计数器；按逻辑功能，分为加法、减法和可逆计数器。

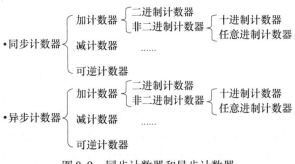

图 8.9　同步计数器和异步计数器

1. 74LS161 集成同步加法计数器

4 位二进制($M = 16$)可预置同步加法计数器,由 4 个 JKFF 为核心构成 4 位二进制同步加法计数器。该电路具有异步清"0"控制端$\overline{CR}$,同步置数控制端$\overline{PE}$,工作模式控制端 CEP、CET(用于级联)以及并行数据输入端D_3、D_2、D_1、D_0,计数输出端Q_3、Q_2、Q_1、Q_0及进位输出端 TC。其引脚排列如图 8.10 所示,功能表见表 8.11。

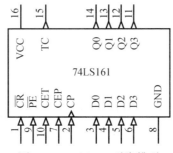

图 8.10　74LS161 引脚排列

表 8.11　74LS161 逻辑功能表

输　　入									输　　出			
CP	$\bar{R}$	$\overline{LD}$	P	T	D_0	D_1	D_2	D_3	Q_0	Q_1	Q_2	Q_3
×	0	×	×	×	×	×	×	×	0	0	0	0
↑	1	0	×	×	A	B	C	D	A	B	C	D
×	1	0	×	×	A	B	C	D	保　持			
×	1	1	0	×	×	×	×	×	保　持			
↑	1	1	1	1	1	×	×	×	计　数			

2. 任意进制计数器的设计

1) 反馈清零法

反馈清零法就是利用异步置零输入端$\overline{CR}$,在 M 进制计数器的计数过程中,跳过 $M - N$ 个状态,得到 N 进制计数器的方法。由于 74LS161 是异步清零,也就是说,当清零信号产生后,计数器不需等待 CP 信号就使得计数器清零,因此使用清零法构成 N 进制计数器时,应该在计数值等于 N 时产生清零信号。这一方法接线简单,非常适合计数要求起始值是零的场合,但由于是异步置数,在产生清零信号到完成清零之间有一个中间状态,因此只适合对输出波形要求不严格的情况。

2) 反馈置数法

反馈置数法就是利用同步置数端$\overline{PE}$,在 M 进制计数器的计数过程中,跳过 $M - N$ 个状态,得到 N 进制计数器的方法。反馈置数法一般又分为置零法和置任意数法,其中置零法就是将 D_3、D_2、D_1、D_0接低电平,当置数信号产生后,计数器内部的触发器全部置零,从而使计数器恢复初始状态重新开始计数。由于 74LS161 是同步置数,也就是说,当置数信号产生后,计数器需要等待 CP 信号才能将 D_3、D_2、D_1、D_0置入计数器,因此使用置数法构成 N 进制计数器时,应该在计数值等于 $N - 1$ 时产生清零信号。置任意数法就是将 D_3、D_2、D_1、D_0根据计数起始值的要求分别接高、低电平,这样一来,当置数信号产生后计数器的状态就恢复到由 D_3、D_2、D_1、D_0决定的初始状态,此时要想构成 N 进制计数器,置数信号应在($D + N -$

1)/M 时产生,其中 D 表示初始值,/M 表示对 M 取模。例如,初始值是 9(1001),要构成九进制计数器,此时 D_3、D_0 接高电平,D_2、D_1 接低电平。置数信号在(9 + 9 - 1)/16 = 1,即 $Q_3 Q_2 Q_1 Q_0$ = (0001)时计数器置数回到初始状态 $Q_3 Q_2 Q_1 Q_0$ = (1001)。

四、实验内容

1. 使用反馈清零法利用 74LS161 设计九进制计数器

(1)使用清零法设计九进制同步加法计数器,画出逻辑图。在合适的位置按定位标记插好 74LS161 集成同步加法计数器和 74LS00 集成与非门电路,按设计连接电路。CP 端接 1Hz 脉冲源,$Q_3 Q_2 Q_1 Q_0$ 接电平指示器和带译码器的 7 段 LED 显示器,观察计时器工作是否达到设计要求。

(2)CP 端接 1kHz 脉冲源,使用双踪示波器同时观察 CP 和 Q_0 的波形,记录并分析计数器清零瞬间所出现的中间状态。

2. 使用反馈置数法利用 74LS161 设计九进制计数器

1)置零

使用置零法设计九进制同步加法计数器,画出逻辑图。在合适的位置按定位标记插好 74LS161 集成同步加法计数器和 74LS00 集成与非门电路,按设计连接电路。CP 端接 1Hz 脉冲源,$Q_3 Q_2 Q_1 Q_0$ 接电平指示器和带译码器的 7 段 LED 显示器,观察计时器工作是否达到设计要求。

2)置其他数

使用置其他数法设计九进制同步加法计数器,要求计数器起始值为 15,即(1111)$_2$ 画出逻辑图。在合适的位置,按定位标记插好 74LS161 集成同步加法计数器和 74LS00 集成与非门电路,按设计连接电路。CP 端接 1Hz 脉冲源,$Q_3 Q_2 Q_1 Q_0$ 接电平指示器和带译码器的 7 段 LED 显示器,观察计时器工作是否达到设计要求,并记录计数器计数过程。

3. 实验分析任意进制计数器

分析图 8.11 所示的计数器,在数字实验箱上选取合适的位置,放置两片 74LS161 和一片 74LS00。按图连接电路,CP 端接 1Hz 脉冲源或者电磁脉冲源,两片 74LS161 的 $Q_3 Q_2 Q_1 Q_0$ 分别接两个带译码器的 7 段 LED 显示器。观察计数值的变化,并确定该电路的功能。

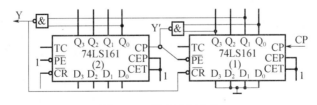

图 8.11　任意进制电路

五、预习、思考与注意事项

(1)熟悉教材中集成同步加法计数器 74LS161 的基本内容。

(2)注意各芯片的标志位,不要将电源引脚和地引脚接反;否则会使芯片损坏。

(3)思考各种设计任意进制计数器方法的优、缺点。

六、实验报告要求

（1）根据实际设计和测试总结设计方法和设计步骤。

（2）总结使用多片计数器级联的设计方法。

（3）思考各种方法中计数溢出信号的产生方式。

（4）写出心得体会及其他。

实验 8.4   555 定时器及其应用

一、实验目的

（1）熟悉 555 定时器的电路结构和工作原理。

（2）掌握 555 定时器的基本应用。

二、实验设备及器件

（1）数字电路实验箱 1 台。

（2）万用表 1 只。

（3）双踪示波器 1 台。

（4）NEC555 2 块。

（5）电阻、电容、电位器。

三、实验原理

555 定时器是一种数字、模拟混合型的中规模集成电路，应用十分广泛。它是一种可以产生时间延迟和多种脉冲的电路，由于内部电压标准使用了 3 个 5kΩ 电阻，故取名为 555 电路。其电路类型有双极型和 CMOS 型两大类，见表 8.12。

表 8.12　两类 555 电路性能比较

项　　目	双极型产品	CMOS 产品
单 555 型号的最后几位数码	555	7555
双 555 型号的最后几位数码	556	7556
优点	驱动能力较大	低功耗、高输入阻抗
电源电压工作范围/V	5～16	3～18
负载电流/mA	可达 200	可达 4

1. 555 定时器的工作原理

555 电路内部由电阻分压器、两个电压比较器 C_1 和 C_2、一个基本 RS 触发器及一个放电开关管 VT 构成，如图 8.12 所示。其中电阻分压器由 3 个 5kΩ 的电阻 R 组成，为电压比较器 C_1 和 C_2 提供基准电压。当 $U^+ > U^-$ 时，u_C 输出高电平；反之则输出低电平。CO 为控制电压输入端。TH 为高触发端，$\overline{TR}$ 为低触发端。基本 RS 触发器的置 0 和置 1 端为低电平有效触发。$\overline{R}$ 是低电平有效的复位输入端。正常工作时，必须使 $\overline{R}$ 处于高电平。放电管 VT 是集电极开路的三极管。相当于一个受控电子开关。OUT 输出为 0 时，VT 导通，输出为 1 时，

VT 截止。缓冲器由 G_3 和 G_4 构成,用于提高电路的负载能力,表 8.13 给出了 555 定时器的基本功能表。

表 8.13　555 定时器基本功能

输入			输出	
TH	$\overline{\text{TR}}$	$\overline{\text{R}}$	OUT	T
×	×	0	0	导通
$> U_{R1}$	$> U_{R2}$	1	0	导通
$< U_{R1}$	$> U_{R2}$	1	不变	不变
$< U_{R1}$	$< U_{R2}$	1	1	截止

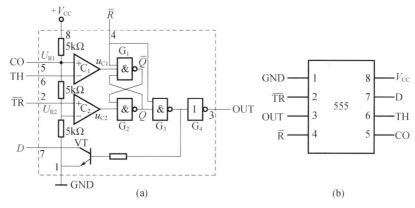

图 8.12　555 定时器的内部结构和引脚排列

2. 555 定时器的典型应用

1）构成单稳态电路

图 8.13 给出了由 555 定时器构成的单稳态电路。当触发脉冲 u_i 为高电平时,V_{CC} 通过 R 对 C 充电,当 TH $= u_C \geqslant 2/3 V_{CC}$ 时,高触发端 TH 有效置 0;此时,放电管导通,C 放电,TH $= u_C = 0$。稳态为 0 状态。当触发脉冲 u_i 下降沿到来时,低触发端 TR 有效置 1 状态,电路进入暂稳态。此时放电管 VT 截止,V_{CC} 通过 R 对 C 充电。当 TH $= u_C \geqslant 2/3 V_{CC}$ 时,使高触发端 TH 有效,置 0 状态,电路自动返回稳态,此时放电管 VT 导通。电路返回稳态后,C 通过导通的放电管 VT 放电,使电路迅速恢复到初始状态。

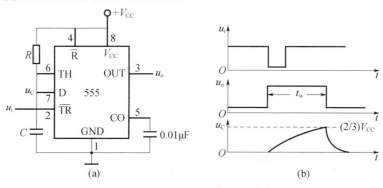

图 8.13　555 定时器构成单稳态电路

2）构成多谐振荡器

利用放电管 VT 作为一个受控电子开关，使电容充电、放电而改变 TH = TR，交替置 0、置 1，则可利用 555 定时器构成多谐振荡器，如图 8.14 所示。其振荡周期为

$$T \approx 0.7(R_1 + 2R_2)C$$

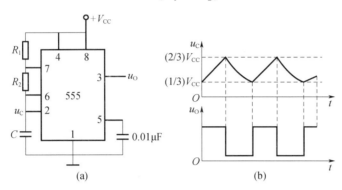

图 8.14　555 定时器构成多谐振荡器

四、实验内容

1. 单稳态触发器

（1）按图 8.13 所示连接电路，取 $R = 100\text{k}\Omega$，$C = 470\mu\text{F}$，输入信号由单次脉冲源提供，输出端加逻辑电平指示器，观察 LED 暂态时间，并与理论值进行比较。

（2）将 R 改为 $1\text{k}\Omega$，C 改为 $0.1\mu\text{F}$，输入端加 1kHz 的连续脉冲，使用示波器观察 u_i、u_C 和 u_O，测定幅度和暂态时间。

2. 多谐振荡器

（1）按图 8.14 所示连线构成多谐振荡器，用示波器观察 u_C 与 u_O 的波形，测定频率和占空比。

（2）设计占空比可调的多谐振荡器，画出电路图并进行验证，通过示波器观察波形占空比的变化。

3. 报警器电路

报警器电路如图 8.15 所示，连接电路试听效果。更改元件，再进行测试。使用示波器观察各级输出，计算各级频率与占空比。

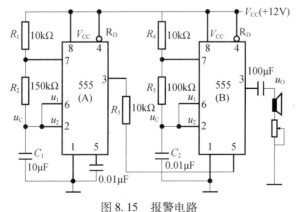

图 8.15　报警电路

五、预习、思考与注意事项

（1）熟悉教材中 555 定时器电路的基本内容。

（2）拟定实验中所需的表格。

（3）思考如何使用 Multisim 中 555 定时器进行向导设计。

六、实验报告

（1）给出从示波器中得到的各种波形图,并计算与理论值的误差。

（2）对设计结果进行分析。

（3）心得体会及其他。

实验 8.5　D/A、A/D 转换器

一、实验目的

（1）了解 D/A 和 A/D 转换器的基本结构和性能。

（2）熟悉 D/A 和 A/D 转换器的典型应用。

二、实验仪器及器件

（1）数字电路实验箱。

（2）数字万用表。

（3）DAC0832 一片。

（4）ADC0809 一片。

（5）μA741 一片。

三、实验原理

在数字电子技术很多应用场合往往需要把模拟量转换成数字量,或把数字量转成模拟量,完成这一转换功能的转换器有多种型号,使用者借助手册提供的器件性能指标及典型应用电路,可正确使用这些器件。本实验采用大规模集成电路 DAC0832 实现 D/A（数/模）转换,ADC0809 实现 A/D（模/数）转换。

1. D/A 转换器 DAC0832

DAC0832 是采用 CMOS 工艺制成的电流输出型 8 位数/模转换器,引脚排列如图 8.16 所示,各引脚含义如下：

$D_0 \sim D_7$:数字信号输入端,D_7 为 MSB,D_0 为 LSB。

ILE:输入寄存器允许,高电平有效。

$\overline{CS}$:片选信号,低电平有效,与 ILE 信号合起来共同控制 $\overline{WR_1}$ 是否起作用。

$\overline{WR_1}$:写信号 1,低电平有效,用来将数据总线的数据输入锁存于 8 位输入寄存器中,$\overline{WR_1}$ 有效时,必须使

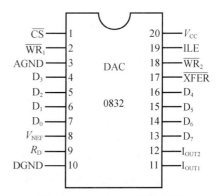

图 8.16　DAC0832 引脚排列

$\overline{CS}$和 ILE 同时有效。

$\overline{XFER}$:传送控制信号,低电平有效,用来控制$\overline{WR_2}$是否起作用。

$\overline{WR_2}$:写信号 2,低电平有效,用来将锁存于 8 位输入寄存器中的数字传送到 8 位 D/A 寄存器锁存起来,此时 $\overline{XFER}$ 应有效。

I_{OUT1}:D/A 输出电流 1,当输入数字量全为 1 时,电流值最大。

I_{OUT2}:D/A 输出电流 2。

R_{fb}:反馈电阻。DAC0832 为电流输出型芯片,可外接运算放大器,将电流输出转换成电压输出,电阻 R_{fb} 是集成在内的运算放大器的反馈电阻,并将其一端引出片外,为在片外连接运算放大器提供方便。当 R_{fb} 的引出端(脚9)直接与运算放大器的输出端相连接,如图 8.17 所示,而不另外串联电阻时,则输出电压为

$$U_o = \frac{V_{REF}}{2^n} = \sum_{i=0}^{n-1} d_i 2^i$$

V_{REF}:基准电压,通过它将外加高精度的电压源接至 T 形电压网络,电压范围为 $-10 \sim +10V$,也可以直接向其他 D/A 转换器的电压输出端输出电压。

V_{CC}:电源,电压范围为 $5 \sim 15V$。

AGND:模拟地。

DGND:数字地。

2. A/D 转换器 ADC0809

ADC0809 是采用 CMOS 工艺制成的 8 位逐次逼近型模/数转换器,引脚排列如图 8.18 所示。各引脚含义如下:

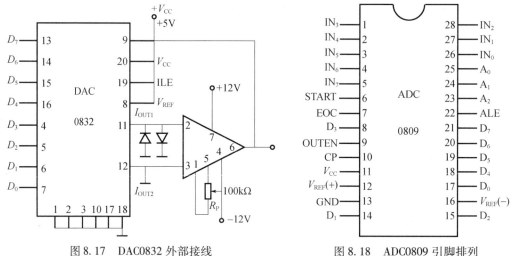

图 8.17　DAC0832 外部接线　　　　图 8.18　ADC0809 引脚排列

$IN_0 \sim IN_7$:8 路模拟量输入端。

A_2、A_1、A_0:地址输入端。

ALE:地址锁存允许输入信号,应在此脚施加正脉冲,上升沿有效,此时锁存地址码,从而选通相应的模拟信号通道,以便进行 A/D 转换。

START:启动信号输入端,应在此脚施加正脉冲,当上升沿到达时,内部逐次逼近寄存器 START 复位,在下降沿到达后,开始 A/D 转换过程。

EOC:转换结束输出信号(转换结束标志),高电平有效,转换在进行中 EOC 为低电平,转换结束 EOC 自动变为高电平,标志 A/D 转换已结束。

OUTEN(OE):输入允许信号,高电平有效,即 OE = 1 时,将输出寄存器中数据放到数据总线上。

CP:时钟信号输入端,外接时钟脉冲,时钟频率一般为 640kHz。$V_{REF(+)}$、$V_{REF(-)}$:基准电压的正极和负极。一般 $V_{REF(+)}$ 接 +5V 电源,$V_{REF(-)}$ 接地。

$D_7 \sim D_0$:数字信号输出端 D_7 为 MSB、D_0 为 LSB。

ADC0809 通过引脚 $IN_0 \sim IN_7$ 输入 8 路单边模拟输入电压,ALE 将 3 位地址线 A_2、A_1、A_0 进行锁存,然后由译码电路选通 8 路中某一路进行 A/D 转换,地址译码与输入选通关系如表 8.14 所列。

表 8.14　ADC0809 地址译码与输入选通关系

被选模拟通道	地址		
	A_2	A_1	A_0
IN_0	0	0	0
IN_1	0	0	1
IN_2	0	1	0
IN_3	0	1	1
IN_4	1	0	0
IN_5	1	0	0
IN_6	1	1	0
IN_7	1	1	1

四、实验内容

1. 用 DAC0832 及运算放大器 μA741 组成 D/A 转换电路

按图 8.18 所示连接实验电路,输入数字量由逻辑开关提供,输出模拟量用数字电压表测量。片选信号 $\overline{CS}$(脚 1)、写信号 $\overline{WR_1}$(脚 2)、写信号 $\overline{WR_2}$(脚 18)、传送控制信号 $\overline{XEFR}$(脚 17)接地;基准电压 V_{REF}(脚 8)及输入寄存器允许 ILE(脚 19)接 +5V 电源;I_{OUT2}(脚 12)接运算放大器 μA741 的反相输入端 2 及同相输入端 3;R_{fb}(脚 9)通过电阻(或不通过)接运算放大器输出端 6。

调零。$D_0 \sim D_7$:全置 0,调节电位器 R_P 使 μA741 输出为零。

按表 8.15 所列输入数字量,测量相应的输出模拟量 u_o,记入表 8.15 中右方输出模拟电压处。

表 8.15　A/D、D/A 转换功能测试表

A/D 转换											D/A 转换
		输入数字量									输出模拟量 U_o/U
输入模拟量 U_i/U		输出数字量									
	D_7	D_6	D_5	D_4	D_3	D_2	D_1	D_0			
	0	0	0	0	0	0	0	0			
	0	0	0	0	0	0	0	1			

（续）

A/D 转换								D/A 转换	
输入模拟量 U_i/U	输入数字量 输出数字量							输出模拟量 U_o/U	
0	0	0	0	0	0	1	0		
0	0	0	0	0	1	0	0		
0	0	0	0	1	0	0	0		
0	0	0	1	0	0	0	0		
0	0	1	0	0	0	0	0		
0	1	0	0	0	0	0	0		
1	0	0	0	0	0	0	0		
1	1	1	1	1	1	1	1		

2. A/D 转换器

按图 8.17 所示连接电路,输入模拟量接 0 ~ +5V 直流可调电源(自己设计),输出数字量接 0 ~ 1 指示器。

将 3 位地址线(脚 23、24、25)同时接地,因而选通模拟输入 IN_0(脚 23)通道进行 A/D 转换;时钟信号 CLOCK(脚 10)用 $f = 1kHz$ 连续脉冲源;启动信号 SRART(脚 6)和地址锁存信号 ALE(脚 22)相连于 P 点,接单次脉冲;参考电压 V_{REF}(+)(脚 12)接 +5V 电源,V_{REF}(-)(脚 15)接地;输出允许信号 OE(脚 9)固定接高电平。

1)测试脚 6(ALE)、脚 22(START)、脚 7(OE)的功能

测试脚 6、脚 7 连接于 P 点,接单次脉冲源,调节输入模拟量为某值,按一下 P 端单脉冲源按钮,相应的输出数字量便由 0 ~ 1 指示器显示出来,来完成一次 A/D 转换。

断开 P 点与单脉冲源间连线,将 ALE、START 与 EOC 端连接在一起,如图 8.19 中虚线所示,则电路处于自动状态,观察 A/D 转换器的工作情况。

2)令电路处于自动转换状态

调节输入模拟量 u_i,记入表 8.15 在左方输入模拟电压处。

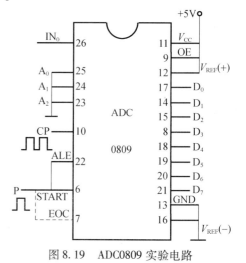

图 8.19 ADC0809 实验电路

五、预习、思考与注意事项

复习 D/A、A/D 转换器部分内容。

六、实验报告

(1)整理实验数据,分析实验结果。

(2)心得体会及其他。

实验 8.6　TTL 门电路的逻辑变换（数字电路仿真实验）

一、实验目的

（1）熟悉用标准与非门实现逻辑变换的方法。
（2）进一步掌握门电路逻辑变换的测试方法。
（3）学习基本元器件的选取和电路的连接方法。
（4）学习 Multisim 中单刀开关的使用方法。
（5）学习 Multisim 中数字信号发生器、逻辑转换器等虚拟仪器的使用方法。

二、实验类型

设计型实验。

三、预习要求

（1）复习与门、或门、或非门、异或门的逻辑功能。
（2）复习布尔代数及其运算规则，并了解半加器、全加器的逻辑功能。
（3）设计出满足要求的电路图，自拟实验步骤。

四、实验原理

常用的基本门电路有"与""或""与非""或非""异或""同或"等。这些基本逻辑的逻辑功能可以通过摩根定理实现相互变换。由于在实际使用中，大量使用"与非门"，因此借助摩根定理，可以把"或""与或""异或""同或"等逻辑关系用"与非门"来实现。

五、实验仪器

装有 Multisim 软件的计算机一台。

六、实验内容与要求

（1）用 TTL 与非门组成下列逻辑电路，并在 Multisim 中进行仿真，测试它们的逻辑功能，列表记录。输入信号可由数字信号发生器或单刀开关给出，输出可以采用指示灯显示。
① 与或门　　　$F = AB + CD$。
② 异或门　　　$F = A \oplus B$。
③ 同或门　　　$F = A \odot B$。
（2）在 Multisim 中用 TTL 与非门构成一个一位全加器，输入为 A_i、B_i、C_{i-1}，输出为 S_i、C_i，仿真并测试其功能，列表记录。

七、注意事项

（1）注意电路连线中的交叉点是否连接正确。
（2）在使用数字信号发生器产生信号时，一定要注意所编辑的是二进制区还是十六进制区。

（3）在 Multisim 中，为了使电路得到精确的仿真结果，使用的是现实模型；但如要加快电路的仿真速度，可以使用理想模型，但输出波形会发生错误，此时可以在仿真电路的窗口内放置数字电源和数字接地端即可。

八、实验报告

（1）说明设计过程，画出各逻辑电路图。
（2）记录实验数据，总结实验心得。

九、思考题

（1）是否可以将与非门、或非门以及异或门作为非门使用？
（2）软件仿真与实物器件连接的电路有什么区别？
（3）还有哪些方法可实现一位全加器？

实验 8.7　血型关系检测电路的设计（数字电路仿真实验）

一、实验目的

（1）掌握组合逻辑电路的设计和测试方法。
（2）学习选择和使用集成逻辑器件。
（3）练习使用 Multisim 中的逻辑转换器。

二、实验类型

设计型实验。

三、预习要求

（1）复习组合逻辑电路的分析与设计方法。
（2）复习常用的组合逻辑器件的逻辑功能。
（3）画好实验电路的接线图，自拟实验步骤。

四、实验原理

组合逻辑电路的设计是指根据给出的实际逻辑问题，求出实现这一逻辑关系的最简逻辑电路。

需要指出的是，这里所说的"最简"，在使用不同器件进行设计时有不同的含义。对于小规模集成电路（SSI）为组件的设计，最简标准是使用的门最少，且门的输入端数最少；而对于以中规模集成电路（MSI）为组件的设计，则是以所用集成芯片个数最少、品种最少以及连线最少作为最简的标准。设计步骤如下：

（1）根据设计任务，建立数字电路的模型，可以是真值表、卡诺图，也可以直接写出逻辑表达式。

（2）根据真值表或表达式填写卡诺图，进行化简。化简的原则和最简函数的形式与使用的器件关系密切。如欲使用与非门实现电路，应化简成与或式；如欲使用或非门实现电路则化简成或与式。

（3）根据化简结果画出逻辑电路图。

（4）根据逻辑电路图搭接电路。

（5）测试并验证所设计的电路。

五、实验仪器

装有 Multisim 软件的计算机一台。

六、实验内容与要求

人类的血型有 4 种：A、B、AB、O 型。在输血时，输血者和受血者的血型必须符合
图 8.20 所示的关系，即 O 型血可以输给任何血型的人，但 O 型血的人只
能接受 O 型血；AB 型血的人只能输给 AB 型血的人，但 AB 型血的人可以
接受所有血型的人；A 型血的人可以输血给 A 型和 AB 型血的人，而 A 型
血的人能接受 A 型和 O 型血；B 型血的人可以输血给 B 型和 AB 型血的
人，而 B 型血的人能接受 B 型和 O 型血。

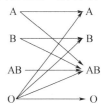

图 8.20　输血关系

要求用与非门设计一个电路，用于判断输血者和受血者的血型是否
符合输血条件，如果能够输血，则绿色指示灯亮（实验中用绿色探针代
替）；如果血型不合，则红色指示灯亮，并且发出警告声音（实验中用蜂鸣器代替）。

七、注意事项

（1）输血者有 4 种情况，可用两位代码区分，同样受血者血型也可以用两位代码表示，
这样整个电路的输入有 4 个变量，输出两个变量，分别表示能或不能。

（2）也可以用 4 个开关模拟 A、B、AB、O 血型（输血者和受血者共需要 8 个开关），对受
血者和输血者的血型通过编码电路分别进行编码，之后根据要求设计血型检测电路。

八、实验报告

（1）说明设计过程，画出各逻辑电路图。

（2）记录实验数据，总结实验心得。

九、思考题

（1）SSI 为组件的设计方法与 MSI 为组件的设计方法有哪些区别，及其各自的优缺点。

（2）不限定用于非门，还有哪些方法可以实现血型关系检测？

实验 8.8　计数、译码和显示电路（数字电路仿真实验）

一、实验目的

（1）了解用 JK 触发器组成的同步五进制计数器的工作原理。

（2）观察译码显示电路的工作情况。

（3）进一步熟悉基本元器件的选取和电路的连接方法。

（4）学会直流电源、时钟脉冲源的使用方法。

（5）学习 Multisim 中函数信号发生器、示波器、逻辑分析仪等虚拟仪器的使用方法。

（6）学习 Multisim 中指示灯、有译码的七段显示器等显示器件的使用方法。

二、实验类型

本实验为验证型实验。

三、预习要求

（1）分析图 8.20 所示同步五进制计数器的工作原理，画出其工作波形图（包括 CP、Q_0、Q_1、Q_2、的波形）

（2）自拟进行实验的步骤。

（3）复习数码管的工作原理。

四、实验原理

图 8.21 是用 JK 触发器组成的同步五进制计数器的逻辑图。

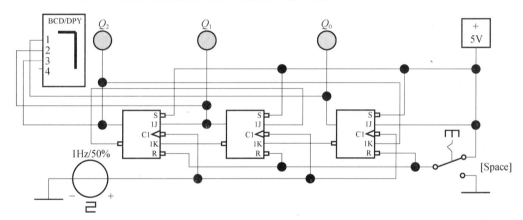

图 8.21　用 JK 触发器组成的同步五进制计数器

五、实验仪器

装有 Multisim 软件的计算机一台

六、实验内容与要求

（1）在 Multisim 中按图 8.21 所示连接电路，仿真并观察五进制计数器的工作情况。

① 将计数器清零，使 $Q_0 = Q_1 = Q_2 = 0$。

② 将计数器的 CP 端接单脉冲，用发光探头显示各触发器 Q 端的状态，检验计数器的工作情况是否正确。

③ 在 CP 端加一定频率的时钟脉冲，以 CP 为参考量，用虚拟示波器观察 Q_0、Q_1、Q_2 的波形，检验波形是否正常。

（2）观察译码显示电路的工作情况。

将计数器的 CP 端接单脉冲输出端，计数器的 Q_0、Q_1、Q_2 分别接到数码显示的 1、2、3 处，

4 悬空。观察是否与发光探头显示的二进制数一致。

七、注意事项

JK 触发器的输出端不能接 +5V 或地;否则将无法仿真,在实际电路中导致器件损坏。

八、实验报告

(1) 分析该时序逻辑电路的功能。

(2) 记录实验数据,列出真值表,画出输出波形。

(3) 总结实验心得。

九、思考题

(1) 如何用 D 触发器组成同步 N 进制计数器?

(2) 如何用数字信号发生器或函数信号发生器产生 CP 脉冲信号?

实验 8.9 脉冲边沿检测电路的分析与设计(数字电路仿真实验)

一、实验目的

(1) 熟悉基本 RS 触发器的功能。

(2) 熟悉 TTL 集成 JK 触发器 74LS73 和集成或非门 74LS02 的使用方法。

(3) 掌握一种检测脉冲第一个边沿跳变方向的方法。

(4) 掌握多谐振荡器的设计方法。

二、实验类型

验证型、设计型实验。

三、预习要求

以下工作在进行实验前必须完成:

(1) 分析图 8.22 所示电路的工作原理,将结果填入表 8.16 中,待实验时验证。

表 8.16 第一个脉冲为上升沿时的情况

开关 S	时钟脉冲 CP	$\overline{Q_1}$	$\overline{Q_2}$	LED1	LED2
闭合	/				
断开	无				
断开	第一个脉冲上升沿				
断开	第一个脉冲下降沿				
断开	第二个脉冲上升沿				
断开	…				
闭合	/				
闭合	/				

（2）设计一个周期约为10ms的多谐振荡器，为本检测器提供时钟脉冲，画出电路图，选择元件和计算参数。

四、实验原理

在许多微处理器的应用中，为了容易鉴别或检测某一程序，需要了解一串脉冲第一个边沿的电平跳变方向。在同步系统中，往往也需要知道该系统是被时钟脉冲的上升沿触发，还是被下降沿触发。本课题电路就是一个既简单又廉价的电路，它可以识别脉冲的第一个跳变沿究竟是上升沿还是下降沿，并能将结果显示出来。该电路所能检测的 TTL 脉冲信号的最小宽度可达50ns，由于电路中只用了两片集成电路，在校验和调试数字电路时，可以很方便地装在一个探头里。

电路原理如图8.22所示。电路主要由两个 JK 触发器和由或非门组成的基本 RS 触发器组成。两个从触发器受相位相反的时钟脉冲控制，而且 J、K 与 $\overline{Q}$ 相连接，$\overline{Q}$ 为 0 时，$J = K = 0$，输出保持原状态；$\overline{Q}$ 为 1 时，$J = K = 1$，在时钟脉冲下降沿到来时，触发器的输出状态翻转。从而控制基本 RS 触发器，使两只 LED 中有一只发光，表示时钟脉冲的方向是上升沿（或下降沿）。具体的过程如下：

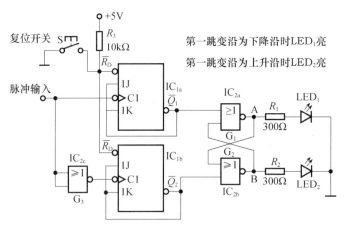

图 8.22　捕捉和显示脉冲第一个边沿方向的检测器电路原理

先按下复位开关 S，使 JK 触发器的两个输出端 $\overline{Q} = 1$，或非门两个输出端皆为低电平，即 $A = 0$，$B = 0$，两只 LED 截止。

松开开关 S 后，若没有时钟脉冲到来，则电路保持原状态。若第一次跳变是上升沿时，IC_{1a} 不触发，$A = 0$，LED_1 暗；而 IC_{1b} 的输出翻转，$\overline{Q}_2 = 0$，使 G_2 输出高电平，即 $B = 1$，LED_2 亮。不管下一次输入脉冲如何转换，因 IC_{1b} 的 J、K 均为 0，输出不会翻转，$\overline{Q}_2 = 0$，LED_2 继续亮。因 B 点为高电平，所以无论 $\overline{Q}_1$ 是什么状态，A 点都为低电平，LED_1 不亮。若输入的第一次跳变是下降沿，则过程相反，LED_1 亮，LED_2 暗。

74LS73 双 JK 触发器和 74LS02 四二输入或非门的引脚参见第 4 章内容。

五、实验仪器及器件

装有 Multisim 软件的计算机一台。

部分元器件清单见表 8.17。

表 8.17　部分无器件清单

器件编号	器件名称	器件说明
IC_1	74LS73	双 JK 触发器
IC_2	74LS02	四二输入或非门
IC_3	74LS00	四二输入与非门
R_1、R_2	300Ω	1/8 W 碳膜电阻器
R_3	10kΩ	1/8 W 碳膜电阻器
R_4、R_5	1kΩ	1/8 W 碳膜电阻器
LED_1、LED_2		红、绿发光二极管
C	自定义	虚拟电容

六、实验内容与要求

（1）在 Multisim 中画出检测器电路原理图，并对其进行仿真。

（2）接通复位开关 S，检查触发器是否清零。

（3）用 74LS00 四二输入与非门设计一个单脉冲产生电路，用示波器监视脉冲变化方向，验证检测器电路的效果。

（4）按照所设计的 10ms 多谐振荡器作脉冲源，随机产生一串脉冲，输入检测器，观察 LED 的指示结果。

七、注意事项

设计一个周期约为 10ms 的多谐振荡器，为本检测器提供时钟脉冲，需先计算相关参数。选择合适元件。

八、实验报告

（1）分析该电路的逻辑功能。

（2）说明设计过程，画出逻辑电路图。

（3）记录实验数据，列出真值表，画出输出波形。

（4）总结实验心得。

九、思考题

还有哪些方法可以实现检测脉冲第一个边沿跳变方向？

实验 8.10　交通控制器的设计（数字电路仿真实验）

一、实验目的

（1）熟悉基本 RS 触发器的功能。

（2）掌握用 D 触发器设计交通控制器的方法。

（3）学会用 Multisim 对所设计电路进行测试的方法。

二、实验类型

设计型实验。

三、预习要求

（1）复习基本 RS 触发器、D 触发器、JK 触发器的工作原理。
（2）掌握几种触发器之间转换的方法。
（3）学习时序逻辑电路的设计方法。

四、实验原理

时序逻辑电路的设计是指要求设计者从实际的逻辑问题出发，设计出满足逻辑功能要求的电路，并力求最简化。设计步骤如下：

（1）根据设计要求，建立原始状态图或状态表。这一步是最关键的，因为原始状态图或状态表建立得正确与否，将直接决定所设计的电路能否实现所要求的逻辑功能。

（2）状态化简，以便消去多余的状态，得到最小状态转换图或转换表。

（3）状态分配（或状态编码），画出编码后的状态转换图或转换表。由于时序逻辑电路的状态是用触发器状态的不同组合来表示的，所以这一步所做的工作是确定触发器的个数 n，并给每个状态分配一组二进制代码。n 取满足公式 $n \geq \log_2 N$（N 为状态数）的最小整数。

（4）选定触发器类型，求出电路的输出方程、驱动方程。

（5）根据得到的方程画出逻辑电路图。

（6）检查设计的电路能否自启动。如果不能自启动，应设法解决，或修改设计方案，或加置初态电路。

五、实验仪器

装有 Multisim 软件的计算机一台。

六、实验内容与要求

（1）采用 D 触发器设计一个铁路道口的交通控制器。图 8.23 是该铁路道口的平面图。P_1 和 P_2 是两个传感器，它们的距离较远，至少是一列火车的长度，即火车不会同时压在两个传感器上。A 和 B 是两个闸门，当火车由东向西或由西向东通过 P_1P_2 段，且当火车的任意部分位于 P_1P_2 之间时，闸门 A 和 B 应同时关闭；否则闸门同时打开。

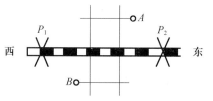

图 8.23　铁路道口的平面图

（2）然后在 Multisim 的原理图编辑区画出逻辑电路图，采用适当的方法对所设计的电路进行测试。

七、注意事项

（1）此电路包含的元器件个数比较多，连线时要多加注意，检查是否连接上。
（2）设计电路时要依据电路结构简单且经济实惠的原则。

八、实验报告

（1）说明设计过程，画出逻辑电路图。

（2）记录实验数据，列出状态转换表。

（3）总结实验心得。

九、思考题

（1）试着用 JK 触发器来实现铁路道口的交通控制器的设计。

（2）对于一个具有主干道和支干道的十字路口，如何设计交通灯控制器？

第9章　数字电路电子技术综合实验

实验9.1　方波、三角波发生器设计

一、实验目的

通过实际电路的搭建,进一步巩固译码器、模拟开关、计数器、555 定时器的理论知识,并通过掌握实际元件的用法,将理论与实际相结合。提高对数字电路的仿真、设计、调试能力,进一步提高对理论课程的学习兴趣。

二、实验设备

(1) 数字电子技术实验箱。
(2) 万用表。
(3) 示波器。
(4) 信号发生器。

三、实验内容

综合运用电子技术基础中数字电子技术所学门电路、组合逻辑电路、时序逻辑电路、波形产生与变换电路等知识,结合实际集成数字器芯片,设计一个可以改变输出频率的方波、三角波产生电路,参考系统框图如图9.1所示。

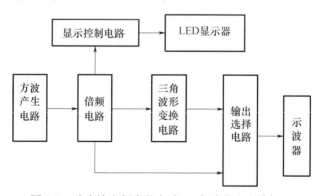

图9.1　改变输出频率的方波、三角波产生电路框图

四、实验要求

本实验要求设计实现方波、三角波波形的产生电路,其频率可以调整,可通过数字输入量选择输出波形的类型,可通过数字输入量选择输出频率进行 2 倍频、4 倍频等,可显示倍频系数。波形产生可使用 555 定时器,也可使用集成运算放大器或比较器,显示电路使用 8

段 LED 数码管(带 74LS48 译码器),其他电路根据具体设计确定。要求,电路简洁,输出波形稳定,噪声小,显示倍频系数即可。另外,电源可采用实验箱提供的直流电源,无需另行设计。

五、实验步骤

(1) 分析实验题目,确定系统总体方案。

(2) 细化系统总体方案,确定实现每一模块拟采用的电路方案。

(3) 根据现有芯片类型确定电路采用的芯片,并查阅相关芯片的使用方法。

(4) 采用 Multisim 对每一部分的电路方案进行仿真。

(5) 利用实验室现有设备,搭建电路实现实验要求,测试分析结果。

(6) 对实验过程中的问题、结果、收获进行总结。

六、参考实验元件清单(表 9.1)

表 9.1　元件清单

芯片名称	说明	芯片名称	说明
NE555	555 定时器	74HC48	8 段译码
LM324	集成运算放大器	常用电容	
CD4052	模拟多路开关	常用电阻	
稳压二极管	5 V	常用二极管	
74HC161	计数器	基本门电路	

七、设计提示

(1) 可通过多电位器改变频率。

(2) 可充分利用计数器进行分频,以最低频率作为基准频率,其他频率就可看成倍频。

(3) 数字输入量可用数字实验箱拨动开关实现输入。

(4) 倍频选择、输出选择可用模拟多路开关实现。

实验 9.2　数码管动态显示电路设计

一、实验目的

通过实际电路的搭建,进一步巩固数码管、显示译码器、译码器、计数器的理论知识,并通过掌握实际元件的用法将理论与实际相结合。提高对数字电路的仿真、设计、调试能力,进一步提高对理论课程的学习兴趣。

二、实验设备

(1) 数字电子技术实验箱。

(2) 万用表。

(3) 示波器。

(4) 信号发生器。

三、实验内容

动态显示是采用数码管作为显示器时常用的显示控制策略。在要求多个 LED 同时显示的情况下,无需增加显示译码器的数量,只需添加一个译码电路快速地按时间顺序选通 LED 显示器的公共段。当选通速度超过人眼的反应速度时,就得到连续显示效果。本实验需综合运用电子技术基础中数字电子技术所学门电路、组合逻辑电路、时序逻辑电路、波形产生与变换电路等知识,结合实际集成数字器芯片,设计一个可以改变输入内容和刷新率的 4 位数码管动态显示电路,参考系统框图如图 9.2 所示。

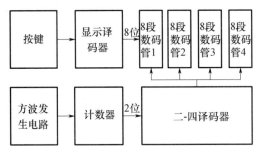

图 9.2　改变输入内容和刷新率的 4 位数码管动态显示电路框图

四、实验要求

本实验要求设计 4 位数码管动态显示电路,其动态刷新频率可以调整;可通过数字输入量选择在 4 个数码管显示器上同时显示 0~9 这 10 个数字符号。波形产生可使用 555 定时器,也可使用集成运算放大器或比较器,显示电路使用 8 段数码管(带 74LS48 译码器),其他电路根据具体设计确定。要求:电路简洁,显示内容清楚。另外,电源可采用实验箱提供的直流电源,无需另行设计。

五、实验步骤

(1)分析实验题目,确定系统总体方案。
(2)细化系统总体方案,确定实现每一模块拟采用的电路方案。
(3)根据现有芯片类型确定电路采用的芯片,并查阅相关芯片的使用方法。
(4)采用 Multisim 对每一部分的电路方案进行仿真。
(5)利用实验室现有设备,搭建电路实现实验要求,测试分析结果。
(6)对实验过程中的问题、结果、收获进行总结。

六、参考实验元件清单(表 9.2)

表 9.2　元件清单

芯片名称	说明	芯片名称	说明
NE555	555 定时器	8 段数码管	
LM324	集成运算放大器	常用电容	
74LS139	二 – 四译码器	常用电阻	
CD4052	模拟多路开关	常用二极管	

（续）

芯片名称	说明	芯片名称	说明
74HC161	加计数器	基本门电路	
74HC48	8 段译码		

七、设计提示

（1）可通过二-四译码器分别选中 4 个 8 段数码管显示器。

（2）可利用计数器的输出作为二-四译码器的输入,通过改变计数器的频率,就可以改变数码管的刷新频率。

（3）数字输入量可用数字实验箱拨动开关实现输入。

实验 9.3　秒表电路设计

一、实验目的

通过实际电路的搭建,进一步巩固显示译码器、计数器的理论知识,并通过掌握实际元件的用法将理论与实际相结合。提高对数字电路的仿真、设计、调试能力,进一步提高对理论课程的学习兴趣。

二、实验设备

（1）数字电子技术实验箱。

（2）万用表。

（3）示波器。

（4）信号发生器。

三、实验内容

秒表是生活中常见的计时装置,也是计数器最典型的应用之一。本实验需综合运用电子技术基础中数字电子技术所学门电路、组合逻辑电路、时序逻辑电路、波形产生与变换电路等知识,结合实际集成数字器芯片,设计一个可以改变计数方向、能够预设起始值的秒表,参考系统框图如图 9.3 所示。

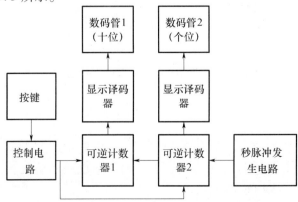

图 9.3　可以改变计数方向并预设起始值的秒表框图

四、实验要求

本实验要求设计最大计数值为 99 的秒表,2 位数码管用于显示当前的计数值,计数初始值可通过按键设定,秒表具有启动、暂停、清零的功能;可通过输入量选择递增或者递减计数。波形产生可使用 555 定时器,也可使用集成运算放大器或比较器,显示电路使用 8 段数码管(带 74LS48 译码器),其他电路根据具体设计确定。要求:电路简洁,显示内容清楚,计时准确。另外,电源可采用实验箱提供的直流电源,无需另行设计。

五、实验步骤

(1)分析实验题目,确定系统总体方案。
(2)细化系统总体方案,确定实现每一模块拟采用的电路方案。
(3)根据现有芯片类型确定电路采用的芯片,并查阅相关芯片的使用方法。
(4)采用 Multisim 对每一部分的电路方案进行仿真。
(5)利用实验室现有设备,搭建电路实现实验要求,测试分析结果。
(6)对实验过程中的问题、结果、收获进行总结。

六、参考实验元件清单(表 9.3)

表 9.3 元件清单

芯片名称	说明	芯片名称	说明
NE555	555 定时器	常用电容	
LM324	集成运算放大器	常用电阻	
74LS192	可逆计数器	常用二极管	
74HC48	8 段译码	基本门电路	
8 段数码管			

七、设计提示

(1)可通过 74LS192 构成两个十进制可逆计数器,通过控制 74LS192 的各功能引脚实现启动、暂停、清零、设置初值功能。
(2)数字输入量可用数字实验箱拨动开关实现输入。

实验 9.4 简易同步数字串行通信电路

一、实验目的

通过实际电路的搭建,进一步巩固显示译码器、移位寄存器、计数器的理论知识,并通过掌握实际元件的用法将理论与实际相结合。提高对数字电路的仿真、设计、调试能力,进一步提高对理论课程的学习兴趣。

二、实验设备

（1）数字电子技术实验箱。

（2）万用表。

（3）示波器。

（4）信号发生器。

三、实验内容

串行通信是数字电路中常见的通信方式,按照接收端是否需要与发送端采用相同的时钟信号,串行通信分为同步通信和异步通信。本实验需综合运用电子技术基础中数字电子技术所学门电路、组合逻辑电路、时序逻辑电路等知识,结合实际集成数字器芯片,设计一个可以采用同步串行通信方式一次传送 4 位二进制数的通信电路,参考系统框图如图 9.4 所示。

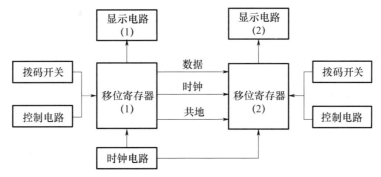

图 9.4　采用同步串行通信方式一次传送 4 位二进制数的通信电路框图

四、实验要求

本实验要求设计同步串行通信系统,可利用移位寄存器将编码开关所表示的 4 位二进制数在控制电路的控制下并行输入移位寄存器。当按下发送按钮后,通过串行数据线发送给另一个移位寄存器,数据可双向传递。显示电路用于实时显示寄存器内的数值变化情况。时钟产生可使用 555 定时器,也可使用实验室信号源,显示电路使用 8 段数码管(带 74LS48 译码器),其他电路根据具体设计确定。要求:电路简洁,显示内容清楚,数据发送准确。另外,电源可采用实验箱提供的直流电源,无需另行设计。

五、实验步骤

（1）分析实验题目,确定系统总体方案。

（2）细化系统总体方案,确定实现每一模块拟采用的电路方案。

（3）根据现有芯片类型确定电路采用的芯片,并查阅相关芯片的使用方法。

（4）采用 Multisim 对每一部分的电路方案进行仿真。

（5）利用实验室现有设备,搭建电路实现实验要求,测试分析结果。

（6）对实验过程中的问题、结果、收获进行总结。

六、参考实验元件清单(表 9.4)

表 9.4　元件清单

芯片名称	说明	芯片名称	说明
NE555	555 定时器	8 段数码管	
拨码开关		常用电容	
74LS194	双向移位寄存器	常用电阻	
74LS161	计数器	常用二极管	
74HC48	8 段译码	基本门电路	

七、设计提示

(1)可通过 74LS194 的置数、左移、右移、保持功能实现对数据的接收和发送。

(2)数字输入量可用数字实验箱拨动开关实现输入。

实验 9.5　4 位流水灯电路

一、实验目的

通过实际电路的搭建,进一步巩固发光二极管、移位寄存器、计数器的理论知识,并通过掌握实际元件的用法将理论与实际相结合。提高对数字电路的仿真、设计、调试能力,进一步提高对理论课程的学习兴趣。

二、实验设备

(1)数字电子技术实验。

(2)万用表。

(3)示波器。

(4)信号发生器。

三、实验内容

流水灯时常用于夜间灯光景观,通过若干不同颜色和位置的灯在控制系统的控制下,按照设定的顺序和时间来发亮和熄灭,形成一定的视觉效果,从而显现出不同图形、字符。流水灯中对位置和顺序的控制是数字电路的基本内容,本实验需综合运用电子技术基础中数字电子技术所学门电路、组合逻辑电路、时序逻辑电路等知识,结合实际集成数字器芯片,设计一个可以设定样式和变换频率的流水灯电路,参考系统框图如图 9.5 所示。

四、实验要求

本实验要求设计 4 位流水灯电路,能够根据输入改变变换的样式。流水灯的变化频率可通过按键设定为很快、快、慢、很慢 4 挡。时钟产生可使用 555 定时器,也可使用实验室信号源,其他电路根据具体设计确定。要求:电路简洁,显示内容清楚,流水灯变化明显,速率

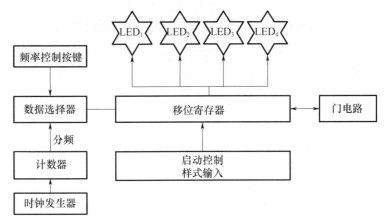

图 9.5　可以设定样式和变换频率的流水灯电路框图

可调,变化多样。另外,电源可采用实验箱提供的直流电源,无需另行设计。

五、实验步骤

(1)分析实验题目,确定系统总体方案。

(2)细化系统总体方案,确定实现每一模块拟采用的电路方案。

(3)根据现有芯片类型确定电路采用的芯片,并查阅相关芯片的使用方法。

(4)采用 Multisim 对每一部分的电路方案进行仿真。

(5)利用实验室现有设备,搭建电路实现实验要求,测试分析结果。

(6)对实验过程中的问题、结果、收获进行总结。

六、参考实验元件清单(表 9.5)

表 9.5　元件清单

芯片名称	说明	芯片名称	说明
NE555	555 定时器	常用电容	
74LS194	双向移位寄存器	常用电阻	
74LS151	8 选 1 数据选择器	常用二极管	
74LS161	计数器	基本门电路	
LED			

七、设计提示

(1)可利用移位寄存器和门电路构成序列发生器,将 LED 接在移位寄存器的并行输出端。通过移位寄存器的并行数据输入功能,输入初始值,再根据门电路的反馈进行循环移位,从而根据不同的初始值产生不同的序列得到 LED 的亮暗变化。

(2)启动控制、样式输入量可用数字实验箱拨动开关实现输入。

实验 9.6 加减法计算器的设计

一、实验设备

（1）数字电子技术实验箱。

（2）万用表。

（3）示波器。

二、实验目的

掌握用基本电路构成加减法计算器的方法,进一步巩固所学的理论知识,并通过实际电路的搭建将理论与实际相结合。增强对模拟电路的仿真、设计、调试能力,进一步提高对理论课程的学习兴趣。

三、实验内容

综合运用电子技术基础中数字电子技术所学加法器、数码管等知识,结合实际集成电路芯片,设计一个可进行加、减基本运算的加减法计算器。参考系统框图如图 9.6 所示。

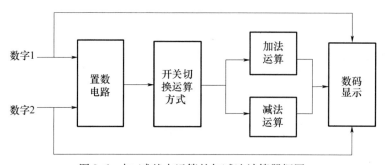

图 9.6 加、减基本运算的加减法计算器框图

四、实验要求

基本要求:本实验要求设计实现一个可进行加、减法基本运算的模拟计算器。要求如下:

（1）可完成 0000 ~ 1111 这 4 位二进制数的加法和减法。

（2）输入的两个数字可自由设置。

（3）两个数字和结果用数码管显示。

扩展要求:支持更多位数的输入;输入更人性化。

五、实验步骤

（1）分析实验题目,确定系统总体方案。

（2）细化系统总体方案,确定实现每一模块拟采用的电路方案。

（3）根据现有元件类型,确定电路采用的元件,并查阅相关芯片的使用方法。

（4）采用 Multisim 对每一部分的电路方案进行仿真。

（5）利用实验室现有设备,搭建电路实现实验要求,测试分析结果。

（6）对实验过程中的问题、结果、收获进行总结。

六、参考实验元件清单（表9.6）

表 9.6　元件清单

元件名称	说明	元件名称	说明
LM324	集成运放	常用电阻	
74LS283	全加器	常用电容	
74HC48	7 段译码	基本门电路	
7 段数码管			

七、设计提示

（1）加法需考虑进位。

（2）减法可转换成相应的补码后运算。

第4篇　电子技术课程设计

第10章　课程设计实验

实验10.1　伴唱电子琴设计

一、实验目的

通过实际电路的搭建,进一步巩固555电路、数据选择器、比例放大电路、模拟加法电路、功率放大电路的理论知识,并通过掌握实际元件的用法将理论与实际相结合。提高对电子电路的仿真、设计、调试能力,进一步提高对理论知识的应用能力。

二、实验设备

(1) 面包板、导线。

(2) 万用表。

(3) 示波器。

(4) 信号发生器。

三、实验内容

综合运用电子技术基础中所学信号放大电路、功率放大电路、门电路、组合逻辑电路、时序逻辑电路、波形产生与变换电路等知识,结合实际集成功率放大芯片、集成数字器芯片,设计一个可以放大声音信号,同时能够用按键弹奏简单旋律进行伴奏的电路,参考系统框图如图10.1所示。

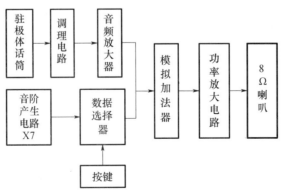

图10.1　放大声音信号并用按键弹奏简单旋律伴奏的电路框图

四、实验要求

本实验要求设计能够进行伴唱的电子琴,其能够对输入话筒的声音进行放大,同时可将通过按键选择的音阶信号叠加在声音信号上,形成伴奏。要求声音放大清晰,噪声小,旋律弹奏清晰可辨,所需直流电源、开关由实验箱提供。音阶产生可使用 555 定时器构成,也可使用集成运算放大器或比较器构成,功率放大电路可使用 LM386 或者 TDA2030,其他电路根据具体设计确定。要求:电路简洁,输出音乐旋律清晰,噪声小,延时效果明显。

五、实验步骤

(1)分析实验题目,确定系统总体方案。

(2)细化系统总体方案,确定实现每一模块拟采用的电路方案。

(3)根据现有芯片类型,确定电路采用的芯片,并查阅相关芯片的使用方法。

(4)采用 Multisim 对每一部分的电路方案进行仿真。

(5)利用实验室现有设备,搭建电路实现实验要求,测试分析结果。

(6)对实验过程中的问题、结果、收获进行总结。

六、参考实验元件清单(表 10.1)

表 10.1　元件清单

芯片名称	说明	芯片名称	说明
NE555	555 定时器	JRC4558D	音频放大
LM324	比较器	LM386	功率放大器
CD4051	模拟多路开关	常用电容	
稳压二极管	5 V	常用电阻	
74HC161	计数器	基本门电路	
喇叭			

七、设计提示

(1)可通过 555 产生延时,控制整个电路的工作。

(2)可充分利用模拟开关 CD4052 配合 555 电路产生不同频率的音阶。

(3)可利用计数器 74LS161 按顺序反复选择 CD4052 的输出达到输出音乐节奏的目的。

(4)功率放大应使用功率放大芯片的典型电路。

实验 10.2　位数字密码锁

一、实验目的

通过实际电路的搭建,进一步巩固 555 电路、寄存器、比例放大电路、功率放大电路的理论知识,并通过掌握实际元件的用法将理论与实际相结合。提高对电子电路的仿真、设计、调试能力,进一步提高对理论知识的应用能力。

二、实验设备

(1) 面包板、导线。

(2) 万用表。

(3) 示波器。

(4) 信号发生器。

三、实验内容

综合运用电子技术基础中所学信号放大电路、功率放大电路、门电路、组合逻辑电路、时序逻辑电路、波形产生与变换电路等知识,结合实际集成功率放大芯片、集成数字器芯片,设计一个简单的数字密码锁,参考系统框图如图 10.2 所示。

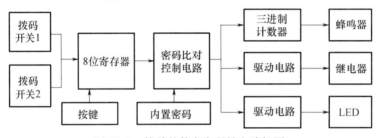

图 10.2 简单的数字密码锁电路框图

四、实验要求

本实验要求设计利用拨码开关输入 4 位二进制数作为密码与内置的密码进行比对,如果相同则驱动继电器打开电磁锁,如果不同则驱动发光二极管报错。输入 3 次错误驱动蜂鸣器报警。所需直流电源、开关由实验箱提供。要求:电路简洁,内置密码可随时设置。

五、实验步骤

(1) 分析实验题目,确定系统总体方案。

(2) 细化系统总体方案,确定实现每一模块拟采用的电路方案。

(3) 根据现有芯片类型确定电路采用的芯片,并查阅相关芯片的使用方法。

(4) 采用 Multisim 对每一部分的电路方案进行仿真。

(5) 利用实验室现有设备,搭建电路实现实验要求,测试分析结果。

(6) 对实验过程中的问题、结果、收获进行总结。

六、参考实验元件清单(表 10.2)

表 10.2 元件清单

芯片名称	说明	芯片名称	说明
拨码开关		LED	红色
74HC374	8 位寄存器	常用三极管	

（续）

芯片名称	说明	芯片名称	说明
74HC161	计数器	常用电容	
蜂鸣器	5V 电压型	常用电阻	
UL2003	功率驱动	基本门电路	
继电器	5V 电压型		

七、设计提示

（1）内置密码也可通过拨码开关实现。

（2）要详细分析电路功能状态，精心设计密码对比控制电路。

（3）蜂鸣器可采用 5V 压控型，驱动电路可用 UL2003 芯片的典型电路。

实验 10.3　音乐门铃设计

一、实验目的

通过实际电路的搭建，进一步巩固 555 电路、数据选择器、比例放大电路、功率放大电路的理论知识，并通过掌握实际元件的用法，将理论与实际相结合。提高对电子电路的仿真、设计、调试能力，进一步提高对理论知识的应用能力。

二、实验设备

（1）面包板、导线。

（2）万用表。

（3）示波器。

（4）信号发生器。

三、实验内容

综合运用电子技术基础中所学信号放大电路、功率放大电路、门电路、组合逻辑电路、时序逻辑电路、波形产生与变换电路等知识，结合实际集成功率放大芯片、集成数字器芯片，设计一个可以输出简单旋律的音乐门铃，参考系统框图如图 10.3 所示。

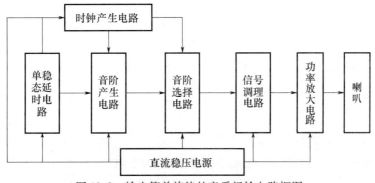

图 10.3　输出简单旋律的音乐门铃电路框图

四、实验要求

本实验要求设计能通过按键自动输出一段简单音乐旋律的音乐门铃电路,其具体旋律可以自行确定。要求输出时间大于10s,所需直流电源、开关由实验箱提供。延时产生可使用555定时器构成单稳态触发器,也可使用集成运算放大器或比较器构成,功率放大电路可使用LM386或者TDA2030,其他电路根据具体设计确定。要求:电路简洁,输出音乐旋律清晰,噪声小,延时效果明显。

五、实验步骤

(1)分析实验题目,确定系统总体方案。
(2)细化系统总体方案,确定实现每一模块拟采用的电路方案。
(3)根据现有芯片类型确定电路采用的芯片,并查阅相关芯片的使用方法。
(4)采用Multisim对每一部分的电路方案进行仿真。
(5)利用实验室现有设备,搭建电路实现实验要求,测试分析结果。
(6)对实验过程中的问题、结果、收获进行总结。

六、参考实验元件清单(表10.3)

表10.3 元件清单

芯片名称	说明	芯片名称	说明
NE555	555定时器	JRC4558D	音频放大
LM324	比较器	LM386	功率放大器
CD4052	模拟多路开关	常用电容	
稳压二极管	5V	常用电阻	
74HC161	计数器	基本门电路	
喇叭			

七、设计提示

(1)可通过555产生音阶频率。
(2)可充分利用模拟开关CD4051配合按键产生不同频率的音阶。
(3)可利用模拟加法器对电压信号进行叠加。
(4)功率放大应使用功率放大芯片的典型电路。

实验10.4 8通道3位并行AD转换器设计

一、实验目的

通过实际电路的搭建,进一步巩固模拟开关、555电路、数据选择器、比例电路、触发器、编码器的理论知识,并通过掌握实际元件的用法,将理论与实际相结合。提高对电子电路的仿真、设计、调试能力,进一步提高对理论知识的应用能力。

二、实验设备

（1）面包板、导线。

（2）万用表。

（3）示波器。

（4）信号发生器。

三、实验内容

综合运用电子技术基础中所学模拟开关、门电路、组合逻辑电路、时序逻辑电路、波形产生与变换电路等知识,结合实际集成放大芯片、集成数字器芯片,设计一个 8 通道 3 位并行AD 转换器,参考系统框图如图 10.4 所示。

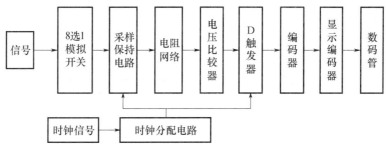

图 10.4 8 通道 3 位并行 AD 转换器框图

四、实验要求

本实验要求设计一个具有 8 个通道并行比较 AD 转换器,可由按键选择信号输入的通道,并将输入电压信号转换成 3 位二进制数,然后由数码管实时显示转换结果。输入电压信号范围为 0 ~ 5V,所需直流电源、开关由实验箱提供。时钟信号产生可使用 555 定时器构成,也可使用实验室信号源,其他电路根据具体设计确定。要求:电路简洁,输出随输入电压变化而变化,误差小。

五、实验步骤

（1）分析实验题目,确定系统总体方案。

（2）细化系统总体方案,确定实现每一模块拟采用的电路方案。

（3）根据现有芯片类型确定电路采用的芯片,并查阅相关芯片的使用方法。

（4）采用 Multisim 对每一部分的电路方案进行仿真。

（5）利用实验室现有设备,搭建电路实现实验要求,测试分析结果。

（6）对实验过程中的问题、结果、收获进行总结。

六、参考实验元件清单（表 10.4）

表 10.4 元件清单

芯片名称	说明	芯片名称	说明
NE555	555 定时器	LF398	采样保持器
LM324	比较器	74HC374	8 位寄存器

（续）

芯片名称	说明	芯片名称	说明
CD4051	模拟多路开关	常用 MOS 管	
74LS161	计数器	常用电容	
74LS48	显示译码器	常用电阻	
数码管		基本门电路	

七、设计提示

（1）采样保持电路可使用集成芯片，也可通过 MOS 管、电容和电压跟随器构成。

（2）信号输入通道可由模拟开关构成。

（3）电阻网络尽量选择精度较高的电阻构成。

（4）对转换速率不作要求。

实验 10.5　简易数字频率计设计

一、实验设备

（1）面包板、导线。

（2）万用表。

（3）示波器。

（4）信号发生器。

二、实验目的

通过实际电路的搭建，进一步巩固施密特触发器、555 电路、数据选择器、计数器、触发器、编码器的理论知识，并通过掌握实际元件的用法将理论与实际相结合。提高对电子电路的仿真、设计、调试能力，进一步提高对理论知识的应用能力。

三、实验内容

综合运用电子技术基础中所学信号放大电路、门电路、组合逻辑电路、时序逻辑电路、波形产生与变换电路等知识，结合实际集成放大芯片、集成数字器芯片，设计一个简易数字频率计，参考系统框图如图 10.5 所示。

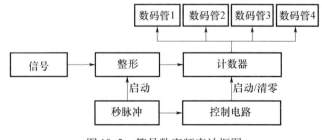

图 10.5　简易数字频率计框图

四、实验要求

本实验要求设计一个具有频率测量功能的电路,频率测量范围为 $0 \sim 9999\,\mathrm{Hz}$,由数码管实时显示测量结果。输入电压信号范围为 $0 \sim 5\,\mathrm{V}$,波形不限,所需直流电源、开关由实验箱提供。时钟信号需自行设计,其他电路根据具体设计确定。要求:电路简洁,测量频率误差小,并能够对各种波形进行测量。

五、实验步骤

(1)分析实验题目,确定系统总体方案。

(2)细化系统总体方案,确定实现每一模块拟采用的电路方案。

(3)根据现有芯片类型确定电路采用的芯片,并查阅相关芯片的使用方法。

(4)采用 Multisim 对每一部分的电路方案进行仿真。

(5)利用实验室现有设备,搭建电路实现实验要求,测试分析结果。

(6)对实验过程中的问题、结果、收获进行总结。

六、参考实验元件清单(表 10.5)

表 10.5　元件清单

芯片名称	说明	芯片名称	说明
NE555	555 定时器	常用电容	
74LS161	计数器	常用电阻	
74LS48	显示译码器	基本门电路	
数码管			

七、设计提示

(1)波形整形可由 555 电路构成,也可由施密特触发器构成。

(2)秒脉冲信号可由 32.768kHz 石英晶振配合门电路构成,在 1s 的时间内允许信号经过整形到达计数器,同时清零并启动计数器计数。

(3)显示采用常用的显示译码器和数码管构成。

实验 10.6　过欠压保护电路设计

一、实验设备

(1)模拟电子技术实验箱。

(2)万用表。

(3)毫伏表。

二、实验目的

掌握综合运用电压比较器、继电器、555 等构成过压和欠压保护电路的设计方法,进一步巩固所学的电子技术理论知识,并通过实际电路的搭建将理论与实际相结合。增强对模拟电路、数字电路的仿真、设计、调试能力,进一步提高对理论课程的学习兴趣。

三、实验内容

综合运用电子技术基础中所学集成运算放大器、电压比较器、555 等知识,结合实际集成电路芯片,设计一个具有过欠压保护的电路。参考系统框图如图 10.6 所示。

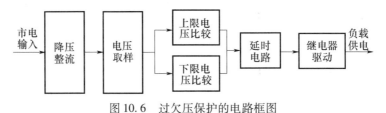

图 10.6　过欠压保护的电路框图

四、实验要求

基本要求:本实验要求设计实现一个过欠压保护电路,能够在电网电压过高或过低时断电,从而达到保护负载的目的。要求如下:

(1)当电网电压高于 240V 或低于 180V 时负载断电。

(2)断电后若电网电压恢复,需延时一定时间(如 5min)才能恢复负载供电。

(3)要求有过电压、欠电压、正常电压指示。

扩展要求:保护过程中有特殊指示、延时时间可调、显示当前电压值和延时时间、保护电压值、可灵活设定等。

五、实验步骤

(1)分析实验题目,确定系统总体方案。

(2)细化系统总体方案,确定实现每一模块拟采用的电路方案。

(3)根据现有元件类型,确定电路采用的元件,并查阅相关芯片的使用方法。

(4)采用 Multisim 对每一部分的电路方案进行仿真。

(5)利用实验室现有设备,搭建电路实现实验要求,测试分析结果。

(6)对实验过程中的问题、结果、收获进行总结。

六、参考实验元件清单(表 10.6)

表 10.6　元件清单

元件名称	说明	元件名称	说明
LM339	电压比较器	继电器	12V
LM324	集成运放	常用电阻	
NE555		常用电容	
变压器	降压	常用电位器	
LED 指示灯		常用二极管	整流

七、设计提示

（1）电压比较器要防止振荡。
（2）电压指示可用 LED 指示。
（3）延时电路可用 555 构成。
（4）继电器应注意容量限制。

实验 10.7　三相电源频率测量电路的设计

一、实验设备

（1）模拟电子技术实验箱。
（2）万用表。
（3）示波器。
（4）毫伏表。

二、实验目的

掌握综合运用过零比较器、多路开关、继电器、数码管、计数器等构成三相电源频率测量电路的设计方法，进一步巩固所学的电子技术理论知识，并通过实际电路的搭建将理论与实际相结合。增强对模拟电路、数字电路的仿真、设计、调试能力，进一步提高对理论课程的学习兴趣。

三、实验内容

综合运用电子技术基础中所学集成运算放大器、过零比较器、计数器等知识，结合实际集成电路芯片，设计一个能对三相电源信号频率进行测量的电路。参考系统框图如图 10.7 所示。

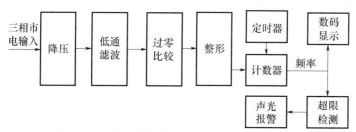

图 10.7　三相电源信号频率进行测量的电路框图

四、实验要求

基本要求：本实验要求设计实现一个能对三相电源信号频率进行测量的电路，能够对三相电源的频率进行测量并显示，当频率范围超过限定值时发出报警信号。要求如下：
（1）测量频率范围为 50Hz ± 1Hz。
（2）超过限定范围时以声光进行报警。
（3）在数码管上显示当前频率。
扩展要求：更高的测量精度；当某相电源频率检测出故障时，可自动切换到下一路，声音报警用喇叭完成等。

五、实验步骤

（1）分析实验题目，确定系统总体方案。

（2）细化系统总体方案，确定实现每一模块拟采用的电路方案。

（3）根据现有元件类型确定电路采用的元件，并查阅相关芯片的使用方法。

（4）采用 Multisim 对每一部分的电路方案进行仿真。

（5）利用实验室现有设备，搭建电路实现实验要求，测试分析结果。

（6）对实验过程中的问题、结果、收获进行总结。

六、参考实验元件清单（表 10.7）

表 10.7　元件清单

元件名称	说明	元件名称	说明
LM339	电压比较器	7 段数码管	
CD4051	模拟多路开关	常用电阻	
变压器	降压	常用电容	
LED 指示灯		常用电位器	
LM324	集成运放	常用二极管	
74LS161	计数器	蜂鸣器/喇叭	
74HC48	7 段译码		

七、设计提示

（1）整形电路边沿要足够陡峭。

（2）正弦波转换成方波可用过零比较器实现。

（3）选择合适的频率测量方法。

实验 10.8　相位差测量电路

一、实验设备

（1）模拟电子技术实验箱。

（2）万用表。

（3）示波器。

（4）毫伏表。

（5）函数发生器。

二、实验目的

掌握综合运用过零比较器、数码管、计数器等构成正弦信号相位差测量电路的方法，进一步巩固所学的电子技术理论知识，并通过实际电路的搭建将理论与实际相结合。增强对模拟电路、数字电路的仿真、设计、调试能力,进一步提高对理论课程的学习兴趣。

三、实验内容

综合运用电子技术基础中所学集成运算放大器、过零比较器、计数器等知识,结合实际集成电路芯片,设计一个能对正弦交流信号的相位差进行测量的电路。参考系统框图如图 10.8 所示。

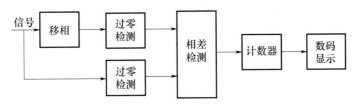

图 10.8　正弦交流信号的相位差进行测量的电路框图

四、实验要求

基本要求:本实验要求设计实现一个能对正弦交流信号间的相位差进行测量的电路,能够对相位差进行测量并显示,输入一路信号,另一路信号由移相电路产生。所要求的正弦信号可由函数发生器提供,要求如下:

(1)移相的范围为 30°～150°,也可再进行调整。

(2)相差检测范围为 20°～90°。

(3)在数码管上显示当前相位差。

(4)移相时输出幅度不应明显下降。

扩展要求:更宽的移相范围;更宽的相差检测范围;更高的检测精度;更高的检测频率。

五、实验步骤

(1)分析实验题目,确定系统总体方案。

(2)细化系统总体方案,确定实现每一模块拟采用的电路方案。

(3)根据现有元件类型确定电路采用的元件,并查阅相关芯片的使用方法。

(4)采用 Multisim 对每一部分的电路方案进行仿真。

(5)利用实验室现有设备,搭建电路实现实验要求,测试分析结果。

(6)对实验过程中的问题、结果、收获进行总结。

六、参考实验元件清单(表 10.8)

表 10.8　元件清单

元件名称	说明	元件名称	说明
LM339	电压比较器	7 段数码管	
74HC14	施密特触发器	常用电阻	
LM324	集成运放	常用电容	
74LS161	计数器	常用电位器	
74HC48	7 段译码	常用二极管	

七、设计提示

（1）过零检测后波形若不够陡峭，还应加整形电路。

（2）正弦波转换成方波可用过零比较器实现。

（3）移相电路要防止振荡。

实验 10.9　数字电子钟逻辑电路设计

一、实验设备

（1）模拟电子技术实验箱。

（2）万用表。

（3）示波器。

（4）数字电子技术实验箱。

二、实验目的

掌握数字电子钟的设计方法，进一步巩固计数器、数码管显示、喇叭驱动、晶振的基础理论知识，并通过实际电路的搭建，将理论与实际相结合。增强对模拟电路和数字电路综合的仿真、设计、调试能力，进一步提高对理论课程的学习兴趣。

三、实验内容

综合运用电子技术基础中模拟电子技术和数字电子技术所学的计数器、数码管显示、喇叭驱动、晶振等知识，结合实际集成电路芯片，设计一个数字电子钟满足实际要求。数字电子钟是一种用数字显示秒、分、时、日的计时装置，与传统的机械钟相比，它具有走时准确、显示直观、无机械传动装置等优点，因而得到了广泛的应用。数字电子钟由以下几部分组成：石英晶体振荡器和分频器组成的秒脉冲发生器；校时电路；六十进制秒、分计数器，二十四进制（或十二进制）计时计数器；秒、分、时的译码显示部分等。数字电子钟的参考系统框图如图 10.9 所示。

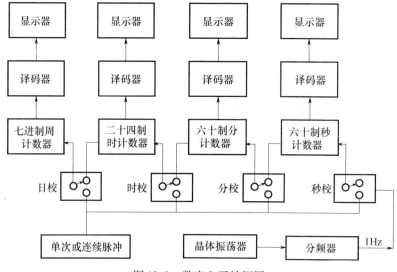

图 10.9　数字电子钟框图

四、实验要求

基本要求:用中、小规模集成电路设计并制作一台能显示日、时、分、秒的数字电子钟,电源可由实验箱提供,要求如下:

(1)由晶振电路产生 1Hz 时基信号用做标准的秒信号。

(2)秒、分为六十进制计数器(范围为 00 ~ 59)。

(3)时为二十四进制计数器(范围为 00 ~ 23)。

(4)可手动校时:能分别进行秒、分、时的校时。只要将开关置于手动位置,可分别对秒、分、时进行手动脉冲输入调整或连续脉冲输入的校正。

(5)整点时响一声。

扩展要求:设计周显示为七进制计数器(范围为 1 ~ 7);设计日校电路;整点报时功能:要求在每个整点前鸣叫两次低音(500Hz),整点时再鸣叫一次高音(1000Hz),所需信号应自行设计。

五、实验步骤

(1)分析实验题目,确定系统总体方案。

(2)细化系统总体方案,确定实现每一模块拟采用的电路方案。

(3)根据现有元件类型,确定电路采用的元件,并查阅相关芯片的使用方法。

(4)采用 Multisim 对每一部分的电路方案进行仿真。

(5)利用实验室现有设备,搭建电路实现实验要求,测试分析结果。

(6)对实验过程中的问题、结果、收获进行总结。

六、参考实验元件清单(表 10.9)

表 10.9　元件清单

元件名称	说明	元件名称	说明
74LS74	双 D 触发器	喇叭	$8\Omega/0.5W$
74LS161	计数器	LM386	功率放大器
74HC48	7 段译码	常用电阻	
7 段数码管		常用电容	
CD4060	振荡器 + 14 位二进制串行计数器	三极管	
晶振	32768Hz	常用电位器	
按键			

七、设计提示

(1)脉冲发生电路可由 CD4060 构成。

(2)秒脉冲是基础。

实验 10.10　数字定时开关的设计

一、实验设备

（1）模拟电子技术实验箱。
（2）万用表。
（3）示波器。
（4）数字电子技术实验箱。

二、实验目的

掌握数字定时开关在实际控制中的设计方法,进一步巩固定时器、计数器、数码管显示、继电器、传感器的基础理论知识,并通过实际电路的搭建将理论与实际相结合。增强对模拟电路和数字电路综合的仿真、设计、调试能力,进一步提高对理论课程的学习兴趣。

三、实验内容

综合运用电子技术基础中模拟电子技术和数字电子技术所学的定时器、计数器、数码管显示、继电器、传感器等知识,结合实际集成电路芯片,设计一个数字定时开关满足实际控制要求。参考系统框图如图 10.10 所示。

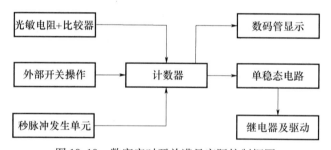

图 10.10　数字定时开关满足实际控制框图

四、实验要求

基本要求:设计并制作一个数字式定时开关,要求如下:

（1）从"0"开始以 1s 为间隔计时,当数码管显示为"9"时,发出开关信号,继电器开始工作;继电器工作 2s 后,自动关闭。计时过程中,可通过按键随时清除数据,数码管显示"0"。

（2）光敏电阻及其相关电路取代脉冲发生单元,实现在"亮"、"暗"状态切换时,计数器计数。

（3）当计数到"9"后,发出开关信号,继电器开始工作。

（4）继电器工作 2s 后,自动关闭。

（5）计数过程中,可通过按键随时清除数据,数码管显示"0"。

扩展要求:其他更人性化的功能(如显示 β 值等)。

五、实验步骤

（1）分析实验题目，确定系统总体方案。

（2）细化系统总体方案，确定实现每一模块拟采用的电路方案。

（3）根据现有元件类型，确定电路采用的元件，并查阅相关芯片的使用方法。

（4）采用 Multisim 对每一部分的电路方案进行仿真。

（5）利用实验室现有设备，搭建电路实现实验要求，测试分析结果。

（6）对实验过程中的问题、结果、收获进行总结。

六、参考实验元件清单（表 10.10）

表 10.10　元件清单

元件名称	说明	元件名称	说明
LM324	集成运放	CD4060	振荡器 +14 位 二进制串行计数器
LM339	电压比较器	NE555	
继电器		晶振	
光敏电阻		开关	
74HC192	计数器	LED 指示灯	
74HC48	7 段译码	常用电阻	
7 段数码管		常用电容	

七、设计提示

（1）光敏电阻需设计相关电路。

（2）使用适当的元器件设计继电器驱动电路，使之能够稳定工作。

（3）脉冲发生电路可由 CD4060 构成。

（4）单稳态延时电路可由 555 构成。

参考文献

[1] 康华光,陈大钦. 电子技术基础模拟部分[M]. 第5版. 北京:高等教育出版社,2005.

[2] 康华光,邹寿彬. 电子技术基础数字部分[M]. 第5版. 北京:高等教育出版社,2005.

[3] 高吉祥. 电子技术基础实验与课程设计[M]. 北京:电子工业出版社,2002.

[4] 李钊年. 电工电子学[M]. 北京:国防工业出版社,2013.

[5] 李文秀. 电工电子实验教程[M]. 北京:国防工业出版社,2013.

[6] 申文达. 电工电子技术系列实验[M]. 北京:国防工业出版社,2011.

[7] 高文焕,张尊侨,徐振英,金平. 电子技术实验[M]. 北京:清华大学出版社,2004.

[8] 段玉生,王艳丹,何丽静. 电工电子技术与EDA基础[M]. 北京:清华大学出版社,2004.

[9] 阎石. 数字电子技术基础[M]. 第4版. 北京:高等教育出版社,1998.

[10] 王宏宝. 电子测量[M]. 北京:科学出版社,2009.

[11] 王建花. 电子工艺实习[M]. 北京:清华学出版社,2008.

[12] 殷小贡,黄松,蔡苗. 现代电子工艺实习教程[M]. 第2版. 武汉:华中科技大学出版社,2013.

[13] 王俊峰. 学电子元器件从入门到成才[M]. 北京:机械工业出版社,2010.

[14] 赵洪亮,卫永琴. 电子工艺与实训教程[M]. 北京:中国石油大学出版社,2010.

[15] 刘国忠. 现代电子技术及应用[M]. 北京:机械工业出版社,2010.

[16] 王济浩. 模拟电子技术基础[M]. 北京:清华大学出版社,2009.

[17] 杨栓科. 模拟电子技术基础[M]. 北京:高等学校出版社,2010.

[18] 唐文秀. 模拟电子技术基础[M]. 北京:中国电力出版社,2008.

[19] 华成英,童诗白. 模拟电子技术基础[M]. 第4版. 北京:高等教育出版社,2006.

[20] 姚剑清译. 运算放大器权威指南[M]. 第3版. 北京:人民邮电出版社,2011.

[21] 李光兰,吴君. 电子产品组装与调试—电子工艺与设备[M]. 天津:天津大学出版社,2010.